I0405165

Mario Vallorani

CORSO DI ALGEBRA LINEARE
su:

- matrici e sistemi lineari
- principio di induzione
- vettori geometrici dello spazio euclideo
- spazi vettoriali reali e spazi vettoriali euclidei reali
- applicazioni lineari
- forme bilineari e forme quadratiche

a Silvia e Andrea

Indice

Prefazione **vii**

1 Matrici e sistemi lineari **1**

1.1 Le matrici di numeri reali 1
1.2 Nomenclatura in uso per le matrici 3
1.3 Matrici ridotte per righe e matrici ridotte per colonne . . 7
1.4 Operazioni sulle matrici 8
1.5 Operazione di moltiplicazione riga per colonna tra due matrici 11
1.6 Trasformazioni elementari di una matrice 16
1.7 Matrice invertibile e matrice inversa di una matrice . . . 18
1.8 Permutazioni dell'insieme $\{1, 2, \ldots, n\}$ 20
1.9 Determinante di una matrice quadrata 22
1.10 Calcolo dei determinanti di matrici quadrate di ordine 2 e 3 26
1.11 Proprietà dei determinanti che discendono dalla definizione 28
1.12 Complemento algebrico di un elemento di una matrice ed altre rappresentazioni del determinante 29
1.13 Un commento sulla struttura delle formule (1.20) e (1.21) 31
1.14 Altre proprietà dei determinanti 32
1.15 Regole di calcolo dei determinanti 36
1.16 Condizione di invertibilità di una matrice e matrice inversa 37
1.17 Un procedimento alternativo per il calcolo della matrice inversa 40
1.18 Due domande sulla matrice inversa 44
1.19 Potenza di una matrice 46

1.20 Rango di una matrice 48
1.21 Studio dei sistemi lineari 50
1.22 Teoremi di Cramer e Rouché-Capelli 51
1.23 Metodo di Gauss 56
1.24 Principio di induzione 57
1.25 Uso del principio di induzione nella risoluzione dei problemi 60

2 Teoria dei vettori geometrici dello spazio euclideo 67
2.1 Definizione di vettore geometrico dello spazio euclideo . . 67
2.2 Alcune definizioni 69
2.3 Operazione di addizione 75
2.4 Operazione di moltiplicazione di un numero (scalare) per un vettore 77
2.5 Operazione di prodotto scalare 79
2.6 Componente ortogonale di un vettore rispetto ad un altro vettore 81
2.7 Operazione di prodotto vettoriale 84
2.8 Operazione di prodotto misto 86
2.9 Spazio vettoriale e spazio euclideo dei vettori geometrici . 86
2.10 Dipendenza ed indipendenza lineare tra vettori di $\mathcal{V}$ . . . 88
2.11 Dimensioni e basi dello spazio vettoriale $\mathcal{V}$ 92
2.12 Come varia la terna di coordinate di un vettore $\underline{v} \in \mathcal{V}$ al variare della base scelta in $\mathcal{V}$ 95
2.13 Spazio vettoriale orientato 98
2.14 Relazioni tra le coordinate dei vettori: $\underline{u}$, $\underline{v}$, $\underline{u}+\underline{v}$, $\lambda\underline{u}$ . . . 100
2.15 Concetto di sottospazio 102
2.16 Esistenza di sottospazi e costruzione di essi a partire da vettori di $\mathcal{V}$ 102
2.17 Dimensione dei sottospazi e relazione tra sistema di generatori e basi del sottospazio 104
2.18 Rette vettoriali e piani vettoriali 106
2.19 Sottospazi intersezione e sottospazi somma 107
2.20 Relazione di Grassmann 112
2.21 Sottospazi supplementari 112
2.22 Riassunto dei concetti definiti nello spazio vettoriale $\mathcal{V}$. 113

2.23 Concetti tipici dello spazio vettoriale euclideo $\mathcal{E}$ 114
2.24 Sottospazi ortogonali e supplementare ortogonale di un sottospazio di $\mathcal{E}$ 116
2.25 Vettore simmetrico di un vettore $\underline{v} \in \mathcal{E}$ rispetto ad un sottospazio di $\mathcal{E}$ 118
2.26 Procedimento di Gram-Schmidt 119
2.27 Espressione analitica del prodotto scalare 124
2.28 Commenti alla matrice di Gram 126
2.29 Relazione tra le coordinate dei vettori $\underline{u}$, $\underline{v}$, $\underline{u} \wedge \underline{v}$ 130
2.30 Espressione analitica del prodotto misto 132
2.31 Le operazioni di prodotto vettoriale e di prodotto misto nei sottospazi 133

3 Spazio vettoriale reale e spazio vettoriale euclideo reale 135

3.1 Definizione di legge di composizione interna e di legge di composizione esterna ad un insieme 135
3.2 Considerazioni che hanno portato alla definizione astratta di spazio vettoriale 136
3.3 Definizione astratta di spazio vettoriale 138
3.4 Riflessione sulla definizione astratta (o assiomatica) di spazio vettoriale 139
3.5 Esempi di spazi vettoriali 144
3.6 Dimensione e basi di uno spazio vettoriale V 146
3.7 Sottospazi di uno spazio vettoriale di dimensione finita V 149
3.8 Dimostrazione della relazione di Grassmann 152
3.9 Ancora sui sistemi di generatori di sottospazi di V 155
3.10 Metodo degli scarti successivi 158
3.11 Dimensione e basi dello spazio vettoriale numerico $\mathbb{R}^n$ e dei suoi sottospazi 161
3.12 Un'altra lettura delle matrici e del rango di una matrice 162
3.13 Come calcolare il rango di una matrice 168
3.14 Metodo di riduzione per righe o per colonne 171
3.15 Ancora due domande sui sottospazi di $\mathbb{R}^n$ 172
3.16 Rappresentazione implicita di un sottospazio di $\mathbb{R}^n$ . . . 173

3.17 Tecniche di passaggio tra i due modi di assegnare un sottospazio di $\mathbb{R}^n$ 176
3.18 Risposta alla domanda 7 180
3.19 Sistemi lineari di equazioni vettoriali 180
3.20 Come definire l'operazione di prodotto scalare tra i vettori di uno spazio vettoriale V 183
3.21 Operazione di prodotto scalare e spazio vettoriale euclideo 184
3.22 Esempi di spazi vettoriali euclidei 186
3.23 Norma di un vettore di uno spazio vettoriale euclideo . . 187
3.24 Dimostrazione della disuguaglianza di Schwartz e definizione di angolo tra due vettori 188
3.25 Altre proprietà della norma di un vettore 191
3.26 Prodotto scalare tra due vettori e matrice di Gram . . . 192

4 Applicazioni lineari **195**
4.1 Concetto di applicazione lineare 195
4.2 Nomenclatura in uso 196
4.3 Esempi di applicazioni lineari 197
4.4 Proprietà delle applicazioni lineari 198
4.5 Conseguenze delle relazioni (4.5), (4.6) e dell'essere $\mathrm{Ker} f = \{ \underline{0}_V \}$ 203
4.6 Altre proprietà delle applicazioni lineari 206
4.7 Isomorfismi e spazi vettoriali isomorfi 209
4.8 Un metodo per trovare la dimensione ed una base di uno spazio vettoriale V assegnato 210
4.9 Quali sono gli spazi vettoriali isomorfi 213
4.10 Lo spazio vettoriale $\mathbb{R}^n$ come strumento di calcolo 215
4.11 Rappresentazione della legge d'associazione di una applicazione lineare per mezzo di matrici 217
4.12 Riflessioni sopra la matrice A 219
4.13 Un metodo per studiare le applicazioni lineari 222
4.14 Riflessioni sopra i sistemi lineari 227
4.15 Isomorfismo tra gli spazi $\mathcal{L}(V, W)$ e $\mathbb{R}^{m,n}$ 229
4.16 Relazione tra matrici simili 230
4.17 Autovalori ed autovettori di un endomorfismo 233

4.18 Definizione di autospazio e relazione tra autovettori appartenenti ad autospazi distinti 235
4.19 Come si calcolano gli autovalori e si trovano gli autospazi di un endomorfismo 238
4.20 Quando un endomorfismo è diagonalizzabile 243
4.21 L'applicazione aggiunta di una applicazione lineare . . . 245
4.22 Formula di aggiunzione in termini di matrici 248
4.23 Endomorfismi autoaggiunti 251
4.24 Diagonalizzabilità degli endomorfismi autoaggiunti 254
4.25 Relazioni tra i sottospazi (4.87) 261
4.26 Isomorfismi ortogonali 264
4.27 Caratterizzazione degli isomorfismi ortogonali 265
4.28 Proprietà degli isomorfismi ortogonali 267
4.29 Automorfismi ortogonali 271

5 Forme bilineari e forme quadratiche **273**
5.1 Forme bilineari 273
5.2 Spazio vettoriale delle forme bilineari su V e due sottospazi di esso 275
5.3 Forme quadratiche 278
5.4 Due considerazioni sulle forme quadratiche 282
5.5 Forme bilineari simmetriche e prodotti scalari 283
5.6 Definizione di vettori coniugati e nucleo di una forma bilineare simmetrica 285
5.7 Proprietà dei vettori coniugati; basi di vettori coniugati a due a due 290
5.8 Rappresentazione analitica della legge d'associazione di una forma bilineare simmetrica 296
5.9 Riflessioni sulla matrice A associata ad una forma bilineare simmetrica su V rispetto ad una base B_V fissata in V . . 298
5.10 Equazione del nucleo di una forma bilineare simmetrica . 300
5.11 Studio del segno di una forma quadratica per mezzo di matrici 302
5.12 Come studiare una forma bilineare simmetrica 308

5.13 Studio delle forme bilineari simmetriche su uno spazio vettoriale euclideo 311

Prefazione

Questo libro fa parte della collana "Algebra lineare e Geometria analitica a portata di clic" costituita dei seguenti volumi:

– Corso di Algebra lineare

– Esercizi di Algebra lineare

– Elementi di Geometria analitica (in corso di preparazione).

Tali libri, nel loro complesso, coprono abbondantemente il programma del corso di "Algebra lineare e geometria analitica" delle nostre Università.

Per quanto riguarda il presente volume, per fare in modo che l'"ALGEBRA LINEARE" entri in "modo naturale" nel bagaglio culturale dello Studente, sono partito dai "vettori geometrici", dei quali Egli ha sentito parlare nello studio della Fisica fatto nel Liceo, e con essi ho costruito un modello concreto di *spazio vettoriale* e *spazio vettoriale euclideo.*

Cosìfacendo lo Studente può verificare il significato geometrico dei concetti introdotti.

La mole del libro è dovuta al fatto che ho voluto dare al libro stesso un carattere discorsivo per renderlo quasi uno "strumento parlante"; sono infatti convinto che rare volte chi si accinge a studiare una nuova materia è in condizione di "leggere tra le righe", in modo da poter vedere "cosa c'è dietro l'angolo".

Questo modo di presentare le cose è senzaltro formativo per lo Studente, perché contribuisce a creargli un "metodo" con cui affrontare le altre problematiche che incontrerà nel corso dei suoi studi.

Dopo questa ridondante premessa, diciamo finalmente come è strutturato il libro e come va studiato.

* * *

Il libro è suddiviso in cinque capitoli:

- Nel Capitolo 1 si parla di *matrici, sistemi lineari* e *principio di induzione*, strumenti indispensabili in *Algebra lineare.*
- Nel Capitolo 2 si costruiscono i modelli di *spazio vettoriale* e di *spazio vettoriale euclideo* dei *vettori geometrici* dello spazio euclideo.
- Nel Capitolo 3 si danno le definizioni astratte di *spazio vettoriale* e di *spazio vettoriale euclideo.*
- Nel Capitolo 4 si trattano le *applicazioni lineari* cioè particolari funzioni che hanno come dominio ed insieme d'arrivo spazi vettoriali oppure spazi vettoriali euclidei.
- Nel Capitolo 5 si parla di altre funzioni: le *forme bilineari*, la cui legge d'associazione è la generalizzazione dell'*operazione di prodotto scalare.*

Consiglio vivamente allo Studente interessato, dopo aver studiato un capitolo, prima di passare al successivo, di guardare attentamente il capitolo di "Esercizi di Algebra lineare" contraddistinto dallo stesso numero.

In ciascun capitolo di quest'ultimo, lo Studente troverà:

- una lista di obiettivi redatti in modo che nel loro complesso costituiscono un riassunto della materia trattata nel capitolo corrispondente del "Corso di Algebra lineare".
- esercizi di tipo teorico, per apprendere a collegare i concetti esposti prima di lavorare con essi.
- esercizi tipici dell'Algebra lineare (molti dei quali sono stati assegnati agli esami in varie Università).
- un test di autovalutazione.

I primi due libri della collana vanno quindi studiati contemporaneamente.

Il libro "Elementi di geometria analitica", invece, va invece studiato per ultimo perchè presuppone la conoscenza della materia trattata nei primi due.

Ringrazio il professor Andrea Cittadini Bellini per aver curato la grafica del libro e l'ingegner Tomassino Pasqualini per averlo informatizzato.

L'autore

Capitolo 1

Matrici e sistemi lineari

In questo Capitolo vogliamo occuparci di:

– matrici di numeri reali

– sistemi lineari

– principio di induzione.

Tali argomenti ci serviranno per esporre, nei Capitoli successivi, la *teoria degli spazi vettoriali.*

Cominciamo dalle *matrici* di numeri reali !

1.1 Le matrici di numeri reali

Partiamo dalla *definizione* !

Definizione di matrice di numeri reali

Si chiama *matrice di numeri reali* di m *righe* ed n *colonne* una *tabella* costituita da $m \times n$ *numeri reali* disposti su m linee orizzontali (righe) e n linee verticali (colonne):

$$\begin{pmatrix} a_{11} & a_{12} & \dots & a_{1n} \\ a_{21} & a_{22} & \dots & a_{2n} \\ \vdots & \vdots & \ddots & \vdots \\ a_{m1} & a_{m2} & \dots & a_{mn} \end{pmatrix}. \tag{1.1}$$

Gli $m \times n$ numeri reali che compaiono nella tabella si chiamano *elementi della matrice.*

Come si vede tutti gli *elementi di una matrice* sono denotati con un'*unica lettera munita di due indici*: il *primo indice* si chiama *indice di riga* perché indica la *riga* a cui l'*elemento* appartiene; il *secondo, indice di colonna*, perché indica la *colonna* a cui l'*elemento* appartiene.

Ad esempio: a_{11} si legge "a uno uno" ed è l'*elemento* che appartiene alla *prima riga* e alla *prima colonna*; a_{32} si legge "a tre due" ed è l'*elemento* che appartiene alla *terza riga* e *seconda colonna* mentre a_{23} si legge "a due tre" ed appartiene alla *seconda riga* e *terza colonna*; l'*elemento* a_{hk} appartiene alla *h-esima riga* e alla *k-esima colonna.*

Se non è necessario specificare quali sono gli *elementi* di una *matrice*, quest'ultima si denota con una lettera maiuscola dell'alfabeto italiano: la stessa che denota i suoi *elementi*, quindi per denotare la matrice (1.1) scriveremo semplicemente A.

L'*insieme delle matrici* di m *righe* ed n *colonne* si denota con il *simbolo* $\mathbb{R}^{m,n}$ e se serve precisare che una *matrice* A ha m *righe* ed n *colonne* si scrive $A \in \mathbb{R}^{m,n}$.

Assegnata una *matrice* $A \in \mathbb{R}^{m,n}$ definiamo ora due *matrici* ad essa strettamente collegate:

- la *matrice trasposta* di A;
- la *matrice opposta* di A.

Definizione di matrice trasposta di A
Data una *matrice* $A \in \mathbb{R}^{m,n}$ si chiama *matrice trasposta* di A e si denota con il *simbolo* A^T, la *matrice* appartenente a $\mathbb{R}^{n,m}$ che si ottiene da A scambiando le *righe* con le *colonne*.

Se a_{hk} è il *generico elemento* di A, a_{kh} lo è di A^T.
Chiariamo la definizione data con un esempio:

Esempio 1.1 *Nella* matrice

$$A = \begin{pmatrix} 3 & 2 & 0 \\ 5 & 0 & 4 \end{pmatrix}$$

è: $a_{11} = 3$, $a_{12} = 2$, $a_{13} = 0$, $a_{21} = 5$, $a_{22} = 0$, $a_{23} = 4$.

Poiché tale matrice *ha due* righe *e tre* colonne, *è* $m = 2$ *e* $n = 3$ *e quindi appartiene all'*insieme $\mathbb{R}^{2,3}$.

La sua matrice trasposta *è*

$$A^T = \begin{pmatrix} 3 & 5 \\ 2 & 0 \\ 0 & 4 \end{pmatrix}.$$

Avendo quest'ultima tre *righe e* due *colonne, appartiene all'*insieme $\mathbb{R}^{3,2}$.

Definizione di matrice opposta di A
Data una *matrice* $A \in \mathbb{R}^{m,n}$ si chiama *matrice opposta* di A e si denota con il *simbolo* $-A$, la *matrice* appartenente a $\mathbb{R}^{m,n}$ che si ottiene da A cambiando il segno a tutti i suoi elementi.

Se a_{hk} è il *generico elemento* di A, $-a_{hk}$ lo è di $-A$.
Chiariamo la definizione data con un *esempio*:

Esempio 1.2 *Se la matrice data è:*

$$A = \begin{pmatrix} 3 & 2 & 0 \\ 5 & 0 & 4 \end{pmatrix}$$

la sua opposta *è:*

$$-A = \begin{pmatrix} -3 & -2 & 0 \\ -5 & 0 & -4 \end{pmatrix}.$$

Come si vede, tanto A quanto −A appartengono allo stesso insieme $\mathbb{R}^{2,3}$.

Diamo ora un po' di nomi!

1.2 Nomenclatura in uso per le matrici

Diamo ora un po' di nomi in uso nella *letteratura matematica*!

– se è $m = 1$, la *matrice* A si chiama *matrice riga*:

$$A = \begin{pmatrix} a_{11} & a_{12} & \dots & a_{1n} \end{pmatrix}$$

– se è $n = 1$, la *matrice* A si chiama *matrice colonna*:

$$A = \begin{pmatrix} a_{11} \\ a_{21} \\ \vdots \\ a_{m1} \end{pmatrix}$$

– se tutti gli $m \times n$ *elementi* sono *nulli*, indipendentemente dai valori di m e n, la *matrice* A si chiama *matrice nulla* e si denota di solito con la lettera O.

– se è $m = n$, la *matrice* si chiama *matrice quadrata* ed il comune valore di m e n, *ordine della matrice*. Per esprimere che una *matrice quadrata* A è di *ordine* n si scrive A_n.

  In una *matrice quadrata* di *ordine* n, si dice che gli *elementi* a_{11}, a_{22}, $a_{33}, \dots, a_{nn}$ (con indici uguali) formano la *diagonale principale della matrice*; la loro *somma* si chiama *traccia della matrice* e si denota con il *simbolo* $\mathrm{tr}A$:

$$\mathrm{tr}A = a_{11} + a_{22} + \dots + a_{nn}.$$

  Si dice invece che gli *elementi* $a_{1n}, a_{2,n-1}, \dots, a_{n1}$ (con indici aventi somma $n + 1$) formano la *diagonale secondaria della matrice*.

– Fra le *matrici quadrate di ordine* n (con $n > 1$) ve ne sono alcune che hanno un nome.

  Esse sono:

  1. La *matrice*, i cui *elementi* sono *uguali a zero* se non appartengono alla *diagonale principale* ed *uguali ad uno* se vi appartengono, si denota con il *simbolo* I_n e si chiama *matrice identità*

o anche *matrice unitaria*:

$$I_n = \begin{pmatrix} 1 & 0 & \dots & 0 \\ 0 & 1 & \dots & 0 \\ \vdots & \vdots & \ddots & \vdots \\ 0 & 0 & \dots & 1 \end{pmatrix}.$$

Nel seguito useremo indifferentemente l'una o l'altra locuzione.

2. La *matrice*, i cui *elementi* sono *uguali a zero* se non *appartengono* alla *diagonale principale* e di quelli che appartengono invece alla *diagonale principale* almeno uno è *diverso da zero*, si denota con il *simbolo* D_n e si chiama *matrice diagonale*:

$$D_n = \begin{pmatrix} a_{11} & 0 & \dots & 0 \\ 0 & a_{22} & \dots & 0 \\ \vdots & \vdots & \ddots & \vdots \\ 0 & 0 & \dots & a_{nn} \end{pmatrix}.$$

3. La *matrice*, i cui *elementi* sono *uguali a zero* se si trovano *al di sotto* della *diagonale principale*, si chiama *matrice triangolare superiore*; per denotarla non si usa alcun *simbolo particolare*:

$$\begin{pmatrix} a_{11} & a_{12} & \dots & a_{1n} \\ 0 & a_{22} & \dots & a_{2n} \\ \vdots & \vdots & \ddots & \vdots \\ 0 & 0 & \dots & a_{nn} \end{pmatrix}.$$

4. La *matrice*, i cui *elementi* sono *uguali a zero* se si trovano al di sopra della *diagonale principale*, si chiama *matrice triangolare inferiore*; per denotarla non si usa un *simbolo particolare*:

$$\begin{pmatrix} a_{11} & 0 & \dots & 0 \\ a_{21} & a_{22} & \dots & 0 \\ \vdots & \vdots & \ddots & \vdots \\ a_{n1} & a_{n2} & \dots & a_{nn} \end{pmatrix}.$$

5. La *matrice* nella quale gli *elementi* della *prima riga* sono uguali a quelli della *prima colonna*; quelli della *seconda riga* sono uguali a quelli della *seconda colonna* e così via, si chiama *matrice simmetrica.*

   Tenendo presente la definizione di *matrice trasposta* di una *matrice* assegnata A, possiamo dire che una *matrice quadrata* A è *simmetrica se e solo se* coincide con la sua *matrice trasposta*:

$$A = A^T.$$

   Un esempio di *matrice simmetrica* di *ordine* $n = 3$ è:

$$A = \begin{pmatrix} 1 & 0 & 2 \\ 0 & -2 & 5 \\ 2 & 5 & 4 \end{pmatrix}.$$

6. La *matrice* nella quale gli *elementi* della *prima riga* sono opposti a quelli della *prima colonna*; quelli della *seconda riga* sono opposti a quelli della *seconda colonna* e così via, si chiama *matrice antisimmetrica.*

   Siccome gli *elementi* della *diagonale principale*: a_{11}, a_{22}, ..., a_{nn} appartengono rispettivamente alla *prima riga* e *prima colonna*, *seconda riga* e *seconda colonna*, ecc ..., dovendo essere di segno opposto:

$$a_{11} = -a_{11}, a_{22} = -a_{22}, \ldots, a_{nn} = -a_{nn}$$

   risulta:

$$a_{11} = a_{22} = \ldots = a_{nn} = 0$$

   perché 0 è l'*unico numero* uguale al suo *opposto.*

   Anche qui, tenendo presente la definizione di *matrice trasposta* di una *matrice* assegnata A, possiamo dire che una *matrice quadrata* A è *antisimmetrica se e solo se* è opposta alla sua *matrice trasposta*: $A = -A^T$.

Un esempio di *matrice antisimmetrica* di *ordine* $n = 3$ è:

$$A = \begin{pmatrix} 0 & 5 & 7 \\ -5 & 0 & -4 \\ -7 & 4 & 0 \end{pmatrix}.$$

– Anche tra le *matrici non necessariamente quadrate* ve ne sono alcune che hanno un nome.

Esse sono: le *matrici ridotte per righe* e le *matrici ridotte per colonne*

1.3 Matrici ridotte per righe e matrici ridotte per colonne

Prima di dare le definizioni, spieghiamo due *locuzioni* di uso corrente in matematica:

– *riga nulla*

– *colonna nulla*

Dire che una *matrice* ha una *riga nulla* significa che tutti gli *elementi* della *matrice*, che appartengono a tale *riga*, sono uguali a *zero.*

Ad esempio, la *matrice nulla* ha tutte le *righe nulle.*

Analogamente, dire che una *matrice* ha una *colonna nulla* significa che tutti gli *elementi* della *matrice*, che appartengono a tale *colonna*, sono uguali a *zero.*

Ad esempio, la *matrice nulla* ha (oltre alle righe) tutte le *colonne nulle.*

Delle matrici

$$\begin{pmatrix} 1 & 3 & 0 \\ 0 & 0 & 0 \\ -1 & 7 & 4 \end{pmatrix};\ \begin{pmatrix} 1 & 3 & 0 & 5 \\ -1 & 7 & 0 & 4 \\ 0 & 2 & 0 & 3 \end{pmatrix};\ \begin{pmatrix} 1 & 2 & 3 & 4 & 0 \\ 0 & 0 & 0 & 0 & 0 \\ 2 & -1 & 5 & 2 & 0 \\ 0 & 0 & 0 & 0 & 0 \end{pmatrix}$$

la prima ha *una riga nulla*, la seconda *una colonna nulla* e la terza *due righe* ed *una colonna nulle*.

Diamo finalmente le *definizioni*!

Definizione di matrice ridotta per righe
Una matrice $A \in \mathbb{R}^{m,n}$ si dice che è ridotta per righe se gode della seguente proprietà:

- **In ogni riga non nulla c'è un elemento non nullo al di sotto del quale ci sono soltanto zeri**

Definizione di matrice ridotta per colonne
Una matrice $A \in \mathbb{R}^{m,n}$ si dice che è ridotta per colonne se gode della seguente proprietà:

- **In ogni colonna non nulla c'è un elemento non nullo alla destra del quale ci sono soltanto zeri**

Delle due matrici

$$A = \begin{pmatrix} 0 & 3 & 2 & 1 & 0 \\ 0 & 0 & 0 & 0 & 0 \\ 5 & 0 & -1 & 0 & 1 \\ 0 & 0 & 4 & 0 & 2 \end{pmatrix} \qquad \text{e} \qquad A = \begin{pmatrix} 1 & 0 & 0 \\ 0 & 3 & 0 \\ 0 & 2 & 1 \end{pmatrix}$$

la prima è *ridotta per righe* e la *seconda per colonne*.

Nel *paragrafo* 3.13 le *matrici ridotte per righe* e quelle *ridotte per colonne* mostreranno tutta la loro utilità.

Vediamo ora quali sono le *operazioni* che si effettuano sulle *matrici*!

1.4 Operazioni sulle matrici

Sulle *matrici* si effettuano le seguenti *operazioni*:

- *addizione* di due matrici;

- *moltiplicazione di un numero per una matrice*;

– *moltiplicazione riga per colonna* di due *matrici*.

Definiamo tali *operazioni* seguendo l'ordine nel quale le abbiamo nominate.

Definizione dell'operazione di addizione tra due matrici
L'*operazione di addizione* tra due *matrici* consiste nell'*associare* ad ogni *coppia ordinata* (A, B) di *matrici* di $\mathbb{R}^{m,n}$ una *matrice* di $\mathbb{R}^{m,n}$.

Tale *matrice* si denota con il *simbolo* $A+B$, si chiama *matrice somma* di A più B ed è così definita:

- **se a_{hk} e b_{hk} sono i *generici elementi* di A e di B, $a_{hk}+b_{hk}$ è il *generico elemento* di $A+B$.**

Diamo un esempio!
Se è

$$A = \begin{pmatrix} 3 & 2 & 1 \\ 0 & 5 & -1 \\ 2 & 3 & 4 \end{pmatrix} \quad \text{e} \quad B = \begin{pmatrix} -1 & 2 & 3 \\ 0 & 4 & 2 \\ 1 & 2 & 3 \end{pmatrix}$$

allora

$$A+B = \begin{pmatrix} 3+(-1) & 2+2 & 1+3 \\ 0+0 & 5+4 & -1+2 \\ 2+1 & 3+2 & 4+3 \end{pmatrix} = \begin{pmatrix} 2 & 4 & 4 \\ 0 & 9 & 1 \\ 3 & 5 & 7 \end{pmatrix}.$$

La *definizione* di *matrice somma* si estende da *due* ad un *numero finito* (qualunque) di *matrici* $A, B, C, D, \ldots \in \mathbb{R}^{m,n}$ ponendo successivamente:

$$\begin{aligned} A+B+C &= (A+B)+C \\ A+B+C+D &= (A+B+C)+D \\ \ldots\ldots\ldots &= \ldots\ldots\ldots \end{aligned}$$

L'*operazione di addizione* gode delle seguenti *proprietà*:

1. $\forall A, B, C \in \mathbb{R}^{m,n} \Rightarrow (A+B)+C = A+(B+C)$ *proprietà associativa*

2. $\forall A \in \mathbb{R}^{m,n} \Rightarrow A+0$ (*matrice nulla* di $\mathbb{R}^{m,n}$) $= A$

3. $\forall A \in \mathbb{R}^{m,n} \Rightarrow A + (-A) = 0$ (*matrice nulla* di $\mathbb{R}^{m,n}$)

4. $\forall A, B \in \mathbb{R}^{m,n} \Rightarrow A + B = B + A$ *proprietà commutativa*

Per quanto riguarda la *matrice trasposta* di una *matrice somma* $A+B$, è facile convincersi che si ha:

$$(A + B)^T = A^T + B^T.$$

Definizione dell'operazione di moltiplicazione di un numero per una matrice

L'*operazione di moltiplicazione di un numero per una matrice* consiste nell'*associare* ad ogni *coppia ordinata* (λ, A), con $\lambda \in \mathbb{R}$ ed $A \in \mathbb{R}^{m,n}$, una *matrice* di $\mathbb{R}^{m,n}$.

Tale *matrice* si denota con il *simbolo* λA, si chiama *matrice prodotto* di λ per A ed è così definita:

- **se a_{hk} è il *generico elemento* di A, λa_{hk} è il *generico elemento* di λA.**

Diamo un esempio!
Se è

$$A = \begin{pmatrix} 3 & 0 & 2 & 3 \\ 1 & 4 & 7 & 2 \\ 2 & 5 & -1 & -6 \end{pmatrix} \qquad \text{e} \qquad \lambda = 5$$

allora

$$\lambda A = \begin{pmatrix} 5 \cdot 3 & 5 \cdot 0 & 5 \cdot 2 & 5 \cdot 3 \\ 5 \cdot 1 & 5 \cdot 4 & 5 \cdot 7 & 5 \cdot 2 \\ 5 \cdot 2 & 5 \cdot 5 & 5 \cdot (-1) & 5 \cdot (-6) \end{pmatrix} = \begin{pmatrix} 15 & 0 & 10 & 15 \\ 5 & 20 & 35 & 10 \\ 10 & 25 & -5 & -30 \end{pmatrix}.$$

L'*operazione di moltiplicazione di un numero per una matrice* gode delle seguenti proprietà:

1. $\forall A \in \mathbb{R}^{m,n} \Rightarrow 1\,A = A$

2. $\forall A \in \mathbb{R}^{m,n}, \forall \lambda, \mu \in \mathbb{R} \Rightarrow \lambda(\mu A) = (\lambda\mu)A$

Per quanto riguarda la *matrice trasposta* di una *matrice prodotto* di λ per A, è facile convincersi che si ha:

$$(\lambda A)^T = \lambda A^T.$$

Le due *operazioni*, che abbiamo definito, sono poi legate tra loro dalle due *relazioni* seguenti, che si chiamano *proprietà distributive*:

1. $\forall A \in \mathbb{R}^{m,n}, \forall \lambda, \mu \in \mathbb{R} \Rightarrow (\lambda + \mu)A = \lambda A + \mu A$
2. $\forall A, B \in \mathbb{R}^{m,n}, \forall \lambda \in \mathbb{R} \Rightarrow \lambda(A + B) = \lambda A + \lambda B.$

Resta ora da definire l'*operazione di moltiplicazione riga per colonna* tra due *matrici* ma, data la lunghezza dell'argomento, apriamo un nuovo *paragrafo*.

1.5 Operazione di moltiplicazione riga per colonna tra due matrici

Definizione dell'operazione di moltiplicazione riga per colonna tra due matrici

L'*operazione di moltiplicazione riga per colonna tra due matrici* consiste nell'*associare* ad ogni *coppia ordinata* (A, B) di *matrici*, con $A \in \mathbb{R}^{m,p}$ e $B \in \mathbb{R}^{p,n}$ una *matrice* di $\mathbb{R}^{m,n}$, cioè avente lo stesso numero di *righe* di A e lo stesso numero di *colonne* di B.

Tale *matrice* si denota con il *simbolo* AB, si chiama *matrice prodotto riga per colonna* di A per B ed è così definita:

- **se a_{hi} è il *generico elemento* di A, b_{ik} *quello* di B e c_{hk} *quello* di AB, si ha:**

$$c_{hk} = a_{h1}\, b_{1k} + a_{h2}\, b_{2k} + a_{h3}\, b_{3k} + \cdots + a_{hp}\, b_{pk}$$

Per prendere dimestichezza con la *definizione data*, calcoliamo alcuni *elementi* della *matrice* AB:

$$AB = \begin{pmatrix} c_{11} & c_{12} & \dots & c_{1n} \\ c_{21} & c_{22} & \dots & c_{2n} \\ \vdots & \vdots & \ddots & \vdots \\ c_{m1} & c_{m2} & \dots & c_{mn} \end{pmatrix}$$

$$\begin{aligned} c_{11} &= a_{11} \cdot b_{11} + a_{12} \cdot b_{21} + a_{13} \cdot b_{31} + \dots + a_{1p} \cdot b_{p1} \\ c_{12} &= a_{11} \cdot b_{12} + a_{12} \cdot b_{22} + a_{13} \cdot b_{32} + \dots + a_{1p} \cdot b_{p2} \\ c_{13} &= a_{11} \cdot b_{13} + a_{12} \cdot b_{23} + a_{13} \cdot b_{33} + \dots + a_{1p} \cdot b_{p3} \\ &\dots\dots\dots\dots\dots\dots\dots\dots\dots\dots \\ c_{34} &= a_{31} \cdot b_{14} + a_{32} \cdot b_{24} + a_{33} \cdot b_{34} + \dots + a_{3p} \cdot b_{p4} \\ &\dots\dots\dots\dots\dots\dots\dots\dots\dots\dots \end{aligned}$$

Diamo un esempio!
Se è

$$A = \begin{pmatrix} 3 & 0 & 2 & 3 \\ 1 & 4 & 7 & 2 \end{pmatrix} \quad \text{e} \quad B = \begin{pmatrix} 1 & 0 & 1 \\ 1 & 3 & 0 \\ 2 & -1 & 4 \\ 0 & 1 & 0 \end{pmatrix}$$

allora

$$AB = \begin{pmatrix} 3{\cdot}1+0{\cdot}1+2{\cdot}2+3{\cdot}0 & 3{\cdot}0+0{\cdot}3+2{\cdot}(-1)+3{\cdot}1 & 3{\cdot}1+0{\cdot}0+2{\cdot}4+3{\cdot}0 \\ 1{\cdot}1+4{\cdot}1+7{\cdot}2+2{\cdot}0 & 1{\cdot}0+4{\cdot}3+7{\cdot}(-1)+2{\cdot}1 & 1{\cdot}1+4{\cdot}0+7{\cdot}4+2{\cdot}0 \end{pmatrix} =$$

$$= \begin{pmatrix} 7 & 1 & 11 \\ 19 & 7 & 29 \end{pmatrix}$$

Come si vede: $A \in \mathbb{R}^{2,4}$, $B \in \mathbb{R}^{4,3}$ e di conseguenza $AB \in \mathbb{R}^{2,3}$.

La *definizione* di *matrice prodotto riga per colonna* si estende da due ad un numero finito (qualunque) di *matrici*.

Per esempio, date tre *matrici* $A \in \mathbb{R}^{m,p}$, $B \in \mathbb{R}^{p,q}$, $C \in \mathbb{R}^{q,n}$ si pone *per definizione*:

$$ABC = (AB)C.$$

Prima di dire quali sono le *proprietà* dell'*operazione di moltiplicazione riga per colonna* tra due *matrici*, vogliamo segnalare le *differenze* che ci sono tra tale *operazione* (quando è lecita) e l'*operazione di moltiplicazione* tra *due numeri reali* a e b.

1. La *moltiplicazione* tra *due numeri reali* a e b gode della *proprietà commutativa*:

$$a \cdot b = b \cdot a$$

mentre la *moltiplicazione riga per colonna* tra *due matrici* A e B no.

Date infatti due *matrici* A e B, se è possibile eseguire la *moltiplicazione riga per colonna* tra A e B, non è detto che lo sia tra B e A; lo è, *se e solo se* $A \in \mathbb{R}^{m,p}$ e $B \in \mathbb{R}^{p,m}$

In tal caso si ha:

$$AB \in \mathbb{R}^{m,m} \qquad \text{e} \qquad BA \in \mathbb{R}^{p,p}$$

quindi se è $m \neq p$ sicuramente è $AB \neq BA$ perché sono *matrici quadrate di ordine differente.*

Nel caso particolare che sia poi $p = m$, le *matrici* A, B, AB, BA appartengono tutte all'*insieme* $\mathbb{R}^{m,m}$, cioè sono *matrici quadrate* di *ordine* m, però anche qui in generale risulta

$$AB \neq BA$$

come ci mostra il seguente esempio:

Esempio 1.3 *Se è*

$$A = \begin{pmatrix} 1 & 2 \\ 0 & 4 \end{pmatrix} \quad , \quad B = \begin{pmatrix} 0 & 3 \\ -1 & 1 \end{pmatrix}$$

allora

$$AB = \begin{pmatrix} 1 & 2 \\ 0 & 4 \end{pmatrix} \cdot \begin{pmatrix} 0 & 3 \\ -1 & 1 \end{pmatrix} = \begin{pmatrix} 1 \cdot 0 + 2 \cdot (-1) & 1 \cdot 3 + 2 \cdot 1 \\ 0 \cdot 0 + 4 \cdot (-1) & 0 \cdot 3 + 4 \cdot 1 \end{pmatrix} = \begin{pmatrix} -2 & 5 \\ -4 & 4 \end{pmatrix}$$

e

$$BA = \begin{pmatrix} 0 & 3 \\ -1 & 1 \end{pmatrix} \cdot \begin{pmatrix} 1 & 2 \\ 0 & 4 \end{pmatrix} = \begin{pmatrix} 0 \cdot 1 + 3 \cdot 0 & 0 \cdot 2 + 3 \cdot 4 \\ -1 \cdot 1 + 1 \cdot 0 & -1 \cdot 2 + 1 \cdot 4 \end{pmatrix} = \begin{pmatrix} 0 & 12 \\ -1 & 2 \end{pmatrix}$$

Come si vede è appunto $AB \neq BA$.

2. Per la *moltiplicazione* tra due *numeri reali* a e b vale il *teorema di annullamento del prodotto*:

Teorema 1.1 *Il prodotto di due numeri reali* a *e* b *è nullo, cioè*

$$a \cdot b = 0$$

se e solo se è nullo almeno uno dei due numeri.

Nel caso delle *matrici* non sussiste un *teorema analogo*, cioè può accadere che sia

$$AB = 0 \text{ (matrice nulla)}$$

pur essendo *diverse* dalla *matrice nulla* sia A che B.

Diamo un esempio!

Esempio 1.4 *Se è*

$$A = \begin{pmatrix} 2 & 1 \\ 6 & 3 \end{pmatrix} \quad e \quad B = \begin{pmatrix} -1 & -3 \\ 2 & 6 \end{pmatrix}$$

allora $A \cdot B = 0$ *(matrice nulla) pur essendo* $A \neq 0$ *(matrice nulla) e* $B \neq 0$ *(matrice nulla).*

3. Per la *moltiplicazione tra numeri reali* a e b vale il *teorema di cancellazione*:

Teorema 1.2 *Dati tre numeri reali* a, b *e* c *con* $a \neq 0$, *risulta:*

$$a \cdot b = a \cdot c \qquad \text{se e solo se è} \qquad b = c.$$

Neanche questo *teorema* sussiste nel caso delle *matrici* come ci mostra il seguente esempio.

Esempio 1.5 *Se è:*

$$A = \begin{pmatrix} 1 & 2 & 3 \\ 4 & 5 & 6 \\ 5 & 7 & 9 \end{pmatrix}, \quad B = \begin{pmatrix} 1 & 0 & 0 \\ 4 & -1 & -4 \\ 2 & 5 & 4 \end{pmatrix}, \quad C = \begin{pmatrix} 2 & 1 & -2 \\ 2 & -3 & 0 \\ 3 & 6 & 2 \end{pmatrix}$$

risulta

$$AB = AC = \begin{pmatrix} 15 & 13 & 4 \\ 36 & 25 & 4 \\ 51 & 38 & 8 \end{pmatrix} \qquad \textit{pur essendo } B \neq C.$$

Concludendo possiamo dire:

La *moltiplicazione riga per colonna* tra *due matrici*, a differenza di ciò che accade nella *moltiplicazione* tra *due numeri reali*, in generale:

- *non gode* della *proprietà commutativa*
- *non verifica* il *teorema di annullamento del prodotto*
- *non verifica* il *teorema di cancellazione.*

Diciamo finalmente quali sono le *proprietà* dell'*operazione di moltiplicazione riga per colonna* tra *matrici*!

Le *proprietà* sono

1. Se $A \in \mathbb{R}^{m,n}$ allora $IA = AI = A$ dove la *matrice identità* I che compare in IA è I_m e quella che compare in AI è I_n
2. Se A, B, C sono tre *matrici* appartenenti rispettivamente agli *insiemi* $\mathbb{R}^{m,p}$, $\mathbb{R}^{p,q}$, $\mathbb{R}^{q,n}$ allora

$$(AB)C = A(BC) \qquad (\textit{proprietà associativa})$$

Per quanto riguarda la *matrice trasposta* di una *matrice prodotto riga per colonna* invitiamo lo Studente a constatare con degli esempi che:

$$(AB)^T = B^T A^T.$$

L'*operazione di moltiplicazione riga per colonna* è legata alle due *operazioni* precedentemente definite dai teoremi:

Teorema 1.3 *Se A e B sono* due matrici *appartenenti all'*insieme $\mathbb{R}^{m,p}$ *e C una* matrice *appartenente all'*insieme $\mathbb{R}^{p,n}$, *allora*

$$(A+B)C = AC + BC.$$

Teorema 1.4 *Se A è una* matrice *appartenente all'*insieme $\mathbb{R}^{m,p}$, *B una* matrice *appartenente all'*insieme $\mathbb{R}^{p,n}$ *e λ un* numero reale *qualsiasi, allora*

$$\lambda(AB) = (\lambda A)B = A(\lambda B).$$

Le *operazioni* che abbiamo definito consentono di costruire *matrici* partendo:

- o da una *coppia ordinata* (A, B) costituita da due *matrici* A e B
- o da una *coppia ordinata* (λ, A) costituita da un *numero* λ e da una *matrice* A.

Vi sono altre *operazioni* che consentono di costruire *matrici* partendo però da una sola *matrice* A.

Si tratta delle *trasformazioni elementari di una matrice* che passiamo ora a definire.

1.6 Trasformazioni elementari di una matrice

Definizione di trasformazione elementare di una matrice
Si dice che su di una *matrice* $A \in \mathbb{R}^{m,n}$ si opera una *trasformazione elementare* T quando si esegue su di essa una di queste tre *operazioni*:

1. **si *scambiano* fra loro due *righe* o due *colonne***

2. si ***moltiplicano*** gli ***elementi*** di una ***riga*** o di una ***colonna*** per uno stesso ***numero*** $\lambda \neq 0$ [1].

3. si ***addizionano*** agli ***elementi*** di una ***riga*** o ***colonna***, gli ***elementi*** corrispondenti di un'altra ***riga*** o ***colonna***, dopo averli ***moltiplicati*** per uno ***stesso numero*** $\lambda \neq 0$.

Prima di fare le nostre considerazioni, fissiamo le notazioni.

Le *tre trasformazioni* elencate si denotano rispettivamente con i *simboli* T^1, T^2 e T^3; la generica delle tre, con il *simbolo* T e la *matrice* ottenuta dalla *matrice* A operando su di essa con la *trasformazione* T, con il *simbolo* $T(A)$ e si chiama *matrice trasformata* di A.

Con la scrittura

$$T_\nu T_{\nu-1} T_{\nu-2} \cdots T_2 T_1(A)$$ [2]

si denota invece la *matrice* che si ottiene operando sulla *matrice* A con una *trasformazione* T_1; sulla *matrice* $T_1(A)$ con una *trasformazione* T_2 e così via fino ad arrivare ad operare con la *trasformazione* T_ν.

Diamo subito un *teorema* di tipo tecnico, di cui omettiamo la *dimostrazione*, che mette in relazione la *matrice* $T(AB)$ *trasformata* della *matrice prodotto* AB, con le *matrici* $T(A)$, *trasformata* di A e $T(B)$, *trasformata* di B.

Teorema 1.5 *Assegnate due* matrici $A \in \mathbb{R}^{m,p}$ *e* $B \in \mathbb{R}^{p,n}$, *se si opera con una* trasformazione elementare T *sulle* righe *di* AB, *per la* matrice trasformata $T(AB)$ *si ha:*

$$T(AB) = T(A)B. \tag{1.2}$$

[1] Non si deve confondere tale *operazione* con quella di *moltiplicazione di un numero per una matrice*, definita nel *paragrafo* 1.4. Qui si *moltiplicano* per un numero $\lambda \neq 0$ solamente gli *elementi* di una *riga* o *colonna* di una *matrice*; là invece si *moltiplica* per un numero λ (che può anche essere 0) tutti gli *elementi* della *matrice*.

[2] Non si deve confondere T_1, T_2, T_3 con T^1, T^2, T^3; ciascuna delle *trasformazioni* $T_1, T_2, T_3, \ldots, T_\nu$ può essere una qualunque delle *tre trasformazioni elementari* T^1, T^2, T^3; l'*indice* posto in basso indica solo l'ordine con cui la *trasformazione* opera.

Se si opera invece con una trasformazione elementare T *sulle* colonne *di* AB, *per la* matrice trasformata $T(AB)$ *si ha:*

$$T(AB) = A\,T(B). \tag{1.3}$$

Le *relazioni* (1.2) e (1.3) si estendono immediatamente al caso in cui si operi successivamente sulle *righe* (o *colonne*) della *matrice* $A \cdot B$ con ν *trasformazioni elementari* $T_1, T_2, T_3, \ldots, T_\nu$.

Se le ν *trasformazioni* operano tutte sulle *righe* di $A \cdot B$ si ha:

$$T_\nu T_{\nu-1} T_{\nu-2} \cdots T_2 T_1(AB) = \big(T_\nu T_{\nu-1} T_{\nu-2} \cdots T_2 T_1(A)\big)B \tag{1.4}$$

se invece operano tutte sulle *colonne* si ha:

$$T_\nu T_{\nu-1} T_{\nu-2} \cdots T_2 T_1(AB) = A\big(T_\nu T_{\nu-1} T_{\nu-2} \cdots T_2 T_1(B)\big) \tag{1.5}$$

Ora che abbiamo definito le *operazioni* che consentono di costruire *matrici* a partire da *matrici*, vediamo tali *operazioni* all'azione!

1.7 Matrice invertibile e matrice inversa di una matrice

Definizione di matrice invertibile

Data una *matrice quadrata* A di *ordine* n, si dice che A è una *matrice invertibile* se esiste una *matrice* B dello stesso *ordine* tale che:

$$AB = BA = I. \tag{1.6}$$

Il seguente *teorema* ci assicura che *esiste al più* una *matrice* B che verifica la (1.6).

Teorema 1.6 *Se esiste una* matrice B *che verifica la (1.6), essa è* unica.

Dimostrazione
Ragioniamo per assurdo.

Supponiamo che esistano *due distinte matrici* B e B' che verificano la (1.6), che cioè si abbia:

$$AB = BA = I \tag{1.6}$$

e

$$AB' = B'A = I. \tag{1.7}$$

Se *moltiplichiamo a destra* i primi *due membri* della (1.6) per B' otteniamo

$$(AB)B' = (BA)B'. \tag{1.8}$$

Per quanto riguarda il *primo membro* della (1.8) si ha che:

$$(AB)B' = \text{ per la } (1.6) = IB' = B'.$$

Per quanto riguarda il *secondo membro* della (1.8) si ha invece:

$$(BA)B'\text{=per la proprietà associativa=}B(AB')\text{=per la }(1.7)\text{=}BI\text{=}B.$$

Poiché la (1.8) è un'uguaglianza ed i suoi membri valgono rispettivamente B' e B, segue che $B' = B$ e quindi se esistono due *matrici* che verificano la (1.6) esse sono uguali.

c.v.d.

L'unica *matrice* B che verifica la (1.6), se esiste, si chiama *matrice inversa* di A e si denota con il *simbolo* A^{-1}.

Poiché il *teorema* dimostrato ci assicura l'unicità ma *non l'esistenza* della *matrice inversa*, si pongono due *problemi*:

Problema 1 *Data una* matrice quadrata A *di* ordine n, *trovare sotto quale* condizione *essa è dotata di* matrice inversa A^{-1}.

Problema 2 *Data una* matrice quadrata A *di* ordine n, *dotata di* matrice inversa A^{-1}, *trovare qualche procedimento per determinare quest'ultima.*

La *soluzione* di tali *problemi* è basata sul concetto di *determinante di una matrice quadrata* per cui andiamo a definire tale *concetto.*

Cominciamo con una *premessa*!

1.8 Permutazioni dell'insieme $\{1, 2, \dots, n\}$

Consideriamo l'*insieme dei primi n numeri naturali* (con $n > 1$):

$$\{1, 2, \dots, n\} \tag{1.9}$$

e vediamo in *quanti modi* si può *ordinare*; ciascuno di questi modi si chiama *permutazione*.

Se per esempio l'*insieme* (1.9) è costituito dai primi tre numeri naturali: $n = 3$, le *permutazioni* sono 6:

$$(1, 2, 3), (1, 3, 2), (2, 1, 3), (2, 3, 1), (3, 1, 2), (3, 2, 1).$$ [3]

Calcoliamo ora il *numero delle permutazioni* dell'insieme (1.9)!
Poiché possiamo scegliere in:

- n *modi* il numero da porre al *primo posto*
- $n - 1$ *modi* quello da porre al *secondo posto*
- $n - 2$ *modi* quello da porre al *terzo posto*
- ...
- 1 *modo* quello da porre all'*n-esimo posto*.

e tali *scelte* sono tra loro *indipendenti*, il *numero delle permutazioni* è $n\,(n-1)\,(n-2)\cdots 3\cdot 2\cdot 1$.

Tale numero si denota con il *simbolo* $n!$ che si legge "n fattoriale":

$$n! = n\,(n-1)\,(n-2)\cdots 3\cdot 2\cdot 1$$

Nel seguito denoteremo la *generica permutazione* dell'*insieme* (1.9) con una notazione del tipo:

$$(i_1, i_2, \dots, i_n)$$

dove

---

[3]Si usano le *parentesi tonde* per esprimere il fatto che l'*insieme* è *ordinato*, le *graffe* quando *non interessa l'ordine*. Si ha allora $\{1, 2, 3\} = \{3, 2, 1\}$ mentre $(1, 2, 3) \neq (3, 2, 1)$.

i_1 denota il *numero* dell'insieme (1.9) che occupa il *primo posto*

i_2 quello che occupa il *secondo posto*

e così via.

Data una *permutazione*, si dice che tra *due elementi di essa* vi è *inversione* se l'*elemento che precede* è più grande di *quello che segue.*

Nella *permutazione* $(1, 2, \ldots, n)$ non vi sono *inversioni*, mentre in ogni altra *permutazione* ve ne è *almeno una.*

Il computo del numero di *inversioni*, che una *permutazione* presenta, si ottiene confrontando *ogni elemento* della *permutazione* con *ciascuno* degli *elementi successivi* ad esso e facendo poi la *somma delle inversioni.*

Ciò premesso, una *permutazione* si dice di *classe pari* o di *classe dispari* a seconda che presenti un *numero pari* o *dispari* di *inversioni.*

Per fissare le idee, facciamo un esempio!

Esempio 1.6 *Consideriamo l'*insieme *(1.9) con* $n = 5$ *e di esso la* permutazione

$$(2, 3, 1, 5, 4).$$

Quest'ultima presenta in totale 3 inversioni*, perché vi è* inversione *tra:*

$$2 \text{ } e \text{ } 1, \quad 3 \text{ } e \text{ } 1, \quad 5 \text{ } e \text{ } 4$$

e pertanto è di classe dispari.

Quest'altra permutazione *invece*

$$(5, 4, 3, 2, 1)$$

ne presenta in totale 10 *perché vi è* inversione *tra:*

$$\begin{aligned} &5 \ e \ 4, \quad 5 \ e \ 3, \quad 5 \ e \ 2, \quad 5 \ e \ 1 \\ &4 \ e \ 3, \quad 4 \ e \ 2, \quad 4 \ e \ 1 \\ &3 \ e \ 2, \quad 3 \ e \ 1 \\ &2 \ e \ 1 \end{aligned}$$

e pertanto è di classe pari.

Una *proprietà* delle *permutazioni* è espressa dal seguente *teorema* del quale non diamo la *dimostrazione*:

Teorema 1.7 *Una* permutazione *dell'*insieme (1.9) *ottenuta da un'altra, scambiando tra loro* due elementi, *è di* classe diversa.

Tale *teorema* ci permette di dimostrare quest'altro:

Teorema 1.8 *Tra le* $n!$ permutazioni *dell'*insieme (1.9) *vi sono* $\frac{n!}{2}$ permutazioni *di* classe pari *e* $\frac{n!}{2}$ permutazioni *di* classe dispari.

Dimostrazione
Se in ciascuna delle $n!$ *permutazioni* dell'*insieme* (1.9) scambiamo tra loro due *elementi*, ad esempio 1 con 2, le *permutazioni* di *classe pari* si trasformano in *permutazioni* di *classe dispari* e viceversa.

Questo fatto comporta che il *numero* di *permutazioni di classe pari* è uguale al *numero* di *permutazioni di classe dispari*. **c.v.d.**

Dopo questa premessa, possiamo definire il concetto di *determinante* di una *matrice quadrata*.

1.9 Determinante di una matrice quadrata

Se una *matrice* A non è *quadrata*, essa costituisce semplicemente una *tabella* alla quale *non si fa corrispondere alcun valore numerico*.

Se invece è *quadrata*, le si fa corrispondere un *numero* che si chiama *determinante della matrice* e si denota con uno dei *simboli*:

$$\det A \qquad , \qquad |A|.$$

Per $n = 1$, la *matrice* A è $A = (a_{11})$ e si pone *per definizione*

$$\det A = a_{11}.$$

Per $n > 1$, la *definizione* è più complicata e per darla ragioniamo così: Fra gli n^2 *elementi* di A se ne possono, in tanti modi diversi, trovare n in modo che mai due di essi appartengano alla *stessa riga* o alla *stessa colonna*.

Per ottenere tali *elementi* basta fissare *due permutazioni* dell'*insieme* (1.9) (distinte o coincidenti)

$$(h_1, h_2, \ldots, h_n) \quad , \quad (k_1, k_2, \ldots, k_n) \tag{1.10}$$

e considerare gli n *elementi*

$$a_{h_1 k_1}, \quad a_{h_2 k_2}, \ldots, \; a_{h_n k_n} \qquad ^{4} \tag{1.11}$$

della *matrice* A.

Tali *elementi* si trovano nelle condizioni volute, perché due di essi non possono stare nella *stessa riga* essendo gli *indici di riga* $h_1, h_2, \ldots, h_n$ tutti *diversi* tra loro, nè possono stare sulla *stessa colonna* essendo gli *indici di colonna* $k_1, k_2, \ldots, k_n$ tutti *diversi* tra loro.

Fissati allora n elementi del tipo (1.11) e detti h e k rispettivamente il *numero delle inversioni* delle *permutazioni* (1.10), si costruisce il *prodotto*

$$(-1)^{h+k} a_{h_1 k_1} a_{h_2 k_2} \cdots a_{h_n k_n} \tag{1.12}$$

al quale si dà il nome di *prodotto associato alla matrice.*

A prima vista può sembrare che il *prodotto* (1.12), oltre che dai *fattori* (1.11), dipenda dall'*ordine* con cui questi si scrivono, per la presenza in esso del fattore $(-1)^{h+k}$ che è uguale a ± 1.

In realtà ciò non è vero. È quanto ci mostra il seguente *teorema*

Teorema 1.9 *Il valore del* prodotto associato *(1.12) non dipende dall'*ordine *con cui si scrivono i suoi* fattori *(1.11).*

Dimostrazione

Dimostriamo il *teorema* nel caso particolare che si scambi $a_{h_1 k_1}$ con $a_{h_2 k_2}$.

Se *scambiamo* $a_{h_1 k_1}$ con $a_{h_2 k_2}$, il nuovo *prodotto associato* è

$$(-1)^{h'+k'} a_{h_2 k_2} a_{h_1 k_1} \cdots a_{h_n k_n} \tag{1.13}$$

Poiché entrambe le *permutazioni di indici* (1.10) hanno cambiato *classe* per il *teorema* 1.7, se è:

---

[4] Se le *permutazioni* (1.10) sono *coincidenti*, cioè se

$$h_1 = k_1 \;,\; h_2 = k_2 \;,\; \ldots \;,\; h_n = k_n$$

gli n *elementi* (1.11) della *matrice* costituiscono la sua *diagonale principale*.

- $h+k$ *pari* allora anche $h'+k'$ è *pari* e quindi
  $(-1)^{h+k} = (-1)^{h'+k'} = 1$

- $h+k$ *dispari* allora anche $h'+k'$ è *dispari* e quindi
  $(-1)^{h+k} = (-1)^{h'+k'} = -1$.

Da qui segue che i due *prodotti associati* (1.12) e (1.13) sono uguali.

c.v.d.

Spieghiamo il senso del *teorema* con un *esempio* !

Esempio 1.7 *Sia data la* matrice

$$A = \begin{pmatrix} 1 & 2 & 0 & 1 \\ -1 & 3 & 5 & 0 \\ 2 & 1 & -1 & 2 \\ 6 & 3 & -3 & -4 \end{pmatrix}$$

dove:

$a_{11} = 1$; $a_{12} = 2$; $a_{13} = 0$; $a_{14} = 1$; $a_{21} = -1$; $a_{22} = 3$; $a_{23} = 5$; $a_{24} = 0$; $a_{31} = 2$; $a_{32} = 1$; $a_{33} = -1$; $a_{34} = 2$; $a_{41} = 6$; $a_{42} = 3$; $a_{43} = -3$; $a_{44} = -4$.

*L'*insieme *(1.9) nel nostro caso è:*

$$\{1, 2, 3, 4\}.$$

Fissiamo due permutazioni *di esso:*

$$(h_1, h_2, h_3, h_4) = (3, 2, 4, 1) \qquad e \qquad (k_1, k_2, k_3, k_4) = (4, 3, 1, 2)$$

e consideriamo il prodotto associato*:*

$$(-1)^{h+k} \cdot a_{h_1 k_1} \cdot a_{h_2 k_2} \cdot a_{h_3 k_3} \cdot a_{h_4 k_4} \quad .$$

Quest'ultimo nel nostro caso è:

$$(-1)^{4+5} \cdot a_{34} \cdot a_{23} \cdot a_{41} \cdot a_{12} = (-1)^9 \cdot 2 \cdot 5 \cdot 6 \cdot 2 = -120.$$

Riordiniamo ora i fattori a_{34}, a_{23}, a_{41}, a_{12} *in modo che la* permutazione $(h_1, h_2, h_3, h_4) = (3, 2, 4, 1)$ *si trasformi nella* permutazione $(h'_1, h'_2, h'_3, h'_4) = (1, 2, 3, 4)$.

In conseguenza di questo riordinamento, *la* permutazione $(k_1, k_2, k_3, k_4) = (4, 3, 1, 2)$ *si trasforma nella* permutazione $(k'_1, k'_2, k'_3, k'_4) = (2, 3, 4, 1)$; *il* prodotto associato *diviene allora:*

$$(-1)^{0+3} \cdot a_{12} \cdot a_{23} \cdot a_{34} \cdot a_{41} = (-1)^3 \cdot 2 \cdot 5 \cdot 2 \cdot 6 = -120.$$

Se invece riordiniamo i fattori a_{34}, a_{23}, a_{41}, a_{12} *in modo che la* permutazione $(k_1, k_2, k_3, k_4) = (4, 3, 1, 2)$ *si trasformi nella* permutazione $(k'_1, k'_2, k'_3, k'_4) = (1, 2, 3, 4)$; *in conseguenza di questo* riordinamento, *la* permutazione $(h_1, h_2, h_3, h_4) = (3, 2, 4, 1)$ *si trasforma nella* permutazione $(h'_1, h'_2, h'_3, h'_4) = (4, 1, 2, 3)$ *ed il* prodotto associato *diviene:*

$$(-1)^{3+0} \cdot a_{41} \cdot a_{12} \cdot a_{23} \cdot a_{34} = (-1)^3 \cdot 6 \cdot 2 \cdot 5 \cdot 2 = -120$$

quindi nei tre casi il valore è lo stesso.

Come abbiamo potuto toccare con mano in questo *esempio*, il valore di un *prodotto associato ad una matrice* non dipende dall'*ordine* con cui si moltiplicano i suoi *fattori* ma unicamente dai *fattori* cioè dagli n *elementi* della *matrice* che restano determinati dalle *permutazioni* $(h_1, h_2, h_3, \ldots, h_n)$, $(k_1, k_2, k_3, \ldots, k_n)$ dell'*insieme* (1.9) inizialmente fissate.

L'importanza del *teorema* ora dimostrato sta nel fatto che ci consente di scrivere il *generico prodotto associato* (1.12) in modo che la *permutazione dei primi* o dei *secondi indici* sia $(1, 2, \ldots, n)$:

$$(-1)^k a_{1k_1} a_{2k_2} \cdots a_{nk_n} \qquad \text{oppure} \qquad (-1)^h a_{h_1 1} a_{h_2 2} \cdots a_{h_n n}\,.\text{[5]} \tag{1.14}$$

Queste ultime scritture ci permettono di dire che i *prodotti associati* sono tanti quanti sono le *permutazioni* dell'*insieme* (1.9), cioè $n!$.

Siamo ora in grado di dare la *definizione di determinante* di una *matrice quadrata* di *ordine* $n > 1$.

---

[5] Nella prima delle due *espressioni* è scritto $(-1)^k$ e non $(-1)^{h+k}$ perché è $h = 0$ in quanto la *permutazione* dei *primi indici* non presenta *inversioni*. Un discorso analogo vale per la *seconda espressione*.

Definizione di determinante di una matrice quadrata di ordine $n > 1$
Si chiama *determinante* di una *matrice quadrata* di *ordine* $n > 1$, il *numero* che si ottiene sommando gli $n!$ *prodotti ad essa associati.*

In simboli

$$\det A = \sum_{(k_1 k_2 \ldots k_n)} (-1)^k a_{1k_1} a_{2k_2} \cdots a_{nk_n} \tag{1.15}$$

oppure

$$\det A = \sum_{(h_1 h_2 \ldots h_n)} (-1)^h a_{h_1 1} a_{h_2 2} \cdots a_{h_n n}. \tag{1.16}$$

Il *simbolo* $\sum$ si chiama *sommatoria* e denota la *somma* degli $n!$ *prodotti associati.*

Calcoliamo ora, utilizzando la definizione, il *determinante* di *matrici quadrate* di *ordine* 2 e 3.

In tali calcoli ci serviremo della (1.15).

1.10 Calcolo dei determinanti di matrici quadrate di ordine 2 e 3

Data una *matrice quadrata* di *ordine* $n = 2$:

$$A = \begin{pmatrix} a_{11} & a_{12} \\ a_{21} & a_{22} \end{pmatrix}$$

il suo *determinante* è la *somma* di $n! = 2! = 2$ *prodotti associati* perché 2 sono le *permutazioni dell'insieme* (1.9) che in questo caso è $\{1, 2\}$.

Le *permutazioni* sono:

- $(1, 2)$ di *classe pari*; è $k = 0$ perché *non presenta inversioni*
- $(2, 1)$ di *classe dispari*; è $k = 1$ perché *presenta una sola inversione*

.

I *prodotti associati* corrispondenti sono:

$$(-1)^0 a_{11}a_{22} = a_{11}a_{22} \qquad \text{e} \qquad (-1)^1 a_{12}a_{21} = -a_{12}a_{21}$$

e, per la (1.15) si ha:

$$\det A = a_{11}a_{22} - a_{12}a_{21} \tag{1.17}$$

Data una *matrice quadrata* di *ordine* $n = 3$:

$$A = \begin{pmatrix} a_{11} & a_{12} & a_{13} \\ a_{21} & a_{22} & a_{23} \\ a_{31} & a_{32} & a_{33} \end{pmatrix}$$

il suo *determinante* è la *somma* di $n! = 3! = 6$ *prodotti associati* perché 6 sono le *permutazioni dell'insieme* (1.9) che in questo caso è $\{1, 2, 3\}$.

Le *permutazioni* sono:

- $(1, 2, 3)$, $(2, 3, 1)$, $(3, 1, 2)$ di *classe pari*
- $(1, 3, 2)$, $(2, 1, 3)$, $(3, 2, 1)$ di *classe dispari*.

I *prodotti associati* corrispondenti sono rispettivamente:

- $a_{11}a_{22}a_{33}$, $a_{12}a_{23}a_{31}$, $a_{13}a_{21}a_{32}$
- $-a_{11}a_{23}a_{32}$, $-a_{12}a_{21}a_{33}$, $-a_{13}a_{22}a_{31}$

e, per la (1.15), si ha:

$$\det A = a_{11}a_{22}a_{33} + a_{12}a_{23}a_{31} + a_{13}a_{21}a_{32} - a_{11}a_{23}a_{32} - a_{12}a_{21}a_{33} - a_{13}a_{22}a_{31}. \tag{1.18}$$

Se volessimo calcolare il *determinante* di una *matrice quadrata* di *ordine* $n = 4$, dovremmo sommare $n! = 4! = 24$ *prodotti associati.*

Se la *matrice* fosse di *ordine* $n = 5$, dovremmo sommare addirittura $n! = 5! = 120$ *prodotti associati* per cui ci si rende conto che per il *calcolo del determinante* di una *matrice quadrata* A di *ordine* $n \geq 4$ è poco pratico servirsi delle (1.15) e (1.16).

Si pone allora il problema di costruire qualche *tecnica di calcolo* più rapida.

Le *proprietà* dei *determinanti* ci suggeriranno di volta in volta la via da seguire per calcolare il *determinante* di una *matrice quadrata* A assegnata.

Cominciamo allora con il dire quali sono le *proprietà* dei *determinanti* che discendono dalla *definizione stessa.*

1.11 Proprietà dei determinanti che discendono dalla definizione

Vogliamo qui riportare tre *proprietà* dei *determinanti* che discendono quasi direttamente dalla *definizione di determinante.*

Per ragioni di spazio, di esse non daremo le *dimostrazioni*, ma invitiamo lo Studente a tentare di farle.

Proprietà 1 *Il* determinante *di una* matrice quadrata A *è* uguale *al* determinante *della sua* matrice trasposta A^T.

In simboli:

$$\det A = \det A^T.$$

Proprietà 2 *Se in una* matrice *si scambiano tra loro* due righe *o* due colonne *il* determinante *cambia segno.*

Proprietà 3 *Se una* matrice quadrata A *ha* due righe *o* due colonne uguali, *il suo* determinante *vale zero:* $\det A = 0$.

Altre *proprietà* dei *determinanti* si scoprono più facilmente da altre *rappresentazioni* di essi che ora vogliamo costruire.

A tal fine cominciamo con il dire che cosa è il *complemento algebrico* (o *aggiunto*) di un *elemento* a_{hk} di una *matrice quadrata* A.

1.12 Complemento algebrico di un elemento di una matrice ed altre rappresentazioni del determinante

Data una *matrice quadrata* A di *ordine* n, fissiamo un *elemento* a_{hk} di essa e cancelliamo dalla *matricc* A la *riga* e la *colonna* a cui tale *elemento* appartiene, cioè la h-*esima riga* e la k-*esima colonna* ottenendo così una *matrice quadrata* B di *ordine* $n-1$.

Ciò premesso diamo la *definizione* di *complemento algebrico* o *aggiunto* di a_{hk}.

Definizione di complemento algebrico o aggiunto di a_{hk}
Si chiama *complemento algebrico* o *aggiunto* dell'*elemento* a_{hk} di A e si denota con il *simbolo* a'_{hk}, il numero ottenuto moltiplicando $(-1)^{h+k}$ per il *determinante* della *matrice* B che si ottiene dalla *matrice* A cancellando la *riga* h-esima e la *colonna* k-esima.

In *simboli*

$$a'_{hk} = (-1)^{h+k} \det B \tag{1.19}$$

Per fissare la *definizione data*, facciamo un *esempio*!

Esempio 1.8 *Se è*

$$A = \begin{pmatrix} 2 & 1 & 5 \\ 3 & 2 & 1 \\ 4 & 6 & 2 \end{pmatrix}$$

il complemento algebrico *di* a_{32} *è:*

$$a'_{32} = (-1)^{3+2} \det \begin{pmatrix} 2 & 5 \\ 3 & 1 \end{pmatrix} = \textit{per la } (1.17) = -(2 \cdot 1 - 5 \cdot 3) = 13$$

quello di a_{13} *è:*

$$a'_{13} = (-1)^{1+3} \det \begin{pmatrix} 3 & 2 \\ 4 & 6 \end{pmatrix} = \textit{per la } (1.17) = 3 \cdot 6 - 2 \cdot 4 = 10.$$

Servendoci della (1.19) andiamo ora a costruire altre *rappresentazioni* del *determinante* a cui abbiamo accennato nel *paragrafo precedente.*

Per fissare bene le idee, riferiamoci a una *matrice quadrata* A di *ordine* $n = 3$ però, come lo Studente si renderà conto, il *risultato* che otterremo, vale nel caso generale di una *matrice quadrata* di *ordine* n.

Nel *paragrafo* 1.10 abbiamo visto che il *determinante* di una *matrice* A di *ordine* $n = 3$ è:

$$\det A = a_{11}a_{22}a_{33}+a_{12}a_{23}a_{31}+a_{13}a_{21}a_{32}-a_{11}a_{23}a_{32}-a_{12}a_{21}a_{33}-a_{13}a_{22}a_{31}. \tag{1.18}$$

Se nella (1.18) fissiamo l'attenzione sugli *elementi* della *prima riga*: a_{11}, a_{12}, a_{13} e li poniamo in evidenza, otteniamo:

$$\begin{aligned}\det A &= a_{11}(a_{22}a_{33}-a_{23}a_{32}) + a_{12}(a_{23}a_{31}-a_{21}a_{33}) + a_{13}(a_{21}a_{32}-a_{22}a_{31}) = \\ &= a_{11} \det \begin{pmatrix} a_{22} & a_{23} \\ a_{32} & a_{33} \end{pmatrix} - a_{12} \det \begin{pmatrix} a_{21} & a_{23} \\ a_{31} & a_{33} \end{pmatrix} + a_{13} \det \begin{pmatrix} a_{21} & a_{22} \\ a_{31} & a_{32} \end{pmatrix} = \\ &= \text{ per la (1.19)} = a_{11}a'_{11} + a_{12}a'_{12} + a_{13}a'_{13}.\end{aligned}$$

Se avessimo fissato l'attenzione sugli *elementi* della *seconda riga*: a_{21}, a_{22}, a_{23} oppure su quelli della *terza*: a_{31}, a_{32}, a_{33} ed avessimo fatto per essi lo stesso discorso fatto per quelli della *prima*, avremmo ottenuto, nei due casi:

$$\begin{aligned}\det A &= a_{21}a'_{21} + a_{22}a'_{22} + a_{23}a'_{23} \\ \det A &= a_{31}a'_{31} + a_{32}a'_{32} + a_{33}a'_{33}.\end{aligned}$$

Un discorso analogo si può ripetere per gli *elementi* della *prima, seconda e terza colonna*, ottenendo nei tre casi:

$$\begin{aligned}\det A &= a_{11}a'_{11} + a_{21}a'_{21} + a_{31}a'_{31} \\ \det A &= a_{12}a'_{12} + a_{22}a'_{22} + a_{32}a'_{32} \\ \det A &= a_{13}a'_{13} + a_{23}a'_{23} + a_{33}a'_{33}.\end{aligned}$$

Possiamo riassumere tutta l'analisi fatta nell'enunciato del seguente *teorema*:

Teorema 1.10 (primo teorema di Laplace) *Assegnata una* matrice quadrata A *di* ordine n, *il suo* determinante *è dato dalla* somma *degli n prodotti che si ottengono moltiplicando gli* elementi *di una* qualunque riga *(o* colonna*) per i rispettivi* complementi algebrici.

In simboli*:*

$$\det A = a_{h1}a'_{h1} + a_{h2}a'_{h2} + \cdots + a_{hn}a'_{hn} \qquad (1.20)$$

$$\det A = a_{1k}a'_{1k} + a_{2k}a'_{2k} + \cdots + a_{nk}a'_{nk}. \qquad (1.21)$$

Le *formule* (1.20) e (1.21) sono le *rappresentazioni* di $\det A$ che volevamo costruire.

Prima di sperimentarne l'utilità, facciamo qualche commento sulla loro struttura; tale commento ci condurrà ad enunciare il *secondo teorema di Laplace.*

1.13 Un commento sulla struttura delle formule (1.20) e (1.21)

Osservando le (1.20) e (1.21) ci rendiamo conto che se riguardiamo gli n *elementi* della *matrice* A, di cui si sono calcolati i *complementi algebrici,* come n *variabili,* il $\det A$ si presenta come un *polinomio omogeneo di* 1° *grado* rispetto a tali *variabili.*

Poiché nella *definizione* di *complemento algebrico* di un *elemento* a_{hk} di A non interviene il *valore numerico* di tale *elemento* ma unicamente la sua *posizione* nella *matrice,* se nella *matrice* A sostituiamo gli *elementi* della h*-esima riga* con la n*-pla* di *numeri* $(\alpha_1, \alpha_2, \ldots, \alpha_n)$ oppure gli *elementi* della k*-esima colonna* con la n*-pla* di *numeri* $(\beta_1, \beta_2, \ldots, \beta_n)$, otteniamo altre *due matrici*: B e B', i cui *determinanti,* per le (1.20) e (1.21), sono:

$$\det B = \alpha_1 a'_{h1} + \alpha_2 a'_{h2} + \cdots + \alpha_n a'_{hn} \qquad (1.22)$$

e

$$\det B' = \beta_1 a'_{1k} + \beta_2 a'_{2k} + \cdots + \beta_n a'_{nk}. \qquad (1.23)$$

Se la *n-pla ordinata di numeri* $(\alpha_1, \alpha_2, \ldots, \alpha_n)$ è costituita dagli *elementi* di una *riga* di A *distinta* dalla *h-esima* e la *n-pla ordinata di numeri* $(\beta_1, \beta_2, \ldots, \beta_n)$ è costituita dagli *elementi* di una *colonna* di A *distinta* dalla *k-esima*, poiché le *matrici* B e B' hanno rispettivamente *due righe* e *due colonne uguali*, per la *Proprietà* 3 dei *determinanti*, vista nel *paragrafo* 1.11, i due *determinanti* (1.22) e (1.23) *valgono zero*.

Quanto abbiamo constatato, costituisce l'enunciato del seguente *teorema*

Teorema 1.11 (secondo teorema di Laplace) *Assegnata una* matrice quadrata A *di* ordine n, *la* somma *degli* n prodotti *degli* elementi *di una* riga *(o* colonna*) per i* complementi algebrici *degli* elementi corrispondenti *di un'altra* riga *(o* colonna*) vale* zero. *In* simboli*:*

$$a_{i1}a'_{h1} + a_{i2}a'_{h2} + \cdots + a_{in}a'_{hn} = 0 \qquad con\ i \neq h \tag{1.24}$$

e

$$a_{1j}a'_{1k} + a_{2j}a'_{2k} + \cdots + a_{nj}a'_{nk} = 0 \qquad con\ j \neq k. \tag{1.25}$$

Le (1.20), (1.21), (1.24) e (1.25) ci permetteranno di scoprire altre *proprietà* dei *determinanti*!

1.14 Altre proprietà dei determinanti

Proprietà 4 *Se una* matrice quadrata A *ha* nulli *tutti gli* elementi *di una* riga *o* colonna *allora* $\det A = 0$.

Dimostrazione

Se sono *nulli* tutti gli *elementi* di una *riga*, la *tesi* segue dalla (1.20), scegliendo come *riga* $(a_{h1}, a_{h2}, \ldots, a_{hn})$ quella i cui *elementi* sono tutti *nulli*.

Un discorso analogo vale nel caso che siano tutti *nulli* gli *elementi* di una *colonna*.

c.v.d.

Proprietà 5 *Se si moltiplicano tutti gli* elementi *di una* riga *o* colonna *di una* matrice A *per un* numero λ, *otteniamo una* matrice B *il cui* determinante *è* $\lambda \det A$.

Dimostrazione
Se moltiplichiamo ad esempio per λ tutti gli *elementi* della 1^a *riga* di A, per la (1.20) si ha:

$$\begin{aligned}\det B &= (\lambda a_{11})a'_{11} + (\lambda a_{12})a'_{12} + \cdots + (\lambda a_{1n})a'_{1n} = \\ &= \lambda(a_{11}a'_{11} + a_{12}a'_{12} + \cdots + a_{1n}a'_{1n}) = \lambda \det A.\end{aligned}$$

c.v.d.

Da tale *proprietà* segue che:

$$\det(\lambda A) = \lambda^n \det A. \tag{1.26}$$

Proprietà 6 *Se gli* elementi *di una* riga *o* colonna *di una* matrice quadrata A *sono la* somma *di* due *o* più termini, *allora il* $\det A$ *è uguale alla* somma *dei* determinanti *di* due *o* più matrici *che si ottengono scrivendo al posto degli* elementi *di quella* riga *o* colonna *i* primi addendi, *i* secondi addendi, *ecc. e lasciando inalterate le altre* righe *o* colonne.

Dimostrazione
Supponiamo che sia

$$A = \begin{pmatrix} \alpha_{11}+\beta_{11} & \alpha_{12}+\beta_{12} & \dots & \alpha_{1n}+\beta_{1n} \\ a_{21} & a_{22} & \dots & a_{n2} \\ \vdots & \vdots & \ddots & \vdots \\ a_{n1} & a_{n2} & \dots & a_{nn} \end{pmatrix}$$

per la (1.20) si ha:

$$\begin{aligned}\det A &= (\alpha_{11}+\beta_{11})a'_{11} + (\alpha_{12}+\beta_{12})a'_{12} + \cdots + (\alpha_{1n}+\beta_{1n})a'_{1n} = \\ &= (\alpha_{11}a'_{11}+\alpha_{12}a'_{12}+\cdots+\alpha_{1n}a'_{1n})+(\beta_{11}a'_{11}+\beta_{12}a'_{12}+\cdots+\beta_{1n}a'_{1n}).\end{aligned}$$

Poiché

$$\alpha_{11}a'_{11} + \alpha_{12}a'_{12} + \cdots + \alpha_{1n}a'_{1n} \quad \text{e} \quad \beta_{11}a'_{11} + \beta_{12}a'_{12} + \cdots + \beta_{1n}a'_{1n}$$

sono rispettivamente i *determinanti* delle *matrici*

$$B_1 = \begin{pmatrix} \alpha_{11} & \alpha_{12} & \dots & \alpha_{1n} \\ a_{21} & a_{22} & \dots & a_{n2} \\ \vdots & \vdots & \ddots & \vdots \\ a_{n1} & a_{n2} & \dots & a_{nn} \end{pmatrix} \quad \text{e} \quad B_2 = \begin{pmatrix} \beta_{11} & \beta_{12} & \dots & \beta_{1n} \\ a_{21} & a_{22} & \dots & a_{n2} \\ \vdots & \vdots & \ddots & \vdots \\ a_{n1} & a_{n2} & \dots & a_{nn} \end{pmatrix}$$

segue la *tesi.*

c.v.d.

Proprietà 7 *Se una* matrice A *ha* due righe *o* due colonne proporzionali *allora* $\det A = 0$.

Dimostrazione

Supponiamo ad esempio che le *prime due righe* siano *proporzionali*, cioè che esista un *numero* $\lambda \neq 0$ tale che:

$$a_{11} = \lambda a_{21},\ a_{12} = \lambda a_{22},\ \ldots,\ a_{1n} = \lambda a_{2n}.$$

In tal caso, se moltiplichiamo per $\frac{1}{\lambda}$ gli *elementi* della *prima riga* otteniamo una *matrice* B il cui *determinante*, per la *Proprietà* 5, è:

$$\det B = \frac{1}{\lambda} \det A. \tag{1.27}$$

D'altra parte, avendo la *matrice* B *due righe uguali*, per la *Proprietà* 3, è:

$$\det B = 0. \tag{1.28}$$

Dalle (1.27) e (1.28) segue che $\det A = 0$.

c.v.d.

Proprietà 8 *Assegnata una* matrice quadrata A *di* ordine n, *se ad una sua* riga *o* colonna *sommiamo rispettivamente gli* elementi *di un'altra* riga *o* colonna moltiplicati *per un* numero $\lambda \neq 0$, *otteniamo una* matrice B *il cui* determinante *è uguale al* determinante *di* A: $\det B = \det A$.

La *dimostrazione* di questa *proprietà* è semplicissima, per cui la lasciamo come esercizio allo Studente.

Ciò che invece vogliamo sottolineare è che, servendoci di essa e della *Proprietà* 2, data una *matrice quadrata* A, possiamo ottenere da essa una *matrice quadrata* B che sia *triangolare inferiore* ed avente lo *stesso determinante.*

L'interesse che si ha per tale tipo di *matrice* appare chiaro dal seguente *teorema*:

Teorema 1.12 *Assegnata una* matrice A triangolare inferiore *di* ordine n, *in particolare* diagonale, *il suo* determinante *è dato dal* prodotto *degli* elementi *della sua* diagonale principale*:*

$$\det A = a_{11}a_{22}\cdots a_{nn}. \tag{1.29}$$

Dimostrazione
Utilizzando la (1.20) in cui la riga fissata è $(a_{11}0\cdots 0)$ si ottiene:

$$\det A = \det \begin{pmatrix} a_{11} & 0 & \dots & 0 \\ a_{21} & a_{22} & \dots & 0 \\ a_{31} & a_{32} & \dots & 0 \\ \vdots & \vdots & \ddots & \vdots \\ a_{n1} & a_{n2} & \dots & a_{nn} \end{pmatrix} = a_{11}\det \begin{pmatrix} a_{22} & 0 & \dots & 0 \\ a_{32} & a_{33} & \dots & 0 \\ \vdots & \vdots & \ddots & \vdots \\ a_{n2} & a_{n3} & \dots & a_{nn} \end{pmatrix} =$$

$$= a_{11}a_{22}\det \begin{pmatrix} a_{33} & 0 & \dots & 0 \\ a_{43} & a_{44} & \dots & 0 \\ \vdots & \vdots & \ddots & \vdots \\ a_{n3} & a_{n4} & \dots & a_{nn} \end{pmatrix} = \dots = a_{11}a_{22}\cdots a_{nn}.$$

c.v.d.

Da tale *proprietà* segue che:

Se la *matrice* assegnata A é *triangolare superiore di ordine* n, essendo la sua *trasposta* A^T *triangolare inferiore* ed avendo le due la stessa *diagonale principale*, per la *Proprietà* 1 dei *determinanti*, si ha:

$$\det A = \det A^T = a_{11}\cdot a_{22}\cdots a_{nn} \quad .$$

Per terminare con le *proprietà* dei determinanti, citiamo un ultimo *teorema* di cui non diamo la *dimostrazione*:

Teorema 1.13 (teorema di Binet) *Se* A *e* B *sono due* matrici quadrate *di* ordine n, *si ha:*

$$\det(AB) = \det A \cdot \det B. \tag{1.30}$$

Ora che abbiamo terminato di esporre le *proprietà dei determinanti*, riprendiamo il problema, posto nel *paragrafo* 1.10, di come calcolarli.

Sempre nel *paragrafo* 1.10, abbiamo infatti osservato che non è pratico servirsi della *definizione di determinante* per calcolarlo ed abbiamo anche detto che le *proprietà dei determinanti* ci avrebbero suggerito di volta in volta la via da seguire.

Rileggendo attentamente le *proprietà* si arriva alle *regole di calcolo* che passiamo ad elencare.

1.15 Regole di calcolo dei determinanti

Per calcolare il *determinante* di una *matrice quadrata* A di *ordine* n, si procede così:

1. Se la *matrice* A, qualunque sia il suo *ordine* n, è *diagonale*, *triangolare inferiore*, *triangolare superiore* allora:

$$\det A = a_{11} \cdot a_{22} \cdot a_{33} \cdots a_{nn}.$$

2. Se la *matrice* A, qualunque sia il suo *ordine* n, ha:

   - *due righe* o *due colonne uguali*
   - *due righe* o *due colonne proporzionali*
   - *nulli* tutti gli *elementi* di una *riga* o *colonna*

   allora

$$\det A = 0.$$

3. Se la *matrice* A non rientra nei casi 1. e 2., conviene utilizzare il *primo teorema di Laplace* (teorema 1.10) se è l'*ordine* n di $A \leq 3$ oppure vi sono molti *zeri* tra i suoi *elementi*; in caso contrario, applicare il *primo teorema di Laplace* alla *matrice* B ottenuta dalla *matrice* A operando su di essa con la *trasformazione* T^3 in quanto la *Proprietà* 8 ci assicura che le due *matrici* A e B hanno lo *stesso determinante*: $\det A = \det B$.

Per non dilungarci troppo non facciamo qui esempi di calcolo di *determinanti* perchè nel *Capitolo* 1 del libro "Esercizi di algebra lineare" ne abbiamo messi molti. Qui ci basta aver indicato la via da seguire.

Ora che abbiamo definito il *determinante* di una *matrice quadrata* A ed abbiamo detto come si calcola, siamo in grado di risolvere i due *problemi* posti alla fine del *paragrafo* 1.7 e che, per comodità dello Studente, trascriviamo di nuovo:

Problema 1 *Data una* matrice quadrata A *di* ordine n, *trovare sotto quale* condizione *è essa dotata di* matrice inversa A^{-1}.

Problema 2 *Data una* matrice quadrata A *di* ordine n, *dotata di* matrice inversa A^{-1}, *trovare qualche procedimento per determinarla.*

Affrontiamo tali problemi !

1.16 Condizione di invertibilità di una matrice e matrice inversa

Nel *paragrafo* 1.12 abbiamo definito il *complemento algebrico* o *aggiunto* di un qualunque *elemento* a_{hk} di una *matrice quadrata* A di *ordine* n e lo abbiamo denotato con il *simbolo* a'_{hk}.

Consideriamo ora la *matrice* avente per *elementi* i *complementi algebrici* degli *elementi* di A. Tale *matrice* si chiama *matrice aggiunta* di A e si denota con il simbolo A':

$$A' = \begin{pmatrix} a'_{11} & a'_{12} & \dots & a'_{1n} \\ a'_{21} & a'_{22} & \dots & a'_{2n} \\ \vdots & \vdots & \ddots & \vdots \\ a'_{n1} & a'_{n2} & \dots & a'_{nn} \end{pmatrix}.$$

Per esempio se

$$A = \begin{pmatrix} 1 & -1 & 0 \\ 4 & 3 & -2 \\ 2 & 2 & 5 \end{pmatrix} \quad \text{si ha} \quad A' = \begin{pmatrix} 19 & -24 & 2 \\ 5 & 5 & -4 \\ 2 & 2 & 7 \end{pmatrix}.$$

Un'importante *proprietà* della *matrice aggiunta* è espressa dal seguente *teorema*:

Teorema 1.14 *Data una* matrice quadrata A *di* ordine n, *sia* A' *la sua* aggiunta *e* A'^T *la* trasposta *di* A'.

Si ha

$$A\,A'^T = A'^T A = \begin{pmatrix} \det A & 0 & \dots & 0 \\ 0 & \det A & \dots & 0 \\ \vdots & \vdots & \ddots & \vdots \\ 0 & 0 & \dots & \det A \end{pmatrix}. \tag{1.31}$$

Dimostrazione

Basta eseguire la *moltiplicazione riga per colonna* tra le *matrici* A ed A'^T tenendo presenti le (1.20), (1.24) nella *moltiplicazione* AA'^T e le (1.21), (1.25) nella *moltiplicazione* $A'^T A$.

c.v.d.

Il *teorema* ora dimostrato ci risolve il *problema dell'esistenza* e *calcolo* della *matrice inversa* di una *matrice assegnata*.

Vediamo perché !

Nel caso che sia $\det A \neq 0$, se moltiplichiamo per $\frac{1}{\det A}$ i tre membri della (1.31), otteniamo:

$$\frac{1}{\det A}(A\,A'^T) = \frac{1}{\det A}(A'^T A) = \frac{1}{\det A}\begin{pmatrix} \det A & 0 & \dots & 0 \\ 0 & \det A & \dots & 0 \\ \vdots & \vdots & \ddots & \vdots \\ 0 & 0 & \dots & \det A \end{pmatrix}. \tag{1.32}$$

Poiché per il *teorema* 1.4:

$$\frac{1}{\det A}(A\,A'^T) = A\left(\frac{1}{\det A}A'^T\right) \tag{1.33}$$

e

$$\frac{1}{\det A}(A'^T A) = \left(\frac{1}{\det A}A'^T\right)A \tag{1.34}$$

ed inoltre per l'*operazione di moltiplicazione di un numero per una matrice*

$$\frac{1}{\det A}\begin{pmatrix} \det A & 0 & \dots & 0 \\ 0 & \det A & \dots & 0 \\ \vdots & \vdots & \ddots & \vdots \\ 0 & 0 & \dots & \det A \end{pmatrix} = I \qquad (1.35)$$

sostituendo i secondi membri delle (1.33), (1.34) e (1.35) nella (1.32), si ha:

$$A\left(\frac{1}{\det A}A'^T\right) = \left(\frac{1}{\det A}A'^T\right)A = I$$

e quindi la *matrice* $\frac{1}{\det A}A'^T$ è proprio la *matrice* A^{-1} *inversa* della *matrice* A perché verifica la (1.6) e pertanto abbiamo:

$$A^{-1} = \frac{1}{\det A}A'^T. \qquad (1.36)$$

Concludendo possiamo dire:

- Ogni *matrice quadrata* A di *ordine* n con $\det A \neq 0$ è dotata di *matrice inversa* A^{-1} e quest'ultima è data dalla (1.36).

Per quanto riguarda invece le *matrici quadrate* A con $\det A = 0$, diciamo subito che esse non sono dotate di *matrice inversa* A^{-1}.

Qualora lo fossero infatti, essendo la *matrice* A legata alla sua *matrice inversa* A^{-1} dalla *relazione*:

$$A\,A^{-1} = A^{-1}A = I,$$

per il *teorema* 1.13 (*teorema di Binet*), si avrebbe

$$\det A \cdot \det A^{-1} = 1 \quad .$$

Non potendo quest'ultima *relazione* essere verificata, perché è $\det A = 0$, concludiamo che A^{-1} non esiste.

Riassumendo:

– Le *matrici quadrate* A di *ordine* n con $\det A \neq 0$ sono le *uniche* dotate di *matrice inversa* e quest'ultima è data dalla (1.36) quindi i due *problemi* posti sono risolti.

Come è facile da immaginare, l'uso della (1.36) per il calcolo della *matrice inversa* non è pratico se l'*ordine* n della *matrice* è ≥ 4, per cui si pone il problema di costruire un "procedimento di calcolo" alternativo; in questo le *trasformazioni elementari* di una *matrice*, definite nel *paragrafo* 1.6, mostrano la loro utilità.

Vediamo come!

1.17 Un procedimento alternativo per il calcolo della matrice inversa

Partiamo da un *teorema* (di cui non diamo la *dimostrazione*) che esprime una caratteristica delle *trasformazioni elementari* su cui si basa il "procedimento di calcolo" che vogliamo costruire:

Teorema 1.15 *Data una* matrice quadrata A *di* ordine n *con* $\det A \neq 0$, *è possibile trovare* ν trasformazioni elementari sulle righe*:* T_1, T_2, ..., T_ν *tali che risulti:*

$$T_\nu T_{\nu-1} T_{\nu-2} \cdots T_2 T_1(A) = I \text{ (matrice identità)} \quad . \tag{1.37}$$

Ciò premesso, consideriamo la relazione

$$A\,A^{-1} = I$$

che lega la *matrice* A (che conosciamo) alla *matrice* A^{-1} (che dobbiamo trovare).

Scegliamo le *trasformazioni elementari sulle righe* T_1, T_2, ..., T_ν che verificano la (1.37) e consideriamo l'*uguaglianza*

$$T_\nu T_{\nu-1} T_{\nu-2} \cdots T_2 T_1(AA^{-1}) = T_\nu T_{\nu-1} T_{\nu-2} \cdots T_2 T_1(I). \tag{1.38}$$

Poiché il primo membro della (1.38):

$$\begin{aligned} T_\nu T_{\nu-1}T_{\nu-2}\cdots T_2T_1(AA^{-1}) &= \text{per la } (1.4) = \\ &= (T_\nu T_{\nu-1}T_{\nu-2}\cdots T_2T_1(A))\,(A^{-1}) = \\ &= \text{per la } (1.37) = IA^{-1} = A^{-1} \end{aligned}$$

la (1.38) diviene

$$A^{-1} = T_\nu T_{\nu-1}T_{\nu-2}\cdots T_2T_1(I). \tag{1.39}$$

La (1.39) ci dice:

- Scelte le *trasformazioni elementari sulle righe* T_1, T_2, ..., T_ν che verificano la (1.37), se operiamo con T_1 sulla *matrice* I, con T_2 sulla *matrice* $T_1(I)$ e così via, otteniamo la *matrice* A^{-1} cercata.

A questo punto ci chiediamo:
Nella pratica, come si fa a scegliere le *trasformazioni elementari* T_1, T_2, ..., T_ν che intervengono nella (1.39), delle quali il *teorema* 1.15 assicura l'esistenza?

Nella pratica si fa così:

1. Si scrive la *matrice*

$$\left(\begin{array}{cccc|cccc} a_{11} & a_{12} & \dots & a_{1n} & 1 & 0 & \dots & 0 \\ a_{21} & a_{22} & \dots & a_{2n} & 0 & 1 & \dots & 0 \\ \vdots & \vdots & \ddots & \vdots & \vdots & \vdots & \ddots & \vdots \\ a_{n1} & a_{n2} & \dots & a_{nn} & 0 & 0 & \dots & 1 \end{array}\right)$$

   che prende il nome di *matrice ampliata* e si denota con $[A|I]$.

2. Si opera sulle *righe* di $[A|I]$ con le *trasformazioni elementari* T^1, T^2, T^3 scelte in modo da *trasformare* la *matrice* A nella *matrice* I e quindi, in accordo con la (1.39), la *matrice* I nella *matrice* A^{-1} (che vogliamo costruire):

$$[A|I] \longrightarrow [I|A^{-1}].$$

   Le *trasformazioni elementari* con cui si opera sono appunto le *trasformazioni* T_1, T_2, ..., T_ν di cui il *teorema* 1.15 assicura l'*esistenza.*

Questo è il *procedimento di calcolo* di cui andavamo alla ricerca!

Prima di sperimentarlo su un esempio concreto, fissiamo le notazioni che useremo:
Dette $r_1, r_2, \ldots r_n$ le *righe* della *matrice ampliata* $[A|I]$, le tre *trasformazioni elementari* T^1, T^2, T^3 verranno denotate così:

$$\begin{array}{llll} T^1 \text{ con } r_i \leftrightarrow r_j & \text{ove} & i,j = 1,2,\ldots,n & \text{con } i \neq j \\ T^2 \text{ con } r_i \rightarrow \lambda r_i & \text{ove} & i = 1,2,\ldots,n & \text{e } \lambda \in \mathbb{R} - \{0\} \\ T^3 \text{ con } r_1 \rightarrow r_i + \lambda r_j & \text{ove} & i,j = 1,2,\ldots,n & \text{con } i \neq j \text{ e } \lambda \in \mathbb{R} - \{0\}. \end{array}$$

Spieghiamo il *metodo* con un *esempio*

Esempio 1.9 *Data la* matrice

$$A = \begin{pmatrix} 2 & -3 & 0 \\ 0 & 1 & 2 \\ 0 & 0 & 1 \end{pmatrix}$$

1. dire se è invertibile *cioè se esiste* A^{-1}

2. se lo è, trovare A^{-1}.

Svolgimento

1. Poiché è

$$\begin{aligned} \det A &= \text{essendo } A \textit{ triangolare superiore} = \\ &= 2 \cdot 1 \cdot 1 = 2 \neq 0 \text{ quindi esiste } A^{-1} \end{aligned}$$

2. troviamo A^{-1} !

$$[A|I] = \left(\begin{array}{ccc|ccc} 2 & -3 & 0 & 1 & 0 & 0 \\ 0 & 1 & 2 & 0 & 1 & 0 \\ 0 & 0 & 1 & 0 & 0 & 1 \end{array}\right)_{\substack{r_1 \to r_1 + 3r_2 \\ T_1 = T^3}} \left(\begin{array}{ccc|ccc} 2 & 0 & 6 & 1 & 3 & 0 \\ 0 & 1 & 2 & 0 & 1 & 0 \\ 0 & 0 & 1 & 0 & 0 & 1 \end{array}\right)_{\substack{r_1 \to r_1 - 6r_3 \\ T_2 = T^3}}$$

$$\left(\begin{array}{ccc|ccc} 2 & 0 & 0 & 1 & 3 & -6 \\ 0 & 1 & 2 & 0 & 1 & 0 \\ 0 & 0 & 1 & 0 & 0 & 1 \end{array}\right)_{\substack{r_2 \to r_2 - 2r_3 \\ T_3 = T^3}} \left(\begin{array}{ccc|ccc} 2 & 0 & 0 & 1 & 3 & -6 \\ 0 & 1 & 0 & 0 & 1 & -2 \\ 0 & 0 & 1 & 0 & 0 & 1 \end{array}\right)_{\substack{r_1 \to \frac{1}{2} r_1 \\ T_4 = T^2}}$$

$$\left(\begin{array}{ccc|ccc} 1 & 0 & 0 & \frac{1}{2} & \frac{3}{2} & -3 \\ 0 & 1 & 0 & 0 & 1 & -2 \\ 0 & 0 & 1 & 0 & 0 & 1 \end{array}\right) = [I|A^{-1}]$$

La *matrice* cercata è:

$$A^{-1} = \begin{pmatrix} \frac{1}{2} & \frac{3}{2} & -3 \\ 0 & 1 & -2 \\ 0 & 0 & 1 \end{pmatrix}$$

Osservando la *matrice*$[A|I]$ ci si rende conto che le *operazioni* T_1, T_2, T_3 e T_4 da noi usate per ottenere la *matrice* $[I|A^{-1}]$ non sono le uniche possibili; possiamo infatti ottenere la *matrice* $[I|A^{-1}]$ usando queste altre *operazioni*:

$$[A|I]=\left(\begin{array}{ccc|ccc} 2 & -3 & 0 & 1 & 0 & 0 \\ 0 & 1 & 2 & 0 & 1 & 0 \\ 0 & 0 & 1 & 0 & 0 & 1 \end{array}\right)_{\substack{r_2 \to r_2 - 2r_3 \\ T_1' = T^3}} \left(\begin{array}{ccc|ccc} 2 & -3 & 0 & 1 & 0 & 0 \\ 0 & 1 & 0 & 0 & 1 & -2 \\ 0 & 0 & 1 & 0 & 0 & 1 \end{array}\right)_{\substack{r_1 \to r_1 + 3r_2 \\ T_2' = T^3}}$$

$$\left(\begin{array}{ccc|ccc} 2 & 0 & 0 & 1 & 3 & -6 \\ 0 & 1 & 0 & 0 & 1 & -2 \\ 0 & 0 & 1 & 0 & 0 & 1 \end{array}\right)_{\substack{r_1 \to \frac{1}{2} r_1 \\ T_3' = T^1}} \left(\begin{array}{ccc|ccc} 1 & 0 & 0 & \frac{1}{2} & \frac{3}{2} & -3 \\ 0 & 1 & 0 & 0 & 1 & -2 \\ 0 & 0 & 1 & 0 & 0 & 1 \end{array}\right) = [I|A^{-1}]$$

Questo esempio ci porta a concludere che le *operazioni* $T_1, \ldots, T_\nu$, di cui parla il *teorema* 1.15, non sono univocamente determinate, nè lo è il numero di esse.

Facendo esercizi ci si rende conto, di volta in volta, qual è la via più rapida per ottenere A^{-1}.

Concludendo:

– Tutta l'analisi fatta può essere così riassunta:

1. Ogni *matrice quadrata* A di ordine n con $\det A \neq 0$ è dotata di *matrice inversa* A^{-1}.
2. La *matrice* A^{-1} può essere trovata:
   – o con la "formula" $A^{-1} = \frac{1}{\det A} A'^T$

– o con il “procedimento” che abbiamo appena costruito.

Ancora due domande sulla *matrice inversa* ed abbiamo terminato con essa!

1.18 Due domande sulla matrice inversa

Data una *matrice quadrata* A di ordine n, la *condizione di invertibilità* $\det A \neq 0$ assicura che sono dotate di *matrice inversa* anche le due *matrici*

$$A^T \qquad \text{e} \qquad \lambda A \text{ con } \lambda \neq 0$$

in quanto

$$\det A^T = \det A \qquad \text{e} \qquad \det(\lambda A) = \lambda^n \cdot \det A.$$

Viene allora naturale la domanda:

– C'è qualche *relazione* tra le matrici A^{-1}, $\left(A^T\right)^{-1}$, $(\lambda A)^{-1}$?

Analogamente, date le due *matrici quadrate* A e B di *ordine* n, la *condizione di invertibilità*: $\det A \neq 0$ e $\det B \neq 0$ assicura che anche la *matrice* AB è dotata di *matrice inversa* $(AB)^{-1}$ in quanto per il *teorema di Binet*, si ha:

$$\det(AB) = \det A \cdot \det B \neq 0.$$

Anche in questo caso viene naturale la domanda:

– C'è qualche *relazione* tra le matrici A^{-1}, B^{-1}, $(AB)^{-1}$?

I due *teoremi* seguenti ci danno le risposte!

Teorema 1.16 *Le relazioni che legano le matrici* A^{-1}, $\left(A^T\right)^{-1}$, $(\lambda A)^{-1}$ *sono:*

$$\left(A^T\right)^{-1} = \left(A^{-1}\right)^T \tag{1.40}$$

$$(\lambda A)^{-1} = \frac{1}{\lambda} A^{-1}. \tag{1.41}$$

Dimostrazione

Per dimostrare la (1.40) basta far vedere che la *matrice* $(A^{-1})^T$ verifica la *definizione di matrice inversa* della *matrice* A^T, cioè che

$$A^T\left(A^{-1}\right)^T = I \qquad \text{e} \qquad \left(A^{-1}\right)^T A^T = I.$$

Ciò è immediato; si ha infatti nei due casi:

$$\begin{aligned} A^T\left(A^{-1}\right)^T &= \left(A^{-1}A\right)^T = I^T = I \\ \left(A^{-1}\right)^T A^T &= \left(AA^{-1}\right)^T = I^T = I. \end{aligned}$$

In modo del tutto analogo si dimostra la (1.41)

$$\begin{aligned} (\lambda A)\left(\frac{1}{\lambda}A^{-1}\right) &= \text{per il } \textit{teorema } 1.4 = \left(\lambda \cdot \frac{1}{\lambda}\right)\left(AA^{-1}\right) = 1 \cdot I = I \\ \left(\frac{1}{\lambda}A^{-1}\right)(\lambda A) &= \text{per il } \textit{teorema } 1.4 = \left(\frac{1}{\lambda} \cdot \lambda\right)\left(A^{-1}A\right) = 1 \cdot I = I. \end{aligned}$$

c.v.d.

Teorema 1.17 *La* relazione *che lega le* matrici A^{-1}, B^{-1}, $(AB)^{-1}$ *è*

$$(AB)^{-1} = B^{-1}A^{-1}. \tag{1.42}$$

Dimostrazione

Ragionando come nella dimostrazione del *teorema* 1.16 si ha:

$$\begin{aligned} (AB)\left(B^{-1}A^{-1}\right) &= A\left(BB^{-1}\right)A^{-1} = AIA^{-1} = \\ &= (AI)A^{-1} = AA^{-1} = I \end{aligned}$$

e

$$\begin{aligned} \left(B^{-1}A^{-1}\right)(AB) &= B^{-1}\left(A^{-1}A\right)B = B^{-1}IB = \\ &= (B^{-1}I)B = B^{-1}B = I. \end{aligned}$$

c.v.d.

Definiamo ora la *potenza* avente per *base* una *matrice* A e per *esponente* un *numero intero*.

1.19 Potenza di una matrice

Per definire la *potenza* avente per *base* una *matrice* A e per *esponente* un *numero intero*, partiamo dalla *definizione* di *potenza* avente per *base* un *numero reale* α e per *esponente* (sempre) un *numero intero* e poi la adatteremo al caso delle *matrici.*

Dal Liceo sappiamo che:

1. Dato un qualunque *numero reale* α ed un *esponente intero positivo* p, si chiama *potenza di base* α ed *esponente* p e si denota con il *simbolo* α^p quel *numero reale* così definito:

$$\alpha^p = \begin{cases} \alpha & \text{se è } p = 1 \\ \underbrace{\alpha \cdot \alpha \cdots \alpha}_{p \text{ fattori}} & \text{se è } p > 1. \end{cases} \tag{1.43}$$

   Tenendo presente come si esegue il *prodotto di più fattori*, la (1.43) può essere scritta così:

$$\alpha^p = \begin{cases} \alpha & \text{se è } p = 1 \\ \alpha^{p-1} \cdot \alpha & \text{se è } p > 1 \end{cases} \tag{1.44}$$

   ed è sotto questa forma che la utilizzeremo.

2. Per i *numeri* $\alpha \neq 0$, si definisce anche la *potenza ad esponente intero nullo o negativo* in questo modo:

$$\alpha^0 = 1; \tag{1.45}$$

$$\alpha^{-p} = \left(\frac{1}{\alpha}\right)^p. \tag{1.46}$$

3. Per le *potenze* valgono le seguenti *proprietà*

$$\alpha^b \cdot \alpha^c = \alpha^{b+c};$$

$$\left(\alpha^b\right)^c = \alpha^{b \cdot c}. \tag{1.47}$$

Per adattare alle matrici, nel modo più naturale possibile, le *definizioni* date, facciamo alcune precisazioni:

1. una *matrice* A può essere *moltiplicata per se stessa* solo se è una *matrice quadrata*;

2. nell'insieme delle *matrici quadrate* di un dato *ordine* n, la *matrice nulla* 0 e la *matrice identità* I giocano il ruolo che nell'insieme $\mathbb{R}$ dei *numeri reali* giocano i numeri 0 ed 1;

3. ogni *numero reale* $\alpha \neq 0$ è dotato del *numero inverso* $\frac{1}{\alpha}$, mentre *non tutte le matrici quadrate* $A \neq 0$ (*matrice nulla*) sono dotate di *matrice inversa* A^{-1}; lo sono solo le *matrici quadrate* A con $\det A \neq 0$.

Dopo queste precisazioni, a partire dalle (1.44), (1.45) e (1.46) possiamo costruire le nostre *definizioni*:

- Data una *matrice quadrata* A di *ordine* n ed un *numero intero positivo* p, si chiama *potenza di base* A ed *esponente* p e si denota con il simbolo A^p, la *matrice quadrata* di *ordine* n così definita:

$$A^p = \begin{cases} A & \text{se è } p = 1 \\ A^{p-1}A & \text{se è } p > 1 \end{cases} \quad .$$

- Data una *matrice quadrata* A di *ordine* n, diversa dalla *matrice nulla*, si chiama *potenza di base* A ed *esponente* 0 e si denota con il *simbolo* A^0, la *matrice quadrata* di ordine n così definita:

$$A^0 = I \quad .$$

- Data una *matrice quadrata* A di *ordine* n con $\det A \neq 0$, ed un *numero intero positivo* p, si chiama *potenza di base* A ed *esponente* $-p$ e si denota con il *simbolo* A^{-p}, la *matrice quadrata* così definita:

$$A^{-p} = \left(A^{-1}\right)^p \quad .$$ [6]

[6] Qui l'*inversa* della *matrice* A, cioè A^{-1} rimpiazza l'*inverso* del *numero* α cioè $\frac{1}{\alpha}$.

Le *potenze* aventi per *base* una *matrice quadrata* A godono delle *proprietà* (1.47), come ci assicura il seguente *teorema*, la cui dimostrazione viene lasciata come esercizio allo Studente:

Teorema 1.18 *Se A è una* matrice quadrata *di* ordine n *e* p, q *due* numeri interi positivi, *allora si ha:*

$$\begin{aligned} A^p A^q &= A^{p+q} \\ (A^p)^q &= A^{p \cdot q}. \end{aligned} \tag{1.48}$$

In particolare, se la *matrice* A è *invertibile*, allora le (1.48) valgono per p e q *interi negativi* o *nulli*.

Ancora un concetto ed abbiamo terminato con le *matrici*.

1.20 Rango di una matrice

Il concetto di *determinante*, oltre ad averci permesso di dire quali sono le *matrici quadrate* dotate di *matrice inversa*, ci permette di definire il *rango di una matrice* (quadrata oppure no). Vediamo di che si tratta!

Data una *matrice* $A \in \mathbb{R}^{m,n}$, a partire da essa, cancellando *righe*, *colonne* oppure *righe e colonne*, possiamo ottenere altre *matrici* che prendono il nome di *sottomatrici* della *matrice* data A.

Diamo un esempio!

Esempio 1.10 *Se è:*

$$A = \begin{pmatrix} 1 & 2 & 0 & 4 \\ 3 & 2 & 1 & 5 \\ -1 & 0 & 1 & 1 \end{pmatrix} \in \mathbb{R}^{3,4} \quad ,$$

sono sottomatrici *di essa le matrici:*

$$a) \begin{pmatrix} 1 & 2 & 0 & 4 \\ 3 & 2 & 1 & 5 \end{pmatrix} \quad , \quad b) \begin{pmatrix} 1 & 2 & 0 & 4 \\ -1 & 0 & 1 & 1 \end{pmatrix} .$$

$$c)\begin{pmatrix} 1 & 2 & 0 \\ 3 & 2 & 1 \\ -1 & 0 & 1 \end{pmatrix} \quad , \quad d)\begin{pmatrix} 1 & 2 \\ 3 & 2 \\ -1 & 0 \end{pmatrix} .$$

$$e)\begin{pmatrix} 1 & 2 \\ 3 & 2 \end{pmatrix} \quad , \quad f)\begin{pmatrix} 0 & 4 \\ 1 & 1 \end{pmatrix} .$$

La a) è stata ottenuta da A cancellando la *terza riga*; la b) la *seconda riga*; la c) la *quarta colonna*; la d), la *terza* e la *quarta colonna*; la e) la *terza riga* e la *terza e quarta colonna*; la f), la *seconda riga* e la *prima e seconda colonna.*

Come ci ha mostrato l'esempio, tra le *sottomatrici* di una *matrice* A assegnata, ve ne sono alcune *quadrate*; il loro *ordine* è un *numero* p con $1 \leq p \leq \min\{m, n\}$.

Se gli *elementi* della *matrice* A non sono tutti *nulli*, ad essa si associa un *numero positivo* che si denota con $\rho(A)$, si chiama *rango della matrice* ed è così definito:

Definizione di rango di una matrice
Assegnata una *matrice* $A \in \mathbb{R}^{m,n}$, i cui *elementi* non siano *tutti nulli*, si chiama *rango della matrice* e si denota con $\rho(A)$, l'*ordine massimo* delle *sottomatrici quadrate* con *determinante* diverso da zero.

Poiché ogni *matrice* si riguarda come *sottomatrice* di se stessa[7], se una *matrice* A è *quadrata* di *ordine* n ed è $\det A \neq 0$ allora risulta $\rho(A) = n$ cioè il suo *rango* è uguale al suo *ordine.*

Le *trasformazioni elementari*, che abbiamo introdotto nel *paragrafo* 1.6, hanno la caratteristica di generare *matrici* che hanno lo stesso *rango* della *matrice* su cui si eseguono.

È quanto ci garantisce il seguente *teorema* del quale non diamo la *dimostrazione*:

---

[7]Nel caso degli *insiemi*, ogni *insieme* si riguarda come *sottoinsieme* di se stesso; per la *matrici* avviene la stessa cosa: ogni *matrice* si riguarda come *sottomatrice* di se stessa.

Teorema 1.19 *Assegnata una* matrice $A \in \mathbb{R}^{m,n}$, *se si opera su di essa una* trasformazione elementare T, *la* matrice $T(A)$ *che si ottiene ha lo* stesso rango *di* A.[8]

Tale teorema viene sfruttato nel calcolo del *rango* $\rho(A)$ di una *matrice*. In sede di esercizi vedremo in che modo. Per ora lasciamo libera la fantasia dello Studente!

Dopo questo lungo discorso sulle *matrici*, viene naturale chiedersi:

– A che servono le matrici?

Si fa un primo uso delle *matrici* nello studio dei *sistemi lineari*. Vediamo allora che cosa sono i *sistemi lineari* e come vengono utilizzate le *matrici* per lo studio di essi.

1.21 Studio dei sistemi lineari

Definizione di sistema lineare
Si chiama *sistema lineare* di m *equazioni* nelle n *incognite* $x_1, x_2, \ldots, x_n$ un *sistema di equazioni algebriche* di 1° *grado*, cioè un *sistema* del tipo:

$$\begin{cases} a_{11}x_1 + a_{12}x_2 + \cdots + a_{1n}x_n & = b_1 \\ a_{21}x_1 + a_{22}x_2 + \cdots + a_{2n}x_n & = b_2 \\ \ldots\ldots\ldots\ldots\ldots\ldots\ldots\ldots & = \cdots \\ a_{m1}x_1 + a_{m2}x_2 + \cdots + a_{mn}x_n & = b_m \end{cases} \tag{1.49}$$

I numeri a_{11}, a_{12}, ... sono detti *coefficienti del sistema*; ciascuno di essi è dotato di due *indici*: il *primo indice* ci dice in quale *equazione* tale *coefficiente* compare, il *secondo* di quale *incognita* è *coefficiente*; il *numero* a_{23} ad esempio, compare nella *seconda equazione* ed è il *coefficiente* dell'*incognita* x_3.

[8] Il fatto che la *matrice* $T(A)$ abbia lo stesso *rango* di A non implica che abbia lo stesso *determinante*.
Se è $T = T^1$ e $\det A \neq 0$ allora $\det T(A) = -\det A$ (Proprietà 2);
se è $T = T^2$ e $\det A \neq 0$ allora $\det T(A) \neq \det A$ (Proprietà 5). L'unico caso in cui $\det T(A) = \det A$ si ha se è $T = T^3$ (Proprietà 8).

I numeri b_1, b_2, ..., b_m sono detti *termini noti* del *sistema*; ciascuno di essi è dotato di un *indice* che ci dice di quale *equazione* è *termine noto*; il *numero* b_3, ad esempio, è *termine noto* della *terza equazione*.

Se tutti i *termini noti* sono *nulli*, si dice che il sistema è *omogeneo*.

Ogni *n-pla ordinata di numeri* $(\xi_1, \xi_2, \ldots, \xi_n)$ prende il nome di *soluzione del sistema* se, ponendo nel *sistema* $x_1 = \xi_1$, $x_2 = \xi_2$, ..., $x_n = \xi_n$, le *equazioni* di quest'ultimo si trasformano in *identità*.

Se un *sistema* ha *soluzioni*, si dice che è *compatibile*, se non le ha, che è *incompatibile*.

Assegnato un *sistema lineare* (1.49), ci poniamo il problema di vedere se è *compatibile* oppure *incompatibile* e, nel caso che sia *compatibile*, di trovare tutte le sue *soluzioni*.

Nel *paragrafo* 4.14 discuteremo a fondo le *condizioni* affinché un *sistema lineare* sia *compatibile*; qui ci limiteremo a citare *due teoremi* che ne garantiscono la *compatibilità* ed ad illustrare un *metodo*, largamente usato in pratica, per trovare le *soluzioni* di un *sistema compatibile*.

1.22 Teoremi di Cramer e Rouché-Capelli

Se con i *coefficienti*, con le *incognite* e con i *termini noti* del *sistema* costruiamo le tre *matrici*:

$$A = \begin{pmatrix} a_{11} & a_{12} & \ldots & a_{1n} \\ a_{21} & a_{22} & \ldots & a_{2n} \\ \vdots & \vdots & \ddots & \vdots \\ a_{m1} & a_{m2} & \ldots & a_{mn} \end{pmatrix} \quad , \quad X = \begin{pmatrix} x_1 \\ x_2 \\ \vdots \\ x_n \end{pmatrix} \quad , \quad B = \begin{pmatrix} b_1 \\ b_2 \\ \vdots \\ b_m \end{pmatrix}$$

che prendono rispettivamente i nomi di *matrice dei coefficienti*, *matrice delle incognite* e *matrice dei termini noti* ed eseguiamo l'*operazione di moltiplicazione riga per colonna* tra le *matrici* A e X, il *sistema* (1.49) si può scrivere sinteticamente così:

$$AX = B. \tag{1.50}$$

Della (1.50) ci serviamo per stabilire le *condizioni di compatibilità* del *sistema* (1.49).

Vediamo come!

Calcoliamo il *rango* $\rho(A)$ della *matrice* A. Essendo $A \in \mathbb{R}^{m,n}$, per quanto abbiamo detto nel *paragrafo* 1.20, risulta:

$$\rho(A) \leq \min\{m, n\} \quad . \tag{1.51}$$

Poiché può essere:

$$m = n \quad , \quad m < n \quad \text{o} \quad m > n.$$

per la (1.51), nei *primi due casi*, sicuramente sarà

$$\rho(A) \leq m$$

mentre nel *terzo caso*, dovendo risultare $\rho(A) \leq n$, sarà

$$\rho(A) < m.$$

In definitiva risulta

$$\rho(A) \leq m$$

e le situazioni che si possono presentare sono *tre*:

1. $\rho(A) = m = n$
   si ha, se il *numero delle equazioni del sistema* è *uguale* al *numero delle incognite* ed inoltre è $\det A \neq 0$

2. $\rho(A) = m < n$
   si ha, se il *numero delle equazioni del sistema* è *minore* del *numero delle incognite* e la *matrice* A è dotata di una *sottomatrice* di *ordine* m con *determinante* $\neq 0$

3. $\rho(A) < m$
   sicuramente si ha, se è $m > n$, cioè se il *numero delle equazioni del sistema* è *maggiore* del *numero delle incognite*, però potrebbe presentarsi anche se è $m = n$ oppure $m < n$ nel caso in cui la *matrice* A non sia dotata di nessuna *sottomatrice quadrata* di *ordine* m con il *determinante* $\neq 0$.

Discutiamo la *situazione* 1.

In tale *situazione*, la *matrice* A è dotata di *matrice inversa* A^{-1}.

Moltiplicando a sinistra per A^{-1} ambo i membri della (1.50) otteniamo:

$$A^{-1}(AX) = A^{-1}B \tag{1.52}$$

Poiché

$$A^{-1}(AX) = (A^{-1}A)X = IX = X$$

la (1.52) diviene

$$X = A^{-1}B \tag{1.53}$$

Scrivendo per esteso le *matrici* che compaiono nella (1.53) ed eseguendo la *moltiplicazione riga per colonna* delle *matrici* che compaiono al secondo membro, abbiamo:

$$\begin{pmatrix} x_1 \\ x_2 \\ \vdots \\ x_n \end{pmatrix} = \begin{pmatrix} \frac{a'_{11}}{\det A} & \frac{a'_{21}}{\det A} & \cdots & \frac{a'_{n1}}{\det A} \\ \frac{a'_{12}}{\det A} & \frac{a'_{22}}{\det A} & \cdots & \frac{a'_{n2}}{\det A} \\ \vdots & \vdots & \ddots & \vdots \\ \frac{a'_{1n}}{\det A} & \frac{a'_{2n}}{\det A} & \cdots & \frac{a'_{nn}}{\det A} \end{pmatrix} \begin{pmatrix} b_1 \\ b_2 \\ \vdots \\ b_n \end{pmatrix} =$$

$$= \frac{1}{\det A} \begin{pmatrix} a'_{11} & a'_{21} & \cdots & a'_{n1} \\ a'_{12} & a'_{22} & \cdots & a'_{n2} \\ \vdots & \vdots & \ddots & \vdots \\ a'_{1n} & a'_{2n} & \cdots & a'_{nn} \end{pmatrix} \begin{pmatrix} b_1 \\ b_2 \\ \vdots \\ b_n \end{pmatrix} =$$

$$= \frac{1}{\det A} \begin{pmatrix} a'_{11}b_1 + & a'_{21}b_2 + & \ldots + & a'_{n1}b_n \\ a'_{12}b_1 + & a'_{22}b_2 + & \ldots + & a'_{n2}b_n \\ \vdots & \vdots & \ddots & \vdots \\ a'_{1n}b_1 + & a'_{2n}b_2 + & \ldots + & a'_{nn}b_n \end{pmatrix}.$$

L'ultima *matrice* scritta è una *matrice* $\in \mathbb{R}^{n,1}$; i suoi *elementi* non sono altro che i *determinanti* delle *matrici*

$$A_1 = \begin{pmatrix} b_1 & a_{12} & \cdots & a_{1n} \\ b_2 & a_{22} & \cdots & a_{2n} \\ \vdots & \vdots & \ddots & \vdots \\ b_n & a_{n2} & \cdots & a_{nn} \end{pmatrix}; A_2 = \begin{pmatrix} a_{11} & b_1 & \cdots & a_{1n} \\ a_{21} & b_2 & \cdots & a_{2n} \\ \vdots & \vdots & \ddots & \vdots \\ a_{n1} & b_n & \cdots & a_{nn} \end{pmatrix}; \text{ etc}$$

ottenute dalla *matrice* A sostituendo rispettivamente la 1^a, 2^a, ..., n-*esima colonna* con la *colonna dei termini noti*; tali *determinanti* sono stati calcolati utilizzando il *teorema* 1.10 (*primo teorema di Laplace*); si ha infatti che

$$b_1 a'_{11} + b_2 a'_{21} + \cdots + b_n a'_{n1}$$

è la *somma* dei *prodotti* degli *elementi della prima colonna* della *matrice* A_1 per i rispettivi *complementi algebrici* e così per gli *elementi* delle altre *righe*.

In definitiva possiamo scrivere:

$$\begin{pmatrix} x_1 \\ x_2 \\ \vdots \\ x_n \end{pmatrix} = \begin{pmatrix} \frac{\det A_1}{\det A} \\ \frac{\det A_2}{\det A} \\ \vdots \\ \frac{\det A_n}{\det A} \end{pmatrix}$$

ed enunciare il *teorema di Cramer*, noto come *regola di Cramer*.

Teorema 1.20 (teorema di Cramer) *Dato un* sistema lineare *di n* equazioni *in n* incognite $x_1, x_2, \ldots, x_n$ *con il* determinante *della* matrice A *dei* coefficienti $\neq 0$, *esso ammette* una sola soluzione $(\xi_1, \xi_2, \ldots, \xi_n)$ *ove*

$$\xi_1 = \frac{\det A_1}{\det A}; \ \xi_2 = \frac{\det A_2}{\det A}; \ \ldots; \ \xi_n = \frac{\det A_n}{\det A}.$$

essendo $\det A_k$ *(con $k = 1, 2, \ldots, n$) il* determinante *della* matrice A_k, *che si ottiene sostituendo gli* elementi *della k*-esima colonna *di A con quelli della* colonna *dei* termini noti.

Se il *sistema* è *omogeneo*: $b_1 = b_2 = \cdots = b_n = 0$, si ha allora:

$$\det A_1 = \det A_2 = \cdots = \det A_n = 0$$

perché le *matrici* A_1, A_2, ..., A_n hanno una *colonna nulla*; l'*unica soluzione* di esso è quindi: $(\xi_1, \xi_2, \ldots, \xi_n) = (0, 0, \ldots, 0)$.

Discutiamo la situazione 2.

Supponiamo, per fissare le idee, che la *sottomatrice* di A che ci ha permesso di dire che il *rango* $\rho(A)$ di A è m sia quella costituita dalle *prime* m *colonne* di A.

Se scriviamo il *sistema* dato nel modo seguente:

$$\begin{cases} a_{11}x_1 + a_{12}x_2 + \cdots + a_{1m}x_m & = & b_1 - a_{1\,m+1}x_{m+1} - \cdots - a_{1n}x_n \\ a_{21}x_1 + a_{22}x_2 + \cdots + a_{2m}x_m & = & b_2 - a_{2\,m+1}x_{m+1} - \cdots - a_{2n}x_n \\ \dots\dots\dots\dots\dots\dots\dots\dots & = & \dots\dots\dots\dots\dots\dots\dots\dots \\ a_{m1}x_1 + a_{m2}x_2 + \cdots + a_{mm}x_m & = & b_m - a_{m\,m+1}x_{m+1} - \cdots - a_{mn}x_n \end{cases} \tag{1.54}$$

ed attribuiamo alle *incognite* $x_{m+1}, x_{m+2}, \ldots, x_n$ dei valori arbitrari $\lambda_1, \lambda_2, \lambda_{n-m}$, i secondi membri del *sistema* (1.54) diventano *termini noti* ed il *sistema* (1.54) rientra tra i *sistemi* che verificano la *situazione* 1. per cui le *rimanenti incognite* $x_1, x_2, \ldots, x_m$ si possono calcolare con la *regola di Cramer.*

In tale caso il *sistema* dato ha *infinite soluzioni*: una per ogni scelta delle *costanti* $\lambda_1, \lambda_2, \lambda_{n-m}$.

Discutiamo la *situazione* 3.

Ci limitiamo qui a citare un *teorema*: il *teorema di Rouché-Capelli* che ci fornisce una *condizione necessaria e sufficiente* affinché il *sistema* (1.49) sia *compatibile.*

Teorema 1.21 (Teorema di Rouché-Capelli) Condizione necessaria e sufficiente *affinché un* sistema lineare *di* m equazioni *in* n incognite *sia* compatibile *è che le* matrici

$$\begin{pmatrix} a_{11} & a_{12} & \ldots & a_{1n} \\ a_{21} & a_{22} & \ldots & a_{2n} \\ \vdots & \vdots & \ddots & \vdots \\ a_{m1} & a_{m2} & \ldots & a_{mn} \end{pmatrix} \quad e \quad \begin{pmatrix} a_{11} & a_{12} & \ldots & a_{1n} & b_1 \\ a_{21} & a_{22} & \ldots & a_{2n} & b_2 \\ \vdots & \vdots & \ddots & \vdots & \vdots \\ a_{m1} & a_{m2} & \ldots & a_{mn} & b_m \end{pmatrix}$$

abbiano lo stesso rango.

Di tale *teorema* non diamo la dimostrazione, che risulterà evidente dopo la *riflessione* che faremo sui *sistemi lineari* nel *paragrafo* 4.14; ciò che invece vogliamo aggiungere, a titolo di notizia, è questo:

- Se un *sistema lineare* si trova nella *situazione* 3. ed è *compatibile*, le sue *soluzioni*, anche in questo caso, si possono trovare con la *regola di Cramer*. Per trovarle si procede così:

- Se la *sottomatrice* di A che ci ha permesso di dire quanto vale $\rho(A)$ è, per esempio, quella costituita dalle prime p *righe* e p *colonne* di A (ove $p = \rho(A)$), allora delle m *equazioni del sistema* si prendono in considerazione solo le *prime* p. Il *sistema* costituito da queste ultime rientra tra quelli considerati nelle *situazioni* 1. e 2. e pertanto si può risolvere utilizzando la *regola di Cramer*. Le *soluzioni* di quest'ultimo sono *tutte e sole* le *soluzioni* del *sistema lineare dato*.

Sebbene la *regola di Cramer* ci permetta in *ogni situazione* di calcolare le *soluzioni* di un *sistema lineare compatibile*, tuttavia essa non ha grande importanza pratica perché il suo uso comporta in generale calcoli molto voluminosi.
Si pone allora il problema di trovare un *metodo di calcolo* delle *soluzioni* più rapido.
Un metodo è stato trovato da Gauss e va sotto il nome di *metodo di Gauss*.

Vediamo in cosa consiste tale metodo!

1.23 Metodo di Gauss

Il *metodo di Gauss* consiste nel *trasformare* un *sistema dato* in un *sistema* ad esso *equivalente*, cioè avente le *stesse soluzioni*, di facile risoluzione.

La *trasformazione* si esegue mediante le seguenti *operazioni* che consistono:

1. nello *scambiare l'ordine* con cui le *equazioni* compaiono nel *sistema*

2. nel *moltiplicare ambo i membri* di un'*equazione* del *sistema* per uno *stesso numero* $\lambda \neq 0$

3. nell'*addizionare membro a membro* ad un'*equazione* del *sistema* un'altra *equazione* del *sistema* dopo averne *moltiplicati ambo i membri* per un *numero* $\lambda \neq 0$

Poiché a tali *operazioni* corrispondono le *trasformazioni elementari di una matrice* che abbiamo definito nel *paragrafo* 1.6, nella pratica, dato un *sistema lineare* si scrive la *matrice ampliata* $[A|B]$ costituita dai *coefficienti* e *termini noti* del *sistema* e poi si opera su di essa con le *trasformazioni elementari* sulle righe fino ad arrivare ad una *matrice ampliata* $[A'|B']$ "più popolata di zeri".

Si riscrive il *sistema* (equivalente) avente per *coefficienti* e *termini noti* gli *elementi* di quest'ultima; si risolve poi il *sistema* così ottenuto con il *metodo di sostituzione* studiato nel Liceo.

Per ragioni di spazio non possiamo qui dare degli esempi, tuttavia, in sede di esercizi, ne daremo molti.

Per terminare, passiamo ad esporre il *principio di induzione* di cui avremo bisogno nel seguito.

1.24 Principio di induzione

Partiamo da una definizione!

> *Definizione di proprietà definita in un insieme*
> **Dato un insieme $S \neq \emptyset$ e detto x il generico elemento di S, si dice che una proprietà $\mathcal{P}$ è definita in S se di ogni elemento $x \in S$ si sa se ne gode oppure no.**

Per esprimere che un particolare elemento $x^\star \in S$ ne gode, si usa dire che "$\mathcal{P}$ è *verificata* da $x^\star$" o anche che "$\mathcal{P}$ è *vera* per $x^\star$"; per esprimere invece che non ne gode, si usa dire che "$\mathcal{P}$ non è *verificata* da $x^\star$" o anche che "$\mathcal{P}$ è *falsa* per $x^\star$".

Dalla *definizione* data segue che:

> Assegnato un *insieme* $S \neq \emptyset$ ed una *proprietà* $\mathcal{P}$ in esso definita, l'*insieme* S resta ripartito in due *sottoinsiemi*:
>
> – uno S_V dai cui *elementi* $\mathcal{P}$ *è verificata*
>
> – uno S_F dai cui *elementi* $\mathcal{P}$ *non è verificata*

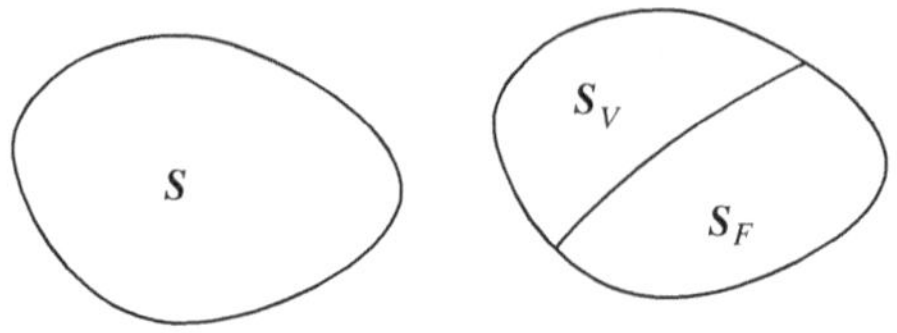

Figura 1.1

Se la *proprietà* $\mathcal{P}$ è verificata da ogni $x \in S$, allora: $S_V = S$ e $S_F = \emptyset$; se invece non è verificata da alcun $x \in S$, allora $S_V = \emptyset$ e $S_F = S$.

I tre *insiemi*: S, S_V, S_F sono in ogni caso così collegati:

$$S = S_V \cup S_F \qquad \text{e} \qquad S_V \cap S_F = \emptyset.$$

Ciò premesso, supponiamo che sia $S = \mathbb{N}$, di avere una proprietà $\mathcal{P}$ definita in $\mathbb{N}$ e di voler constatare se $\mathcal{P}$ è verificata da ogni numero (elemento) di $\mathbb{N}$.

Un metodo per fare ciò è costituito dal *principio di induzione* che passiamo ad enunciare.

Principio di induzione
Se una proprietà $\mathcal{P}$ definita in $\mathbb{N}$:

- **è verificata dal *numero* 1**
- **supposto che sia verificata dal numero $n \in \mathbb{N}$, è verificata dal numero $n+1$** [9]

allora

la proprietà $\mathcal{P}$ è verificata da tutti i *numeri* di $\mathbb{N}$.

Nell'utilizzare tale principio faremo due cose:

- constateremo che il *numero* 1 verifica la *proprietà* $\mathcal{P}$ suddetta
- dimostreremo che se un *numero* $n \in \mathbb{N}$ verifica la proprietà $\mathcal{P}$ allora anche il numero ad esso successivo, cioè $n+1$ la verifica.

[9] A volte tale *condizione* viene enunciata così:
supposto che sia verificata dal *numero* $n-1 \in \mathbb{N}$, è verificata dal *numero* n.

Fatte le due cose, siamo sicuri che *tutti i numeri* di $\mathbb{N}$ verificano la proprietà $\mathcal{P}$ perchè al verificarla il *numero* 1, la verifica anche il *numero* 2 che è ad esso successivo; al verificarla il *numero* 2, la verifica anche il *numero* 3 in quanto è il successivo del *numero* 2 e così via.

Il *principio di induzione* viene usato:

- per *dimostrare teoremi*
- per *definire concetti*
- per *risolvere problemi.*

Per vederlo all'azione in questi tre settori di applicazione:

- *dimostriamo un teorema*
- *definiamo un concetto*
- *risolviamo due problemi.*

Cominciamo dal *teorema* !

Teorema 1.22 *Fissato* un qualunque numero $x \in [-1, +\infty)$, *si ha:*

$$(1+x)^n \geq 1+nx \qquad , \forall n \in \mathbb{N} \tag{1.55}$$

Dimostrazione
Qui la *proprietà* $\mathcal{P}$ di cui parla il *principio di induzione* è la *disuguaglianza* (1.55). Per dimostrare che essa è verificata da ogni $n \in \mathbb{N}$, facciamo le due cose richieste nel suo uso:

1. Constatiamo che il *numero* 1 verifica la (1.55).

   Sostituendo nella (1.55) al posto di n il *numero* 1, si ha:

   $$1+x \geq 1+x$$

   quindi la (1.55) è verificata.

2. Supposto che la (1.55) sia verificata dal *numero* n, dimostriamo che é verificata anche dal *numero* $n+1$, cioè che risulta:

   $$(1+x)^{n+1} \geq 1+(n+1)x. \tag{1.56}$$

Per provare la (1.56) ragioniamo così:

$$\begin{aligned}
(1+x)^{n+1} &= \text{per una proprietà delle potenze} = \\
&= (1+x)^n \cdot (1+x) \geq \\
&\geq \text{ per la (1.55) che supponiamo verificata} \geq \\
&\geq (1+nx) \cdot (1+x) = \\
&= 1 + x + nx + nx^2 = 1 + (n+1)x + nx^2 \geq \\
&\geq \text{ poiché è } \left(nx^2 \geq 0\right) \geq \\
&\geq 1 + (n+1)x
\end{aligned}$$

quindi la (1.56) è provata ed il *teorema* è dimostrato.

c.v.d.

Quando un *teorema* viene *dimostrato* servendosi del *principio di induzione* si dice che è dimostrato *per induzione* o *ricorrenza.*
Definiamo ora un concetto !

Nel *paragrafo* 1.19 abbiamo definito la *potenza* avente per *base* una *matrice quadrata* A di *ordine* n e per *esponente* un *numero intero positivo* p, in questo modo:

$$A^p = \begin{cases} A & \text{se è } p = 1 \\ A^{p-1}A & \text{se è } p > 1 \end{cases}$$

Bene, tale concetto è stato definito usando il *principio di induzione* !

Come nel caso dei *teoremi*, se un *concetto* viene definito servendosi del *principio di induzione*, si dice che è definito *per induzione* o *ricorrenza.*

Passiamo ora ai *problemi*, ma data la lunghezza dell'argomento, apriamo un nuovo paragrafo.

1.25 Uso del principio di induzione nella risoluzione dei problemi

Poniamoci due problemi e vediamo come il *principio di induzione* viene impiegato per risolverli.

Problema 3 *Dati i* numeri

$$a_1 = \frac{1}{2},\ a_2 = \frac{1}{6},\ a_3 = \frac{1}{12},\ \dots,\ a_n = \frac{1}{n(n+1)},\ a_{n+1} = \frac{1}{(n+1)(n+2)}$$

calcolare la somma s_n:

$$s_n = \frac{1}{2} + \frac{1}{6} + \frac{1}{12} + \cdots + \frac{1}{n(n+1)}$$

essendo n un numero naturale *arbitrario.*

Problema 4 *Dati i* numeri

$$a_1 = 1^2, \quad a_2 = 2^2, \quad a_3 = 3^2, \dots, a_n = n^2, \quad a_{n+1} = (n+1)^2, \dots$$

calcolare la somma s_n:

$$s_n = 1^2 + 2^2 + 3^2 + \cdots + n^2$$

essendo n un numero naturale *arbitrario.*

Se vogliamo usare il *principio di induzione* per risolvere tali *problemi*, dobbiamo innanzitutto fare, per ciascun problema, una "congettura" su quale potrebbe essere nei due casi s_n. Tale "congettura" si assume poi come la *proprietà* $\mathcal{P}$ di cui si parla nel *principio di induzione*.

Se proveremo (con il *principio di induzione*) che tale "congettura" è verificata qualunque sia $n \in \mathbb{N}$, avremo risolto i *problemi*, in caso contrario, se vogliamo insistere nell'uso del *principio di induzione*, occorrerà fare una nuova "congettura" nella speranza che quest'ultima sia verificata.

Come vedremo, la difficoltà nell'uso del *principio di induzione* sta nel fatto che per fare "congetture" non vi sono "ricette" da suggerire.

Sperimentiamo quanto abbiamo detto nella risoluzione dei problemi posti.

Risoluzione del problema 3

Per fare una "congettura" su quale potrebbe essere s_n, cominciamo con il costruire le somme s_1, s_2, s_3, s_4.

Si ha:

$$\begin{aligned} s_1 &= a_1 = \frac{1}{2} \\ s_2 &= a_1 + a_2 = \frac{1}{2} + \frac{1}{6} = \frac{2}{3} \\ s_3 &= a_1 + a_2 + a_3 = \frac{1}{2} + \frac{1}{6} + \frac{1}{12} = \frac{3}{4} \\ s_4 &= a_1 + a_2 + a_3 + a_4 = \frac{1}{2} + \frac{1}{6} + \frac{1}{12} + \frac{1}{20} = \frac{4}{5}. \end{aligned}$$

Come si può osservare ciascuna delle *somme parziali* scritte è una *frazione* che ha per *numeratore* il numero dei termini sommati e per *denominatore*, il numero dei termini sommati più 1.

Tale osservazione ci autorizza a fare la "congettura" che sia:

$$s_n = \frac{n}{n+1}, \qquad \forall n \in \mathbb{N}. \tag{1.57}$$

Ora dobbiamo provare che la s_n trovata è verificata per ogni numero $n \in \mathbb{N}$; se lo è, il problema è risolto.

Serviamoci allora del *principio di induzione*, facendo le cose richieste nel suo uso:

1. Constatiamo se s_n è verificata per $n = 1$.

   Sicuramente lo è, perchè abbiamo costruito la (1.57) a partire da s_1, s_2, s_3, s_4; la (1.57) è pertanto *verificata*, oltre che per $n = 1$, anche per $n = 2, 3, 4$.

2. Supposto che la (1.57) sia *verificata* dal *numero* n, dimostriamo che essa è *verificata* anche dal *numero* $n + 1$. Ciò avviene se risulta:

$$s_{n+1} = \frac{n+1}{(n+1)+1} = \frac{n+1}{n+2}. \tag{1.58}$$

Per provare la (1.58) ragioniamo così:

$$\begin{aligned} s_{n+1} &= s_n + a_{n+1} = \text{per la (1.57) che supponiamo verificata} = \\ &= \frac{n}{n+1} + \frac{1}{(n+1)(n+2)} = \\ &= \frac{n(n+2)+1}{(n+1)(n+2)} = \\ &= \frac{n^2+2n+1}{(n+1)(n+2)} = \\ &= \frac{(n+1)^{\cancel{2}}}{\cancel{(n+1)}(n+2)} = \\ &= \frac{n+1}{n+2} \end{aligned}$$

quindi la (1.57) è provata ed il problema è risolto.

Risoluzione del problema 4

Qui per trovare la "congettura" da verificare, se seguiamo la via percorsa nella risoluzione del *problema 1*, non arriviamo da nessuna parte.

Partiamo allora dal fatto che la *somma* s_n dei numeri

$$1, 2, 3, \ldots, n \qquad ,$$

essendo essi in *progressione aritmetica di ragione 1*, è

$$s_n = \frac{n(n+1)}{2}. \tag{1.59}$$

Il secondo membro della (1.59) è un *polinomio* di 2° grado nella *variabile* n.

Nel nostro caso, dovendo sommare i *quadrati* dei primi n *numeri* $1, 2, 3, \ldots, n$ e non vedendo alcuno spiraglio, facciamo il tentativo di vedere se per caso s_n non sia un polinomio di 3° grado nella *variabile* n, cioè se s_n non sia del tipo:

$$s_n = an^3 + bn^2 + cn + d \qquad \text{con } a \neq 0. \tag{1.60}$$

Determiniamo i coefficienti a, b, c, d di tale *polinomio* ponendo al posto di n successivamente i *numeri* 1, 2, 3, 4. Passando ai calcoli si ha:

$$\begin{aligned} s_1 &= 1^2 = 1 = a + b + c + d \\ s_2 &= 1^2 + 2^2 = 5 = 8a + 4b + 2c + d \\ s_3 &= 1^2 + 2^2 + 3^2 = 14 = 27a + 9b + 3c + d \\ s_4 &= 1^2 + 2^2 + 3^2 + 4^2 = 30 = 64a + 16b + 4c + d \end{aligned}$$

quindi, per determinare a, b, c, d basta risolvere il *sistema*

$$\begin{cases} a + b + c + d = 1 \\ 8a + 4b + 2c + d = 5 \\ 27a + 9b + 3c + d = 14 \\ 64a + 16b + 4c + d = 30. \end{cases}$$

Risolvendo tale sistema,otteniamo:

$$\begin{cases} a = \frac{1}{3} \\ b = \frac{1}{2} \\ c = \frac{1}{6} \\ d = 0 \end{cases}$$

Sostituendo tali valori nella (1.60) si ha:

$$s_n = \frac{1}{3}n^3 + \frac{1}{2}n^2 + \frac{1}{6}n. \tag{1.61}$$

La (1.61) è la nostra “congettura”, se sarà verificata da ogni numero $n \in \mathbb{N}$ il problema è risolto.

Prima di utilizzare il *principio di induzione*, scriviamo il secondo membro della (1.61) come prodotto.

Facciamo un po' di calcoli !

$$\begin{aligned} s_n &= \frac{1}{3}n^3 + \frac{1}{2}n^2 + \frac{1}{6}n = \frac{2n^3 + 3n^2 + n}{6} = \frac{n\,(2n^2 + 3n + 1)}{6} = \\ &= \text{scomponendo } 2n^2 + 3n + 1 \text{ in fattori} = \\ &= \frac{n \cdot 2\left(n + \frac{1}{2}\right)(n+1)}{6} = \frac{n(n+1)(2n+1)}{6} \end{aligned}$$

Concludendo:
la (1.61), cioè la nostra "congettura", può essere scritta così:

$$s_n = \frac{n(n+1)(2n+1)}{6} \tag{1.62}$$

ed è sotto questa forma che ne constateremo la veridicità.

Serviamoci allora del *principio di induzione* facendo le due cose richieste nel suo uso:

1. Constatiamo se s_n è verificata per $n = 1$.

   Sicuramente lo è perché abbiamo calcolato i coefficienti del polinomio che compare nel secondo membro della (1.61) in modo che per $n = 1, 2, 3, 4$ il polinomio valesse rispettivamente s_1, s_2, s_3 ed s_4. La (1.62) è pertanto verificata, oltre che per $n = 1$, anche per $n = 2, 3, 4$.

2. Supposto che la (1.62) sia *verificata* dal *numero* n, dimostriamo che essa è verificata anche dal *numero* $n+1$. Ciò avviene se risulta:

   $$s_{n+1} = \frac{(n+1)(n+2)(2n+3)}{6}. \tag{1.63}$$

   Per provare la (1.63) ragioniamo così:

   $$\begin{aligned} s_{n+1} &= s_n + a_{n+1} = \text{per la (1.62) che supponiamo verificata} = \\ &= \frac{n(n+1)(2n+1)}{6} + (n+1)^2 = \\ &= \frac{(n+1)\left[n(2n+1)+6(n+1)\right]}{6} = \frac{(n+1)\left(2n^2+7n+6\right)}{6} = \\ &= \text{scomponendo in fattori } 2n^2+7n+6 = \\ &= \frac{(n+1)(n+2)(2n+3)}{6} \end{aligned}$$

   quindi la (1.63) è provata ed il problema è risolto.

Finalmente disponiamo di tutti i concetti necessari per occuparci di *vettori*.
Cominciamo da quelli *geometrici* !

Capitolo 2

Teoria dei vettori geometrici dello spazio euclideo

In questo capitolo vogliamo esporre la *teoria dei vettori geometrici* dello *spazio euclideo*[1].

Utilizzeremo tale *teoria*:

- come punto di partenza per costruire l'*algebra lineare*

- per costruire la *geometria analitica dello spazio euclideo.*

2.1 Definizione di vettore geometrico dello spazio euclideo

Due *punti* A e B dello *spazio euclideo* tra di loro *distinti*: $A \neq B$, determinano un *segmento* di *estremi* A e B.

Tale *segmento* può essere percorso:

- o da A verso B

- o da B verso A.

[1]Lo *spazio euclideo* è lo spazio della geometria studiata nel Liceo; in molti testi viene chiamato *spazio ordinario* perché fino all'avvento della *teoria della relatività* si pensava che lo *spazio euclideo* fosse la "descrizione matematica" dello *spazio fisico*.

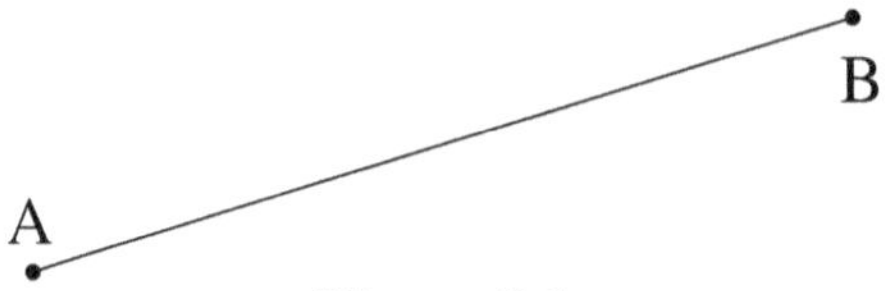

Figura 2.1

Se facciamo la convenzione di chiamare *verso positivo* uno dei due possibili *versi di percorrenza*, il segmento dato diventa un *segmento orientato*. Se scegliamo come *verso positivo* quello che va da A verso B, scriviamo AB; nel caso contrario scriviamo BA.

Per distinguere *graficamente* quale dei due *possibili versi di percorrenza* viene scelto come *positivo*, poniamo una *freccia* sul segmento stesso, come nelle figure seguenti:

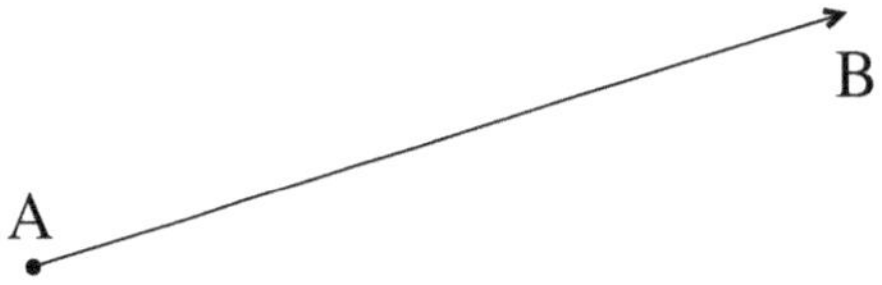

Figura 2.2: Segmento orientato AB

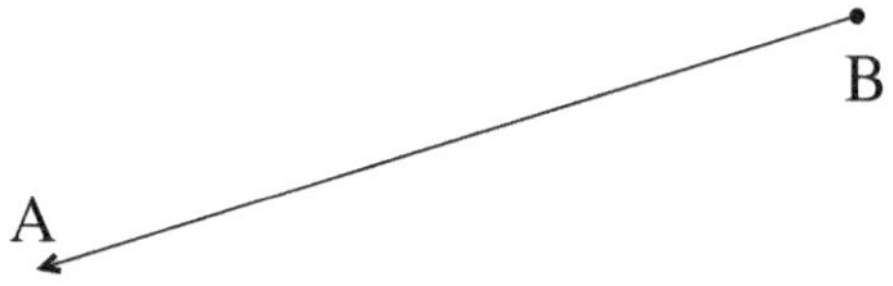

Figura 2.3: Segmento orientato BA

Dato un *segmento orientato* AB, il *punto* A si chiama *punto origine* ed il *punto* B, *punto estremo*.

Ripartiamo ora l'*insieme di tutti i segmenti orientati* dello *spazio euclideo* in *sottoinsiemi* ponendo in ogni sottoinsieme i *segmenti orientati* che verificano le seguenti condizioni:

1. hanno la *stessa lunghezza*

2. sono *contenuti* in una *stessa retta* o in *rette parallele* [2]

3. hanno lo *stesso verso positivo di percorrenza*.

Ciascuno di tali sottoinsiemi viene detto *vettore geometrico euclideo*, si denota con uno dei simboli $\underline{u}$, $\underline{v}$, $\underline{w}$,..., etc [3] e nel seguito, per brevità di linguaggio, verrà chiamato semplicemente *vettore*.

[2]Tale condizione si suol esprimere dicendo che i *segmenti orientati* hanno la *stessa direzione*.

[3]Soprattutto in Fisica è anche usata la notazione $\vec{u}$, $\vec{v}$, $\vec{w}$, ...

I *segmenti orientati*, elementi di uno stesso sottoinsieme (vettore), sono chiamati *rappresentanti del vettore* o anche *vettori applicati*.

Assegnato un *vettore* $\underline{u}$, ogni punto dello spazio euclideo, è *punto origine* di un *rappresentante* di esso.

I tre *segmenti orientati* della figura seguente:

Figura 2.4

sono tre *rappresentanti* di uno stesso *vettore* $\underline{u}$ aventi come *punti origine* rispettivamente A, A', A''.

Per assegnare un *vettore* $\underline{u}$, basta assegnare *uno dei suoi rappresentanti* AB; $\underline{u}$ è costituito appunto dal *segmento orientato* AB e da *tutti* i *segmenti orientati* che:

- hanno la stessa lunghezza di AB
- sono contenuti nella retta che contiene AB ed in rette ad essa parallele
- hanno come *verso positivo di percorrenza* quello di AB.

La *comune lunghezza* di tutti i *segmenti orientati*, *rappresentanti di uno stesso vettore* $\underline{u}$, si denota con $\|\underline{u}\|$ e si chiama *modulo* o anche *norma* di $\underline{u}$. Se un *vettore* $\underline{u}$ ha *modulo uguale a uno*: $\|\underline{u}\| = 1$, si chiama *vettore unitario*, o anche *versore*.

Diamo ora alcune *definizioni*.

2.2 Alcune definizioni

Le *definizioni* sono:

Definizione di vettori paralleli

Si dice che due *vettori* $\underline{u}$ e $\underline{v}$ sono *paralleli* se i *rappresentanti* di $\underline{u}$ e $\underline{v}$, che hanno lo *stesso punto origine*, appartengono a una *stessa retta*.

In particolare:

- se appartengono alla *stessa semiretta*, si dicono *vettori paralleli* e *concordi*

- se appartengono a *semirette distinte*, si dicono *vettori paralleli* e *discordi.*

Se due *vettori paralleli e discordi* hanno lo *stesso modulo*, si chiamano *vettori opposti* e se uno dei due si denota con $\underline{u}$, l'altro con $-\underline{u}$.
Per dire che due *vettori* $\underline{u}$ e $\underline{v}$ sono *paralleli* si suole scrivere $\underline{u} \parallel \underline{v}$.

Definizione di angolo tra due vettori
Dati due *vettori* $\underline{u}$ e $\underline{v}$ e fissato un *punto* O dello spazio, consideriamo i *rappresentanti* di $\underline{u}$ e $\underline{v}$ che hanno O come *punto origine* e siano r e s le *semirette* di *origine* O che li contengono:

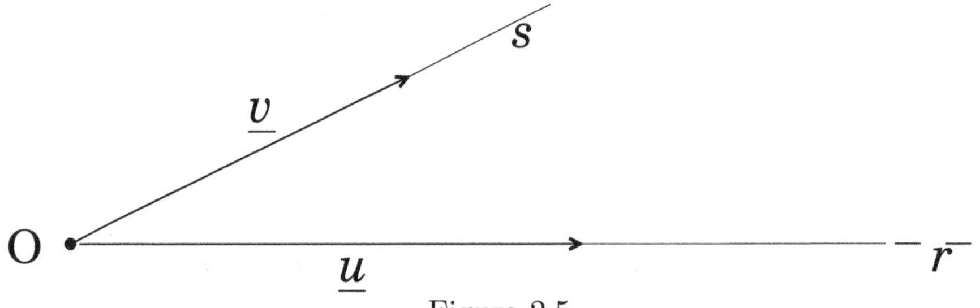

Figura 2.5

Si chiama *angolo* tra $\underline{u}$ e $\underline{v}$ e si denota con il *simbolo* $\widehat{\underline{u}\,\underline{v}}$, l'*angolo orientato* (r, s) [4]

$$\widehat{\underline{u}\,\underline{v}} \overset{def}{=} (r, s)$$

[4]La definizione che qui diamo di *angolo orientato* è diversa da quella normalmente riportata nei libri di algebra lineare. La definizione da noi adottata è questa:

- Si chiama *angolo orientato* qualunque coppia ordinata (r, s) di semirette aventi lo stesso *punto origine* O. Il punto O si chiama *vertice*; la semiretta r, *semiretta origine* e la semiretta s, *semiretta estremo.*

Per rappresentare graficamente un *angolo orientato*, si disegna un archetto frecciato che va da un punto della *semiretta origine* ad un punto della *semiretta estremo.*

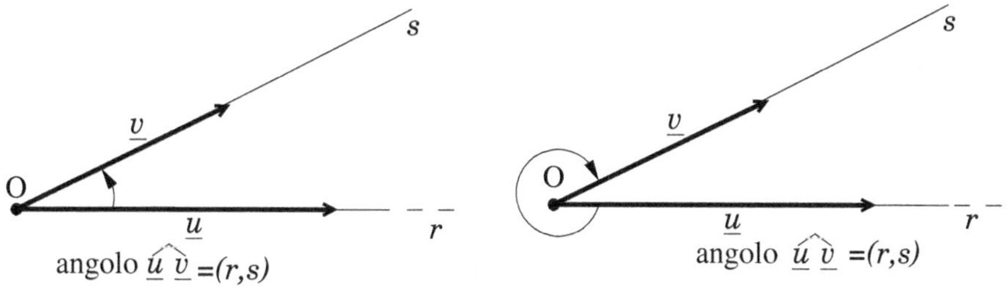

Figura 2.6

Analogamente, si chiama *angolo* tra $\underline{v}$ ed $\underline{u}$, e si denota con il *simbolo* $\widehat{\underline{v}\,\underline{u}}$, l'*angolo orientato* (s, r)

$$\widehat{\underline{v}\,\underline{u}} \overset{def}{=} (s, r)$$

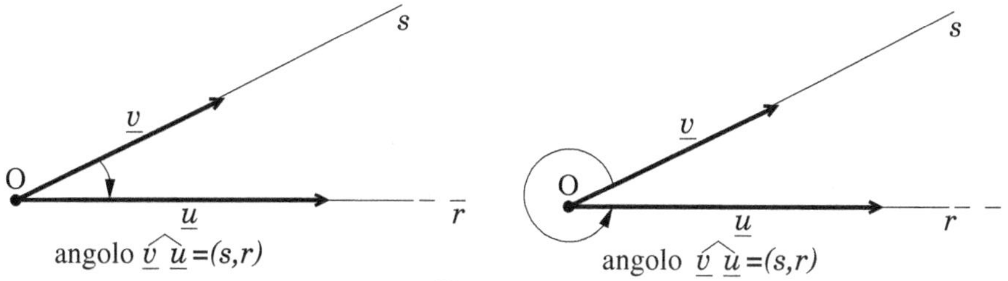

Figura 2.7

Poiché gli *angoli* $\widehat{\underline{u}\,\underline{v}}$ e $\widehat{\underline{v}\,\underline{u}}$ sono *angoli orientati opposti*, si ha:

$$\begin{aligned} \cos\widehat{\underline{u}\,\underline{v}} &= \cos\widehat{\underline{v}\,\underline{u}} \\ \sin\widehat{\underline{u}\,\underline{v}} &= -\sin\widehat{\underline{v}\,\underline{u}} \end{aligned}$$

È facile convincersi che la *misura principale in radianti* dell'*angolo* $\widehat{\underline{u}\,\underline{v}}$ è:

– *zero, se e solo se* $\underline{u}$ e $\underline{v}$ sono *vettori paralleli e concordi*

– π, *se e solo se* $\underline{u}$ e $\underline{v}$ sono *vettori paralleli e discordi*

– in generale è un *numero* $a \in [0, 2\pi)$ mentre quella dell'*angolo orientato* $\widehat{\underline{v}\,\underline{u}}$ è $2\pi - a$. [5]

Definizione di vettori ortogonali
Si dice che due *vettori* $\underline{u}$ e $\underline{v}$ sono *ortogonali* se i *rappresentanti* di $\underline{u}$ e di $\underline{v}$, che hanno lo stesso *punto origine* sono *perpendicolari.*

Dalla *definizione di vettori ortogonali* segue che due vettori $\underline{u}$ e $\underline{v}$ sono *ortogonali* se e solo se

$$\cos \widehat{\underline{u}\,\underline{v}} = 0.$$

Per dire che due *vettori* $\underline{u}$ e $\underline{v}$ sono *ortogonali*, si suol scrivere $\underline{u} \perp \underline{v}$.

Definizione di vettore nullo
Si chiama *vettore nullo*, e si denota con il simbolo $\underline{0}$, quel *vettore* i cui *rappresentanti* sono *segmenti* costituiti da un *solo punto* e pertanto non si può dire:

- **né in *quali rette sono contenuti*, perchè per un punto passano infinite rette**
- **né si può *fissare* su di essi un *verso positivo di percorrenza.***

Per poter utilizzare questo *strano vettore* facciamo le seguenti convenzioni:

1. $\|\underline{0}\| = 0$
2. $\underline{0}$ è *parallelo* ad *ogni vettore* dello spazio
3. $\underline{0}$ è *ortogonale* ad *ogni vettore* dello spazio.

[5] Per farsi un'idea chiara e completa su ciò che riguarda gli *angoli orientati* e le loro *misure*, consigliamo allo Studente di leggere i *paragrafi* 3.6, 3.7 e 3.8 del libro "Funzioni reali di una variabile reale" di Mario Vallorani, edito da Amazon e facente parte della collana "Analisi matematica a portata di clic".

Definizione di vettore parallelo a una retta
Si dice che un *vettore* $\underline{u}$ è *parallelo* ad una *retta* r se i *rappresentanti* di $\underline{u}$, i cui *punti origine* appartengono ad r, sono *contenuti* in r:

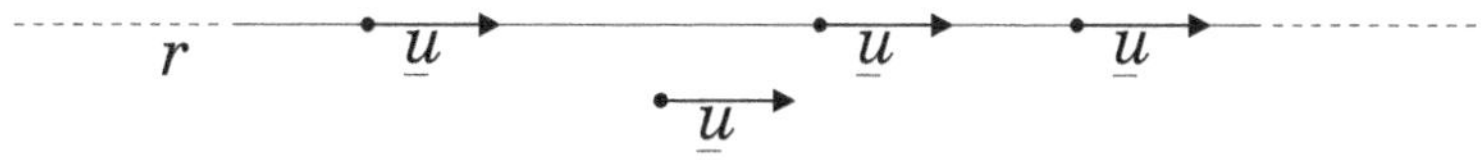

Figura 2.8

Definizione di vettore ortogonale a una retta
Si dice che un *vettore* $\underline{u}$ è *ortogonale* ad una *retta* r se un qualunque *rappresentante* AB di $\underline{u}$, il cui *punto origine* A appartiene a r, è *perpendicolare* a r, cioè il coseno dell'angolo orientato costituito da una qualunque delle due semirette r', r'' in cui il punto A divide la retta r e dalla semiretta s che contiene AB vale *zero*:

$$\cos(r', s) = \cos(r'', s) = 0.$$

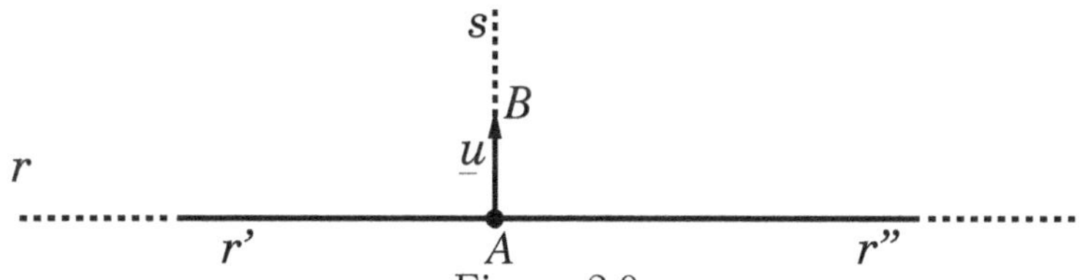

Figura 2.9

Definizione di vettore parallelo ad un piano
Si dice che un *vettore* $\underline{u}$ è *parallelo ad un piano* α, se i *rappresentanti* di $\underline{u}$, i cui *punti origine appartengono* ad α sono *contenuti* in α:

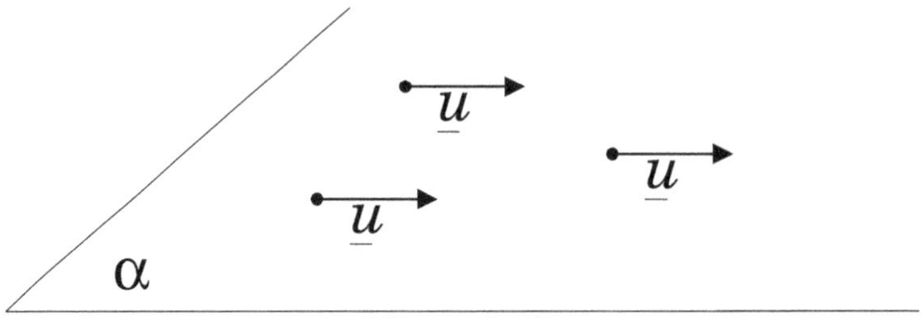

Figura 2.10

Definizione di vettore ortogonale ad un piano

Si dice che un *vettore* $\underline{u}$ è *ortogonale ad un piano* α, se un qualunque *rappresentante* AB di $\underline{u}$, il cui *punto origine* A *appartiene* ad α, è *perpendicolare* ad una qualunque semiretta del piano α avente A come *punto origine*.

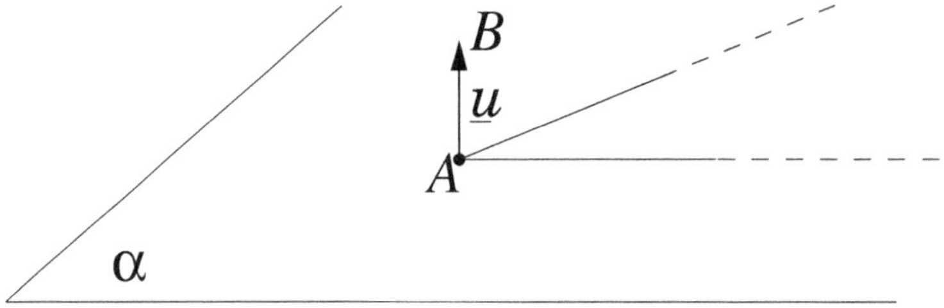

Figura 2.11

Definizione di vettori complanari

Si dice che tre vettori $\underline{u}$, $\underline{v}$, $\underline{w}$ sono *complanari*, se i *rappresentanti* di essi che hanno lo stesso *punto origine*, sono contenuti in uno *stesso piano* α.

Nel seguito denoteremo con il *simbolo* $\mathcal{S}$ l'insieme costituito da *tutti i vettori geometrici euclidei* e dal *vettore nullo* $\underline{0}$. I *vettori* di $\mathcal{S}$ sono i *vettori utilizzati in Fisica* per rappresentare: *spostamenti, velocità, accelerazioni,* etc ...

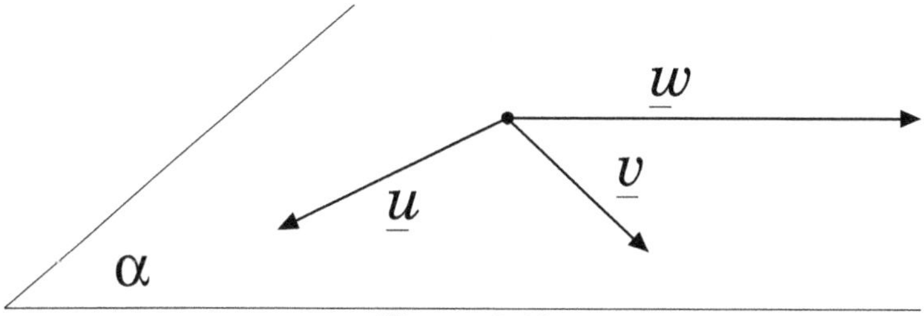

Figura 2.12

Sui *vettori* di $\mathcal{S}$ si eseguono le seguenti *operazioni*:

- addizione
- moltiplicazione di un numero (scalare) per un vettore
- prodotto scalare
- prodotto vettoriale
- prodotto misto.

Definiamo tali *operazioni*, seguendo l'ordine nel quale le abbiamo nominate.

2.3 Operazione di addizione

L'*operazione di addizione* consiste nell'*associare* ad ogni *coppia ordinata* $(\underline{u}, \underline{v})$ di *vettori* di $\mathcal{S}$ un *vettore* di $\mathcal{S}$.

Tale *vettore* si denota con il *simbolo* $\underline{u} + \underline{v}$, si chiama *vettore somma* di $\underline{u}$ più $\underline{v}$ e si definisce in una delle due seguenti maniere:

1. maniera: Regola del poligono
   Si fissa un *punto* O dello spazio euclideo e si disegna:
   (a) il *rappresentante del vettore* $\underline{u}$ che ha O come *punto origine*: OP_1
   (b) il *rappresentante del vettore* $\underline{v}$ che ha P_1 come *punto origine*: P_1P_2

   Il *segmento orientato* OP_2 è il *rappresentante del vettore* $\underline{u} + \underline{v}$ che ha come *punto origine* O.

2. maniera: Regola del parallelogramma
   Si fissa un *punto* O dello spazio euclideo e si disegna:
   (a) il *rappresentante del vettore* $\underline{u}$ che ha O come *punto origine*: OP_1
   (b) il *rappresentante del vettore* $\underline{v}$ che ha O come *punto origine*: OQ_1
   (c) il *parallelogramma* che ha i *segmenti orientati* OP_1 e OQ_1 come *lati consecutivi.*

   La *diagonale* di tale *parallelogramma*, di cui O è uno degli *estremi*, orientata come nella figura 2.14, è il *rappresentante* del *vettore* $\underline{u}+\underline{v}$ che ha O come *punto origine.*

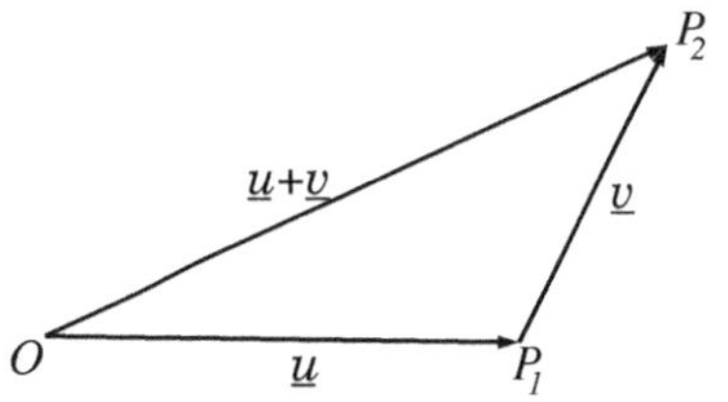

Figura 2.13: Regola del poligono

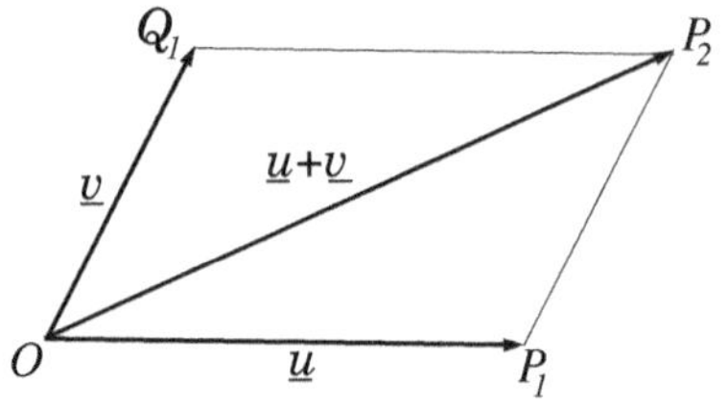

Figura 2.14:
Regola del parallelogramma

La differenza che c'è tra le due *regole* è questa:

- nella *regola del poligono*, si utilizza il *rappresentante* di $\underline{v}$ che ha come *punto origine* P_1;

- nella *regola del parallelogramma* invece, il *rappresentante* di $\underline{v}$ che ha come *punto origine* O.

Nel caso particolare in cui i *vettori* $\underline{u}$ e $\underline{v}$ sono tra loro *opposti*, il *vettore somma* $\underline{u}+\underline{v}$ è il *vettore nullo* $\underline{0}$. Questo è il motivo per cui abbiamo definito il *vettore nullo*: per rendere sempre possibile l'*operazione di addizione* tra due *vettori* di $\mathcal{S}$.

Il fatto che l'*operazione di addizione* associa ad ogni *coppia ordinata* (u, v) di *vettori* di $\mathcal{S}$, un *vettore* di $\mathcal{S}$: $\underline{u}+\underline{v}$, si esprime dicendo che l'insieme $\mathcal{S}$ è *chiuso* rispetto *all'operazione di addizione.*

L'*operazione di addizione* gode delle seguenti *proprietà*:

1. $\forall \underline{u}, \underline{v}, \underline{w} \in \mathcal{S} \Rightarrow (\underline{u}+\underline{v})+\underline{w} = \underline{u}+(\underline{v}+\underline{w})$ (proprietà associativa)

2. $\forall \underline{u} \in \mathcal{S} \Rightarrow \underline{u}+\underline{0} = \underline{u}$

3. $\forall \underline{u} \in \mathcal{S} \Rightarrow \underline{u}+(-\underline{u}) = \underline{0}$

4. $\forall \underline{u}, \underline{v} \in \mathcal{S} \Rightarrow \underline{u}+\underline{v} = \underline{v}+\underline{u}$ (proprietà commutativa) .

Il concetto di *vettore somma* si estende da due ad un *numero finito* n (qualunque) di *vettori* $\underline{v}_1, \underline{v}_2, \ldots, \underline{v}_n$ di $\mathcal{S}$, ponendo successivamente:

$$\begin{array}{rcl} \underline{v}_1+\underline{v}_2+\underline{v}_3 & = & (\underline{v}_1+\underline{v}_2)+\underline{v}_3 \\ \underline{v}_1+\underline{v}_2+\underline{v}_3+\underline{v}_4 & = & (\underline{v}_1+\underline{v}_2+\underline{v}_3)+\underline{v}_4 \\ \ldots\ldots\ldots\ldots & = & \ldots\ldots\ldots\ldots \end{array}$$

Sulla *definizione di vettore somma* di *due vettori* $\underline{u}$, $\underline{v}$ si basa la *definizione di vettore differenza* tra un *vettore* $\underline{u}$ e un *vettore* $\underline{v}$. Il *vettore differenza* tra $\underline{u}$ e $\underline{v}$ si denota con il *simbolo* $\underline{u}-\underline{v}$ e si definisce infatti così:

$$\underline{u}-\underline{v} \stackrel{def}{=} \underline{u}+(-\underline{v}).$$

2.4 Operazione di moltiplicazione di un numero (scalare) per un vettore

L'*operazione di moltiplicazione di un numero (scalare) per un vettore* consiste nell'*associare* ad ogni *coppia ordinata* $(\lambda, \underline{u})$ con $\lambda \in \mathbb{R}$ e $\underline{u} \in \mathcal{S}$, un *vettore* di $\mathcal{S}$.

Tale *vettore* si denota con il simbolo $\lambda\underline{u}$, si chiama *vettore prodotto* di λ per $\underline{u}$ ed è definito nella seguente maniera:

$$\lambda\underline{u} = \begin{cases} = \underline{0} & \text{se è } \lambda = 0 \text{ oppure } \underline{u} = \underline{0} \\ \neq \underline{0} & \text{se è } \lambda \neq 0 \text{ e } \underline{u} \neq \underline{0}. \end{cases}$$

Nel secondo caso, $\lambda\underline{u}$ è un vettore così fatto:

- $\|\lambda\underline{u}\| = |\lambda|\|\underline{u}\|$

- *parallelo e concorde* con $\underline{u}$ se è $\lambda > 0$
- *parallelo e discorde* con $\underline{u}$ se è $\lambda < 0$.

Come nel caso dell'*addizione*, il fatto che tale *operazione* associa ad ogni *coppia ordinata* $(\lambda, \underline{u})$ un *vettore* di $\mathcal{S}$: $\lambda\underline{u}$, si esprime dicendo che l'insieme $\mathcal{S}$ è *chiuso* rispetto *all'operazione di moltiplicazione di un numero* (scalare) *per un vettore.*

È facile convincersi che dati due *vettori* $\underline{u} \neq \underline{0}$ e $\underline{v} \neq \underline{0}$, essi sono tra loro *paralleli se e solo se* l'uno può essere ottenuto dall'altro moltiplicandolo per un numero: $\underline{u} = \lambda'\underline{v}$, $\underline{v} = \lambda''\underline{u}$ con $\lambda', \lambda'' \in \mathbb{R}$.

L'*operazione di moltiplicazione di un numero* (scalare) *per un vettore* gode delle seguenti *proprietà*:

1. $\forall \underline{u} \in \mathcal{S} \Rightarrow 1\underline{u} = \underline{u}$
2. $\forall \underline{u} \in \mathcal{S}, \forall \alpha, \beta \in \mathbb{R} \Rightarrow \alpha(\beta\underline{u}) = (\alpha\beta)\underline{u}$.

Le *due operazioni* , che abbiamo definito, sono poi legate tra loro dalle *due relazioni* seguenti, che chiamiamo *proprietà distributive*:

1. $\forall \underline{u} \in \mathcal{S}, \forall \alpha, \beta \in \mathbb{R} \Rightarrow (\alpha + \beta)\underline{u} = \alpha\underline{u} + \beta\underline{u}$
2. $\forall \underline{u}, \underline{v} \in \mathcal{S}, \forall \alpha \in \mathbb{R} \Rightarrow \alpha(\underline{u} + \underline{v}) = \alpha\underline{u} + \alpha\underline{v}$.

L'*operazione di moltiplicazione di un numero per un vettore*, ci permette di risolvere il seguente problema:

Problema 5 *Dato un* vettore $\underline{u} \neq \underline{0}$ *e con* $||\underline{u}|| \neq 1$, *costruire il* versore *(vettore unitario)* parallelo *e* concorde *con esso.*

Soluzione

Il *versore cercato* è un *vettore* del tipo $\lambda\underline{u}$. Il numero λ deve essere:

- maggiore di 0 in quanto il vettore $\lambda\underline{u}$ deve risultare parallelo e concorde con $\underline{u}$

– tale inoltre da risultare $\|\lambda\underline{u}\| = 1$.

Avendo definito $\|\lambda\underline{u}\| = |\lambda|\|\underline{u}\|$, il valore (positivo) di λ che risolve il problema è: $\lambda = \frac{1}{\|\underline{u}\|}$.

Il *versore* cercato è pertanto:

$$\frac{1}{\|\underline{u}\|}\underline{u}.$$

Tale *versore* si denota con il *simbolo vers* $\underline{u}$ e si chiama *versore* di $\underline{u}$:

$$vers\ \underline{u} = \frac{1}{\|\underline{u}\|}\underline{u}. \tag{2.1}$$

2.5 Operazione di prodotto scalare

L'*operazione di prodotto scalare* consiste nell'*associare* ad ogni *coppia ordinata* $(\underline{u}, \underline{v})$ di *vettori* di $\mathcal{S}$, un *numero reale*.

Tale *numero* si denota con il simbolo $\underline{u} \cdot \underline{v}$ [6], si chiama *prodotto scalare di* $\underline{u}$ *per* $\underline{v}$ (come l'operazione) ed è definito nella seguente maniera:

$$\underline{u} \cdot \underline{v} = \begin{cases} 0 & \text{se } almeno \text{ uno dei due vettori } \underline{u}, \underline{v} \text{ è il } vettore\ nullo \\ \|\underline{u}\|\|\underline{v}\| \cos\widehat{\underline{u}\,\underline{v}} & \text{se è } \underline{u} \neq \underline{0} \text{ e } \underline{v} \neq \underline{0}. \end{cases}$$

L'*operazione di prodotto scalare* gode delle seguenti *proprietà*:

1. $\forall \underline{u}, \underline{v} \in \mathcal{S} \Rightarrow \underline{u} \cdot \underline{v} = \underline{v} \cdot \underline{u}$ (proprietà commutativa)

2. $\forall \underline{u} \in \mathcal{S} \Rightarrow \underline{u} \cdot \underline{u} \geq 0$; è $\underline{u} \cdot \underline{u} = 0$ se e solo se $\underline{u} = \underline{0}$

ed è così legata alle due *operazioni* precedentemente definite:

---

[6] Per denotare il *prodotto scalare* tra due vettori $\underline{u}$ e $\underline{v}$, sono in uso anche i simboli $\langle \underline{u}, \underline{v} \rangle$, $\langle \underline{u} | \underline{v} \rangle$

– all'*operazione di addizione*, dalla *relazione*:

$$\forall \underline{u}, \underline{v}, \underline{w} \in \mathcal{S} \Rightarrow \underline{u} \cdot (\underline{v} + \underline{w}) = \underline{u} \cdot \underline{v} + \underline{u} \cdot \underline{w}$$

che prende il nome di *proprietà distributiva del prodotto scalare rispetto all'addizione*

– all'*operazione di moltiplicazione di un numero* (scalare) *per un vettore*, dalla *relazione*:

$$\forall \underline{u}, \underline{v} \in \mathcal{S}, \forall \alpha \in \mathbb{R} \Rightarrow (\alpha \underline{u}) \cdot \underline{v} = \underline{u} \cdot (\alpha \underline{v}) = \alpha(\underline{u} \cdot \underline{v}).$$

Servendoci del *prodotto scalare* possiamo riformulare le *definizioni* di:

– *modulo di un vettore*

– *angolo tra due vettori*, distinti dal *vettore nullo* $\underline{0}$

– *vettori ortogonali*

date nei *paragrafi* 2.1 e 2.2 .

Dalla *definizione di prodotto scalare*, segue infatti che:

$$\|\underline{u}\| = \sqrt{\underline{u} \cdot \underline{u}} \quad , \quad \text{con } \underline{u} \in \mathcal{S} \tag{2.2}$$

$$\cos \widehat{\underline{u}\,\underline{v}} = \frac{\underline{u} \cdot \underline{v}}{\sqrt{\underline{u} \cdot \underline{u}} \cdot \sqrt{\underline{v} \cdot \underline{v}}} \quad , \text{con } \underline{u}, \underline{v} \in \mathcal{S} - \{\underline{0}\} \tag{2.3}$$

$$\underline{u} \perp \underline{v} \text{ se e solo se } \underline{u} \cdot \underline{v} = 0 \quad , \text{con } \underline{u}, \underline{v} \in \mathcal{S}. \tag{2.4}$$

Confrontando i *moduli* di *due vettori*, abbiamo anche queste altre *relazioni*:

– $\forall \underline{u}, \underline{v} \in \mathcal{S} \Rightarrow |\underline{u} \cdot \underline{v}| \leq \|\underline{u}\| \|\underline{v}\|$ disuguaglianza di Schwartz

– $\forall \underline{u}, \underline{v} \in \mathcal{S} \Rightarrow \|\underline{u} + \underline{v}\| \leq \|\underline{u}\| + \|\underline{v}\|$ disuguaglianza di Minkowski

di cui:

– la *disuguaglianza di Schwartz* segue dalla definizione stessa di *prodotto scalare*:

$$|\underline{u} \cdot \underline{v}| = |\|\underline{u}\| \|\underline{v}\| \cos \widehat{\underline{u}\,\underline{v}}| = \|\underline{u}\| \|\underline{v}\| |\cos \widehat{\underline{u}\,\underline{v}}| \leq \|\underline{u}\| \|\underline{v}\|$$

– la *disuguaglianza di Minkowski* segue dalla *regola del poligono* (figura 2.13) e dal fatto che in ogni triangolo la lunghezza di un lato è $\leq$ della somma della lunghezza degli altri due.

Prima di continuare con le *operazioni*, vogliamo definire la *componente ortogonale di un vettore rispetto ad un altro vettore.* Tale definizione ci consentirà di dare un'altra lettura del *prodotto scalare* tra due *vettori.*

2.6 Componente ortogonale di un vettore rispetto ad un altro vettore

Dato un *vettore* $\underline{u} \neq \underline{0}$, sia AB un *segmento orientato rappresentante* di esso e r la *retta* che lo contiene. Orientiamo r assumendo come *verso positivo* quello che va da A a B:

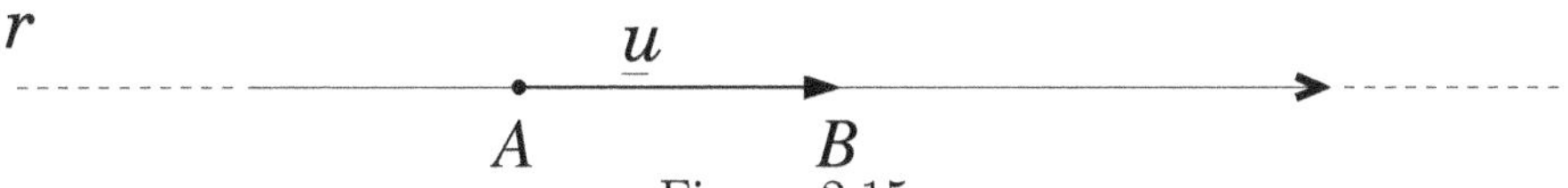

Figura 2.15

Assegnato un altro *vettore* $\underline{v} \neq \underline{0}$, sia AC un *segmento orientato rappresentante* di esso:

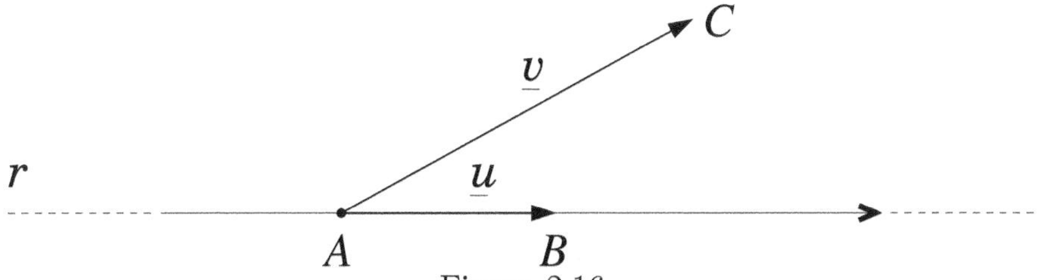

Figura 2.16

Se *proiettiamo ortogonalmente* il punto C sulla *retta orientata* r, otteniamo un punto C':

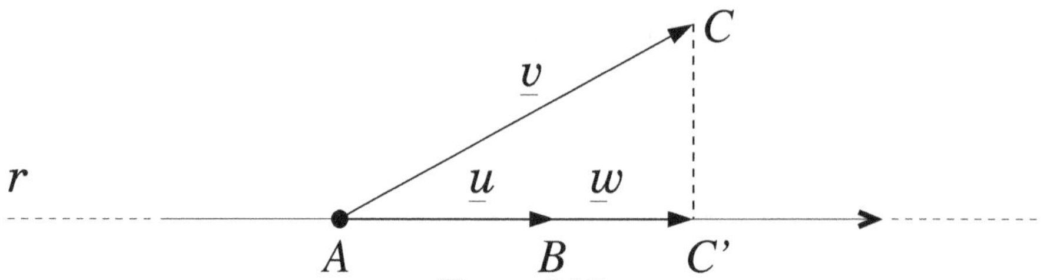

Figura 2.17

Il *segmento orientato* AC' è il *rappresentante* di un *vettore* $\underline{w}$ *parallelo* al *vettore* $\underline{u}$ e pertanto può essere espresso come:

$$\underline{w} = \lambda \; vers \; \underline{u}. \tag{2.5}$$

Il valore di λ che compare nella (2.5), si denota con il *simbolo* $v_{\underline{u}}$ e si chiama la *componente ortogonale* del *vettore* $\underline{v}$ rispetto al *vettore* $\underline{u}$, mentre il *vettore* $\underline{w}$, il *componente ortogonale* del *vettore* $\underline{v}$ rispetto al *vettore* $\underline{u}$.

La figura 2.17 ci suggerisce come calcolare la *componente ortogonale* $v_{\underline{u}}$:

$$v_{\underline{u}} = ||\underline{v}|| \cos \widehat{\underline{u}\,\underline{v}} \tag{2.6}$$

che può essere positiva, nulla o negativa, come ci mostrano le seguenti figure:

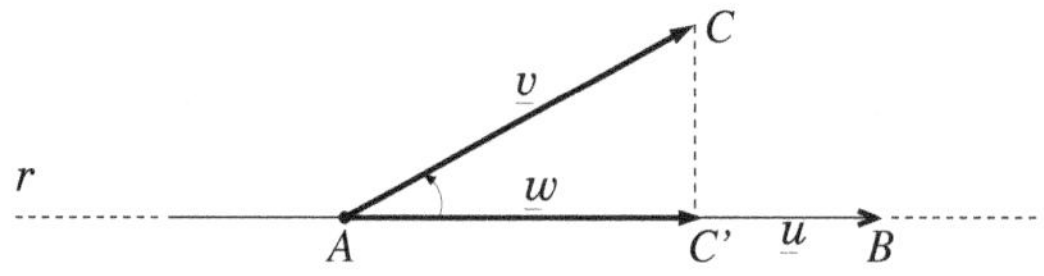

Figura 2.18: $\cos \widehat{\underline{u}\,\underline{v}} > 0$

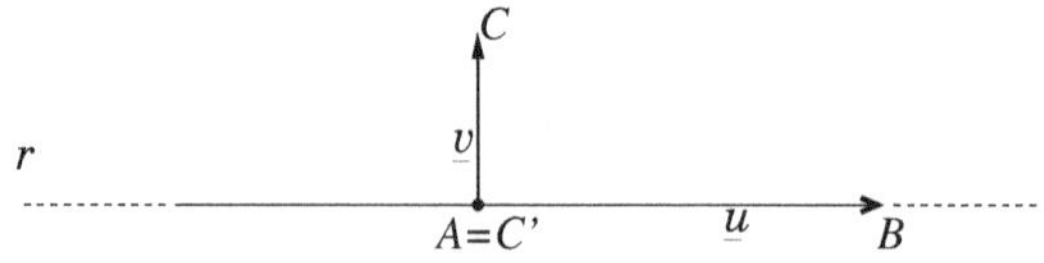

Figura 2.19: $\cos \widehat{\underline{u}\,\underline{v}} = 0$

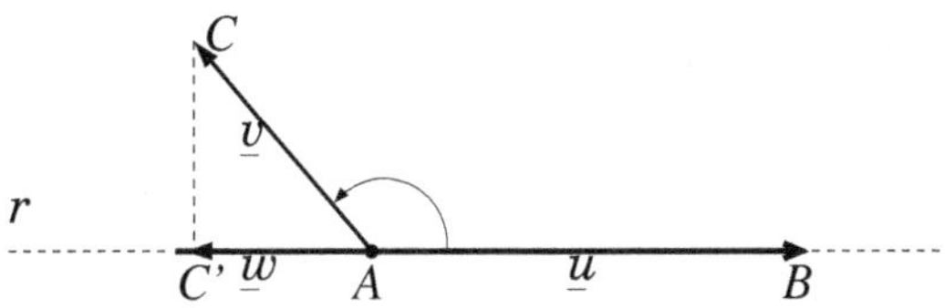

Figura 2.20: $\cos \widehat{\underline{u}\,\underline{v}} < 0$

Invertendo il ruolo dei vettori $\underline{u}$ e $\underline{v}$, otteniamo la *componente ortogonale* di $\underline{u}$ rispetto a $\underline{v}$:

$$u_{\underline{v}} = \|\underline{u}\| \cos \widehat{\underline{v}\,\underline{u}}. \tag{2.7}$$

Poiché gli *angoli* $\widehat{\underline{u}\,\underline{v}}$ e $\widehat{\underline{v}\,\underline{u}}$, essendo *opposti*, hanno lo stesso coseno, la (2.7) può essere scritta come:

$$u_{\underline{v}} = \|\underline{u}\| \cos \widehat{\underline{u}\,\underline{v}}. \tag{2.8}$$

La (2.6) ci consente di scrivere il *prodotto scalare* $\underline{u} \cdot \underline{v}$ così:

$$\underline{u} \cdot \underline{v} = \|\underline{u}\| \|\underline{v}\| \cos \widehat{\underline{u}\,\underline{v}} = \|\underline{u}\| (\|\underline{v}\| \cos \widehat{\underline{u}\,\underline{v}}) = \|\underline{u}\| \; v_{\underline{u}}. \tag{2.9}$$

Analogamente la (2.8) consente di scrivere:

$$\underline{u} \cdot \underline{v} = \|\underline{u}\| \|\underline{v}\| \cos \widehat{\underline{u}\,\underline{v}} = \|\underline{v}\| (\|\underline{u}\| \cos \widehat{\underline{u}\,\underline{v}}) = \|\underline{v}\| \; u_{\underline{v}}. \tag{2.10}$$

La (2.9) e la (2.10) ci dicono rispettivamente:

- il *prodotto scalare* $\underline{u} \cdot \underline{v}$ può essere riguardato come il *prodotto* del *modulo* di $\underline{u}$ per la *componente ortogonale* di $\underline{v}$ rispetto ad $\underline{u}$

- il *prodotto scalare* $\underline{u} \cdot \underline{v}$ può essere riguardato come il *prodotto* del *modulo* di $\underline{v}$ per la *componente ortogonale* di $\underline{u}$ rispetto ad $\underline{v}$.

Questa è la lettura del *prodotto scalare* $\underline{u} \cdot \underline{v}$ a cui abbiamo accennato alla fine del *paragrafo* precedente; di essa si fa un largo uso in Fisica.

Torniamo ora a parlare delle *operazioni* tra *vettori* di $\mathbb{S}$!

2.7 Operazione di prodotto vettoriale

Prima di definire questa importante *operazione*, facciamo una riflessione sulla *misura principale* di un *angolo orientato* (r, s) diverso dall'*angolo nullo* e dall'*angolo piatto.*

Le *semirette* r ed s avendo lo stesso *punto origine*, determinano un *piano* α il quale divide lo *spazio (euclideo)* in due *semispazi.*

La *misura principale* di (r, s) è differente a seconda che guardiamo il *piano* α da un *semispazio* oppure dall'*altro.*

Se guardando il *piano* α da un *semispazio* si ha:

– misura principale $(r, s) = a$

guardandolo dall'*altro* si ha:

– misura principale $(r, s) = 2\pi - a$.

Per convincersene basta avere chiara la *definizione* di *misura principale* di un *angolo orientato* (in radianti) e guardare l'*angolo orientato* (r, s) da entrambe le facciate del foglio su cui è disegnato (r, s).

Ciò premesso, andiamo a definire l'*operazione di prodotto vettoriale* !

L'*operazione di prodotto vettoriale* consiste nell'*associare* ad ogni *coppia ordinata* $(\underline{u}, \underline{v})$ di *vettori* di $\mathcal{S}$ un *vettore* di $\mathcal{S}$.

Tale *vettore* si denota con il *simbolo* $\underline{u} \wedge \underline{v}$, si chiama *vettore prodotto vettoriale* (come l'operazione) ed è definito nella seguente maniera:

$$\underline{u} \wedge \underline{v} = \begin{cases} \underline{0} & \text{se } \underline{u} \text{ e } \underline{v} \text{ sono paralleli ed in particolare} \\ & \text{se } \textit{almeno uno} \text{ dei due vettori } \underline{u}, \underline{v} \text{ è il } \textit{vettore nullo} \\ & \\ \neq \underline{0} & \text{se } \underline{u} \text{ e } \underline{v} \textit{ non sono paralleli.} \end{cases}$$

Nel secondo caso, $\underline{u} \wedge \underline{v}$ è così fatto:

– $\|\underline{u} \wedge \underline{v}\| = \|\underline{u}\| \|\underline{v}\| |\sin \widehat{\underline{u}\,\underline{v}}|$

– uno dei suoi *rappresentanti* si costruisce così:

Si fissa un *punto* O dello spazio e si disegnano i *rappresentanti* OP di $\underline{u}$ ed OQ di $\underline{v}$.

Il *rappresentante* OR di $\underline{u} \wedge \underline{v}$ è contenuto nella *retta* per O *perpendicolare* al *piano* α determinato dai punti O, P, Q e si trova nel *semispazio* dal quale si vede che è:

$$\text{misura principale } \widehat{\underline{u}\,\underline{v}} < \pi.$$

La seguente figura illustra la definizione data:

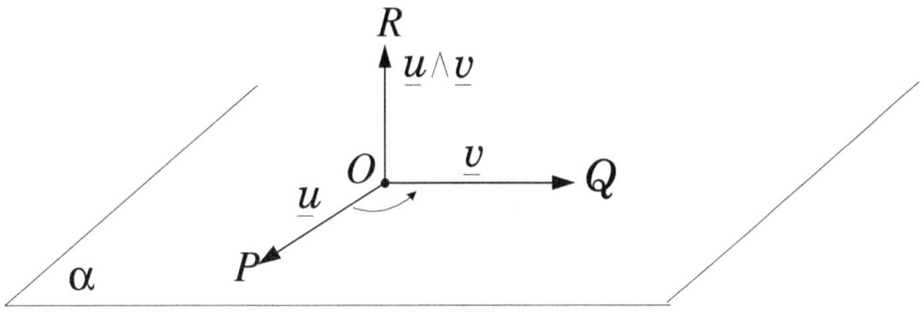

Figura 2.21

L'*operazione di prodotto vettoriale* gode della *seguente proprietà*:

$$\forall \underline{u}, \underline{v} \in \mathcal{S} \Rightarrow \underline{u} \wedge \underline{v} = -\underline{v} \wedge \underline{u}$$

ed è così legata alle prime *due operazioni* precedentemente definite:

- alla *operazione di addizione*, dalla *relazione*

$$\forall \underline{u}, \underline{v}, \underline{w} \in \mathcal{S} \Rightarrow \underline{u} \wedge (\underline{v} + \underline{w}) = \underline{u} \wedge \underline{v} + \underline{u} \wedge \underline{w}$$

  che prende il nome di *proprietà distributiva del prodotto vettoriale rispetto all'addizione*

- alla *operazione di prodotto di un numero* (scalare) *per un vettore*, dalla *relazione*:

$$\forall \underline{u}, \underline{v} \in \mathcal{S}, \forall \alpha \in \mathbb{R} \Rightarrow (\alpha \underline{u}) \wedge \underline{v} = \underline{u} \wedge (\alpha \underline{v}) = \alpha(\underline{u} \wedge \underline{v}).$$

Andiamo ora a definire l'ultima operazione preannunciata !

2.8 Operazione di prodotto misto

L'*operazione di prodotto misto* consiste nell'*associare* ad ogni *terna ordinata* $(\underline{u}, \underline{v}, \underline{w})$ [7] di *vettori* di $\mathcal{S}$ un *numero reale.*

Tale *numero* si denota con il simbolo $\underline{u} \wedge \underline{v} \cdot \underline{w}$ ed è definito nella seguente maniera:

- prima si effettua l'*operazione di prodotto vettoriale* tra i *vettori* $\underline{u}$ e $\underline{v}$, e poi quella di *prodotto scalare* tra il *vettore* $\underline{u} \wedge \underline{v}$ (risultato della prima operazione) ed il *vettore* $\underline{w}$.

Il *prodotto misto* vale *zero* in tre circostanze:

- se per lo meno uno dei tre *vettori* $\underline{u}, \underline{v}, \underline{w}$ è il *vettore nullo*
- se i *vettori* $\underline{u}$ e $\underline{v}$ sono *paralleli* tra loro
- se il *vettore* $\underline{u} \wedge \underline{v}$ è *ortogonale* al *vettore* $\underline{w}$. È facile convincersi che ciò accade *se e solo se* i tre *vettori* $\underline{u}, \underline{v}, \underline{w}$ sono *complanari.*

È giunto finalmente il momento di definire i *concetti* di:

- *spazio vettoriale dei vettori geometrici*
- *spazio vettoriale euclideo dei vettori geometrici.*

2.9 Spazio vettoriale e spazio euclideo dei vettori geometrici

Ora che abbiamo terminato con le *operazioni*, tutte le nostre deduzioni future saranno basate esclusivamente sulle *operazioni* introdotte e non sulla natura degli elementi di $\mathcal{S}$. In altre parole le *operazioni* saranno le "regole del gioco" nella *definizione dei concetti* riguardanti i *vettori* di $\mathcal{S}$. Esprimiamo questo fatto dicendo che le *operazioni* conferiscono all'*insieme* $\mathcal{S}$ una *struttura.*

In particolare:

[7] Si usano le parentesi $(\ldots)$ per denotare una *terna ordinata* o più in generale una *n-pla ordinata* di elementi. Qualora non interessi l'ordine degli elementi, si usano le parentesi $\{\ldots\}$.

- le *operazioni* di *addizione* e di *moltiplicazione di un numero* (scalare) *per un vettore* conferiscono all'*insieme* $\mathcal{S}$ la *struttura di spazio vettoriale.*

- le *operazioni* di *addizione*, di *moltiplicazione di un numero* (scalare) *per un vettore* e di *prodotto scalare* conferiscono invece all'*insieme* $\mathcal{S}$ la *struttura di spazio vettoriale euclideo.*

L'*insieme* $\mathcal{S}$, con la *struttura di spazio vettoriale*, è chiamato *spazio vettoriale dei vettori geometrici* e si denota con il *simbolo* $\mathcal{V}$ mentre, con la *struttura di spazio vettoriale euclideo*, è chiamato *spazio vettoriale euclideo dei vettori geometrici* e si denota con il *simbolo* $\mathcal{E}$.

Nei due casi si dice che l'*insieme* $\mathcal{S}$ è il *sostegno della struttura.*

Nel seguito di questo Capitolo, per non appesantire il linguaggio, diremo semplicemente

- *spazio vettoriale* in luogo di *spazio vettoriale dei vettori geometrici*

- *spazio vettoriale euclideo* in luogo di *spazio vettoriale euclideo dei vettori geometrici.*

La *relazione* che c'è tra lo *spazio vettoriale* $\mathcal{V}$ e lo *spazio vettoriale euclideo* $\mathcal{E}$ è questa:

- Lo *spazio vettoriale* $\mathcal{V}$ diventa *spazio vettoriale euclideo* $\mathcal{E}$ se alle due *operazioni* che *strutturano* il suo *sostegno* aggiungiamo l'*operazione di prodotto scalare.*

La *struttura di spazio vettoriale euclideo* quindi, è "più ricca" della *struttura di spazio vettoriale.* Questo fatto comporta che tutti i *concetti*, che definiremo nello *spazio vettoriale* $\mathcal{V}$, sussistono anche nello *spazio vettoriale euclideo* $\mathcal{E}$, perché le *operazioni* che conferiscono all'*insieme* $\mathcal{S}$ la *struttura di spazio vettoriale* si trovano tra quelle che gli conferiscono la *struttura di spazio vettoriale euclideo.*

Dei *concetti* che definiremo invece nello *spazio vettoriale euclideo* $\mathcal{E}$, sussistono nello *spazio vettoriale* $\mathcal{V}$, solo quelli nella cui *definizione* non si fa uso:

- né dell'*operazione di prodotto scalare*

– né dei *concetti* di: *modulo di un vettore*, *angolo tra due vettori* ed *ortogonalità tra due vettori* perché, come ci mostrano le "formule" (2.2), (2.3), (2.4), questi ultimi sono direttamente collegati all'*operazione di prodotto scalare*.

Le *operazioni* di *prodotto vettoriale* e *prodotto misto*, non vengono considerate come *operazioni* che "strutturano l'insieme" $\mathcal{S}$, perché nel definirle si usano i *concetti* di *modulo* di un *vettore* e di *angolo tra due vettori* per cui sono un "derivato" dell'*operazione di prodotto scalare* e pertanto hanno "diritto di cittadinanza" solo nello *spazio vettoriale euclideo* $\mathcal{E}$.

Vediamo ora quali concetti si possono definire nello *spazio vettoriale* $\mathcal{V}$ tenendo conto unicamente delle *due operazioni* che ne strutturano il *sostegno* !

2.10 Dipendenza ed indipendenza lineare tra vettori di $\mathcal{V}$

Le *operazioni* di *addizione* e di *moltiplicazione di un numero* (scalare) *per un vettore*, utilizzate congiuntamente, permettono di costruire il *vettore combinazione lineare* di n *vettori* $\underline{v}_1, \underline{v}_2, \ldots, \underline{v}_n$ assegnati.

Andiamo a vedere di che si tratta!

Dati n *vettori* di $\mathcal{V}$:

$$\underline{v}_1, \underline{v}_2, \ldots, \underline{v}_n \qquad \text{con } n \geq 1$$

se moltiplichiamo il *vettore* $\underline{v}_1$ per un *qualunque numero* λ_1, il *vettore* $\underline{v}_2$ per un *qualunque numero* λ_2, ..., il *vettore* $\underline{v}_n$ per un *qualunque numero* λ_n, otteniamo i *vettori*:

$$\lambda_1\underline{v}_1, \ \lambda_2\underline{v}_2, \ \ldots, \ \lambda_n\underline{v}_n.$$

Il *vettore somma*:

$$\lambda_1\underline{v}_1 + \lambda_2\underline{v}_2 + \cdots + \lambda_n\underline{v}_n$$

prende il nome di *vettore combinazione lineare* di $\underline{v}_1, \underline{v}_2, \ldots, \underline{v}_n$ con i coefficienti $\lambda_1, \lambda_2, \ldots, \lambda_n$.

A partire dai vettori $\underline{v}_1, \underline{v}_2, \ldots, \underline{v}_n$ assegnati, possiamo costruire *infiniti vettori combinazione lineare*: uno per ogni scelta della *n-pla di coefficienti* $(\lambda_1, \lambda_2, \ldots, \lambda_n)$.

La *n-pla di coefficienti* $(0, 0, \ldots, 0)$ dà luogo al *vettore nullo* $\underline{0}$ di $\mathcal{V}$.

Abbiamo infatti:

$$\lambda_1\underline{v}_1 + \lambda_2\underline{v}_2 + \cdots + \lambda_n\underline{v}_n = 0\underline{v}_1 + 0\underline{v}_2 + \cdots + 0\underline{v}_n = \underline{0} + \underline{0} + \cdots + \underline{0} = \underline{0}.$$

Se l'*unica n-pla di coefficienti* che dà luogo al *vettore nullo* è quella costituita da *soli zeri*, si dice che gli *n vettori* $\underline{v}_1, \underline{v}_2, \ldots, \underline{v}_n$ sono *linearmente indipendenti*; nel caso contrario, che sono *linearmente dipendenti*.

Dalla definizione di *dipendenza lineare*, seguono due *teoremi* che passiamo ad enunciare.

Teorema 2.1 *Dati n* vettori $\underline{v}_1, \underline{v}_2, \ldots, \underline{v}_n$ *di* $\mathcal{V}$*, se uno di essi è il* vettore nullo $\underline{0}$*, gli n* vettori *sono* linearmente dipendenti.

Dimostrazione

Se è ad esempio $\underline{v}_1 = \underline{0}$, la *n-pla di coefficienti* $(\lambda_1, 0, \ldots, 0)$ con $\lambda_1 \neq 0$ dà luogo al *vettore combinazione lineare* uguale a $\underline{0}$.

Trattandosi di una *n-pla di coefficienti non tutti nulli*, concludiamo che gli *n vettori* dati sono *linearmente dipendenti*. **c.v.d.**

Teorema 2.2 *Dati n* vettori $\underline{v}_1, \underline{v}_2, \ldots, \underline{v}_n$ *di* $\mathcal{V}$*, se h di essi (con* $h < n$ *) sono* linearmente dipendenti*, allora gli n* vettori *sono* linearmente dipendenti.

Dimostrazione

Supponiamo ad esempio che siano *linearmente dipendenti* i primi *h vettori*: $\underline{v}_1, \underline{v}_2, \ldots, \underline{v}_h$; in tal caso, esistono *h numeri* $\bar{\lambda}_1, \bar{\lambda}_2, \ldots, \bar{\lambda}_h$ *non tutti nulli* tali che:

$$\bar{\lambda}_1\underline{v}_1 + \bar{\lambda}_2\underline{v}_2 + \cdots + \bar{\lambda}_h\underline{v}_h = \underline{0}$$

La *n-pla di coefficienti* $(\bar{\lambda}_1, \bar{\lambda}_2, \ldots, \bar{\lambda}_h, 0, \ldots, 0)$ dà luogo al *vettore combinazione lineare* uguale a $\underline{0}$:

$$\begin{aligned}
&\bar{\lambda}_1\underline{v}_1 + \bar{\lambda}_2\underline{v}_2 + \cdots + \bar{\lambda}_h\underline{v}_h + 0\underline{v}_{h+1} + 0\underline{v}_{h+2} + \cdots + 0\underline{v}_n = \\
&= (\bar{\lambda}_1\underline{v}_1 + \bar{\lambda}_2\underline{v}_2 + \cdots + \bar{\lambda}_h\underline{v}_h) + 0\underline{v}_{h+1} + 0\underline{v}_{h+2} + \cdots + 0\underline{v}_n = \\
&= \qquad\qquad \underline{0} \qquad\qquad + \underline{0} + \underline{0} + \cdots + \underline{0} = \underline{0}.
\end{aligned}$$

Trattandosi di una n-pla di *coefficienti non tutti nulli*, concludiamo che gli n vettori dati sono *linearmente dipendenti.*

c.v.d.

Una *condizione necessaria e sufficiente* affinché n *vettori* $\underline{v}_1, \underline{v}_2, \ldots, \underline{v}_n$ siano *linearmente dipendenti* è data dal seguente *teorema.*

Teorema 2.3 *Condizione necessaria e sufficiente affinché n* vettori $\underline{v}_1, \underline{v}_2, \ldots, \underline{v}_n$ *di* $\mathcal{V}$ *siano* linearmente dipendenti *è che per lo meno uno di essi si possa esprimere come* combinazione lineare *degli* altri $n-1$ vettori.

Dimostrazione

Necessità - Poiché gli n *vettori* $\underline{v}_1, \underline{v}_2, \ldots, \underline{v}_n$ sono, per ipotesi, *linearmente dipendenti* abbiamo:

$$\bar{\lambda}_1\underline{v}_1 + \bar{\lambda}_2\underline{v}_2 + \cdots + \bar{\lambda}_n\underline{v}_n = \underline{0} \tag{2.11}$$

con $\bar{\lambda}_1, \bar{\lambda}_2, \ldots, \bar{\lambda}_n$ *non tutti nulli.*

Se per esempio è $\bar{\lambda}_1 \neq 0$, moltiplicando ambo i membri della (2.11) per $\frac{1}{\bar{\lambda}_1}$, otteniamo:

$$\underline{v}_1 + \frac{\bar{\lambda}_2}{\bar{\lambda}_1}\underline{v}_2 + \frac{\bar{\lambda}_3}{\bar{\lambda}_1}\underline{v}_3 + \cdots + \frac{\bar{\lambda}_n}{\bar{\lambda}_1}\underline{v}_n = \underline{0}$$

da cui segue che

$$\underline{v}_1 = -\frac{\bar{\lambda}_2}{\bar{\lambda}_1}\underline{v}_2 - \frac{\bar{\lambda}_3}{\bar{\lambda}_1}\underline{v}_3 - \cdots - \frac{\bar{\lambda}_n}{\bar{\lambda}_1}\underline{v}_n$$

e pertanto *uno* degli n *vettori*, nel nostro caso $\underline{v}_1$, è stato espresso come *combinazione lineare* degli altri $n-1$ *vettori.*

Sufficienza - Supponendo che *uno* degli n *vettori assegnati* $\underline{v}_1, \underline{v}_2, \ldots, \underline{v}_n$ si possa esprimere come *combinazione lineare* degli altri $n-1$ *vettori*, vogliamo provare che gli n *vettori* assegnati sono *linearmente dipendenti.*

Se è per esempio:

$$\underline{v}_n = \bar{\lambda}_1\underline{v}_1 + \bar{\lambda}_2\underline{v}_2 + \cdots + \bar{\lambda}_{n-1}\underline{v}_{n-1} \tag{2.12}$$

scrivendo la (2.12) così:

$$\bar{\lambda}_1\underline{v}_1 + \bar{\lambda}_2\underline{v}_2 + \cdots + \bar{\lambda}_{n-1}\underline{v}_{n-1} - \underline{v}_n = \underline{0} \tag{2.13}$$

possiamo concludere che gli n *vettori* assegnati sono *linearmente dipendenti* perché la n-pla di *coefficienti* $(\bar{\lambda}_1, \bar{\lambda}_2, \ldots, \bar{\lambda}_{n-1}, -1)$ che compaiono nella (2.13) ha per lo meno un *coefficiente diverso da zero*: l'ultimo.

c.v.d.

Circa i *vettori linearmente indipendenti* abbiamo quest'altro *teorema*:

Teorema 2.4 *Dati n vettori* $\underline{v}_1, \underline{v}_2, \ldots, \underline{v}_n$ *di* $\mathcal{V}$ linearmente indipendenti, *anche h di essi (con $h < n$) sono* linearmente indipendenti.

Dimostrazione
Ragioniamo per assurdo!

Se ad esempio i primi h *vettori* $\underline{v}_1, \underline{v}_2, \ldots, \underline{v}_h$ fossero *linearmente dipendenti* esisterebbe una h-pla di *coefficienti* $(\bar{\lambda}_1, \bar{\lambda}_2, \ldots, \bar{\lambda}_h)$ non tutti nulli tali da risultare:

$$\bar{\lambda}_1\underline{v}_1 + \bar{\lambda}_2\underline{v}_2 + \cdots + \bar{\lambda}_h\underline{v}_h = \underline{0}. \tag{2.14}$$

Dalla (2.14) seguirebbe che il *vettore combinazione lineare*

$$\bar{\lambda}_1\underline{v}_1 + \bar{\lambda}_2\underline{v}_2 + \cdots + \bar{\lambda}_h\underline{v}_h + 0\underline{v}_{h+1} + 0\underline{v}_{h+2} + \cdots 0\underline{v}_n$$

è *nullo.*

Ciò è però assurdo perchè gli n vettori assegnati sono per ipotesi *linearmente indipendenti* mentre la n-pla di *coefficienti* $(\bar{\lambda}_1, \bar{\lambda}_2, \ldots, \bar{\lambda}_h, 0, 0, \ldots, 0)$ non è costituita da tutti *zeri.*

c.v.d.

Andiamo ora a vedere quale è il massimo *numero n* di *vettori* di $\mathcal{V}$ *linearmente indipendenti.*

2.11 Dimensioni e basi dello spazio vettoriale $\mathcal{V}$

- Se fissiamo $n = 1$, la *n-pla di vettori* $\{\underline{v}_1, \underline{v}_2, \ldots, \underline{v}_n\}$ è costituita da un *solo vettore* $\underline{v}_1$ e se è $\underline{v}_1 \neq \underline{0}$, è *linearmente indipendente*, perché, essendo $\underline{v}_1 \neq \underline{0}$, l'*unico vettore* $\lambda_1 \underline{v}_1$ *nullo* è quello che si ottiene per $\lambda_1 = 0$.
- Se fissiamo $n = 2$, la *n-pla di vettori* $\{\underline{v}_1, \underline{v}_2, \ldots, \underline{v}_n\}$ è costituita da *due vettori*: $\underline{v}_1$ e $\underline{v}_2$ ed è facile provare che sono *linearmente dipendenti se e solo se* sono *vettori paralleli*, cioè $\underline{v}_2 = \lambda \underline{v}_1$.

  Poiché *non tutte le coppie di vettori* $\{\underline{v}_1, \underline{v}_2\}$ sono costituite da *vettori paralleli*, concludiamo che esistono in $\mathcal{V}$ *coppie di vettori* $\{\underline{v}_1, \underline{v}_2\}$ *linearmente indipendenti.*
- Se fissiamo $n = 3$, la *n-pla di vettori* $\{\underline{v}_1, \underline{v}_2, \ldots, \underline{v}_n\}$ è costituita da *tre vettori*: $\underline{v}_1$, $\underline{v}_2$ e $\underline{v}_3$ ed è facile provare che sono *linearmente dipendenti se e solo se* sono *vettori complanari.*

  Poiché non tutte le *terne* di *vettori* $\{\underline{v}_1, \underline{v}_2, \underline{v}_3\}$ sono costituite da *vettori complanari*, concludiamo che esistono in $\mathcal{V}$ *terne di vettori* $\{\underline{v}_1, \underline{v}_2, \underline{v}_3\}$ *linearmente indipendenti.*
- Se fissiamo $n = 4$, la *n-pla di vettori* $\{\underline{v}_1, \underline{v}_2, \ldots, \underline{v}_n\}$ è costituita da *quattro vettori*: $\underline{v}_1$, $\underline{v}_2$, $\underline{v}_3$ e $\underline{v}_4$ e si dimostra (la dimostrazione viene lasciata come esercizio allo Studente) che, comunque si fissino in $\mathcal{V}$ tali *vettori*, essi risultano *linearmente dipendenti.*

Conclusione:

- *ogni quaterna di vettori* $\{\underline{v}_1, \underline{v}_2, \underline{v}_3, \underline{v}_4\}$ è costituita da *vettori linearmente dipendenti*, e, per il *Teorema 2.2*, *qualunque n-pla di vettori* con $n > 4$ è costituita anch'essa da *vettori linearmente dipendenti.*

Da tutta l'analisi fatta segue che:

- nello *spazio vettoriale* $\mathcal{V}$ il *massimo numero* n di *vettori linearmente indipendenti* che si può trovare è $n = 3$.

  Si usa esprimere questo fatto dicendo che lo *spazio vettoriale* $\mathcal{V}$ ha *dimensione* $n = 3$ e che ogni *terna ordinata* di *vettori linearmente indipendenti* costituisce una *base* di $\mathcal{V}$.

Il nome di *base*, dato ad ogni *terna ordinata di vettori linearmente indipendenti*, proviene dal fatto che la conoscenza di una tale terna permette di rappresentare ogni *vettore* $\underline{v}$ di $\mathcal{V}$ come *combinazione lineare dei vettori* di essa.

È di questo che ci parla il seguente *teorema*:

Teorema 2.5 *Fissata una* base $B = (\underline{v}_1, \underline{v}_2, \underline{v}_3)$ *nello* spazio vettoriale $\mathcal{V}$, *ogni* vettore $\underline{v} \in \mathcal{V}$ *può essere espresso,* in modo unico, *come* vettore combinazione lineare *dei* vettori *della* base fissata*:*

$$\underline{v} = x_1\underline{v}_1 + x_2\underline{v}_2 + x_3\underline{v}_3. \tag{2.15}$$

Dimostrazione

Sia $\underline{v}$ un qualunque *vettore* di $\mathcal{V}$. I *vettori* $\underline{v}$, $\underline{v}_1$, $\underline{v}_2, \underline{v}_3$ sono *linearmente dipendenti* e pertanto esiste una *quaterna di numeri* $(\bar{\lambda}, \bar{\lambda}_1, \bar{\lambda}_2, \bar{\lambda}_3)$ *non tutti nulli* tale che risulti:

$$\bar{\lambda}\underline{v} + \bar{\lambda}_1\underline{v}_1 + \bar{\lambda}_2\underline{v}_2 + \bar{\lambda}_3\underline{v}_3 = \underline{0}. \tag{2.16}$$

Sicuramente è $\bar{\lambda} \neq 0$, in caso contrario la (2.16) diverrebbe:

$$\bar{\lambda}_1\underline{v}_1 + \bar{\lambda}_2\underline{v}_2 + \bar{\lambda}_3\underline{v}_3 = \underline{0}$$

con per lo meno *uno dei coefficienti* $\bar{\lambda}_1, \bar{\lambda}_2, \bar{\lambda}_3$ *diverso da zero*; questo è però impossibile perché i *vettori* $\underline{v}_1$, $\underline{v}_2$ e $\underline{v}_3$, costituendo una *base* di $\mathcal{V}$, sono *linearmente indipendenti.*

Moltiplicando ambo i membri della (2.16) per $\frac{1}{\bar{\lambda}}$ e ricavando $\underline{v}$ dall'uguaglianza ottenuta, si ha:

$$\underline{v} = -\frac{\bar{\lambda}_1}{\bar{\lambda}}\underline{v}_1 - \frac{\bar{\lambda}_2}{\bar{\lambda}}\underline{v}_2 - \frac{\bar{\lambda}_3}{\bar{\lambda}}\underline{v}_3.$$

Basta scrivere: $-\frac{\bar{\lambda}_1}{\bar{\lambda}} = x_1$, $-\frac{\bar{\lambda}_2}{\bar{\lambda}} = x_2$,$-\frac{\bar{\lambda}_3}{\bar{\lambda}} = x_3$, per rendersi conto che abbiamo ottenuto la (2.15).

Per terminare con la *dimostrazione*, occorre provare che la *rappresentazione* (2.15) del *vettore* $\underline{v}$ è *unica* nella *base* fissata.

Ragioniamo per assurdo!
Supponiamo che esistano *due rappresentazioni del vettore* $\underline{v}$ del tipo (2.15)

$$\begin{aligned}\underline{v} &= x_1\underline{v}_1 + x_2\underline{v}_2 + x_3\underline{v}_3 \\ \underline{v} &= y_1\underline{v}_1 + y_2\underline{v}_2 + y_3\underline{v}_3.\end{aligned}$$

Essendo uguali i loro primi due membri, lo sono anche i secondi e pertanto abbiamo:

$$x_1\underline{v}_1 + x_2\underline{v}_2 + x_3\underline{v}_3 = y_1\underline{v}_1 + y_2\underline{v}_2 + y_3. \qquad (2.17)$$

La (2.17) può anche essere scritta così:

$$(x_1 - y_1)\underline{v}_1 + (x_2 - y_2)\underline{v}_2 + (x_3 - y_3)\underline{v}_3 = \underline{0}. \qquad (2.18)$$

Siccome i vettori $\underline{v}_1$, $\underline{v}_2$ e $\underline{v}_3$ sono *linearmente indipendenti*, la (2.18) ci dice che:

$$x_1 - y_1 = 0 \quad , \quad x_2 - y_2 = 0 \quad , \quad x_3 - y_3 = 0$$

cioè

$$x_1 = y_1 \quad , \quad x_2 = y_2 \quad , \quad x_3 = y_3$$

e pertanto, la *rappresentazione del vettore* $\underline{v}$ come *combinazione lineare* dei *vettori* della *base fissata* è *unica*.

c.v.d.

I *coefficienti* x_1, x_2, x_3, del *vettore combinazione lineare* che costituisce il secondo membro della (2.15), si chiamano *coordinate del vettore* $\underline{v}$ *secondo la base fissata.*

È facile convincersi che le *coordinate* di un *vettore* $\underline{v}$ variano al variare della *base fissata*, a meno che non si tratti del *vettore nullo* $\underline{0}$, la cui *terna di coordinate* è $(0, 0, 0)$ *indipendentemente dalla base* che si fissi in $\mathcal{V}$.

Osserviamo anche che:

- qualunque sia la *base* $B = (\underline{v}_1, \underline{v}_2, \underline{v}_3)$ che si fissi in $\mathcal{V}$, le *terne di coordinate* dei vettori di essa sono:
  - quella di $\underline{v}_1$ è $(1, 0, 0)$
  - quella di $\underline{v}_2$ è $(0, 1, 0)$
  - quella di $\underline{v}_3$ è $(0, 0, 1)$.

* * *

Con l'introduzione del *concetto di base* nello *spazio vettoriale* $\mathcal{V}$, si pongono i seguenti problemi:

Problema 1

Come varia la *terna di coordinate* di un *vettore* $\underline{u} \in \mathcal{V}$ assegnato, al variare della *base* fissata?

Problema 2

Fissata una *base* $B = (\underline{v}_1, \underline{v}_2, \underline{v}_3)$ in $\mathcal{V}$, c'è qualche *relazione* tra le *terne di coordinate* dei *vettori* $\underline{u}$, $\underline{v}$ e $\underline{u}+\underline{v}$? E tra le *terne di coordinate* dei *vettori* $\underline{u}$ e $\lambda\underline{u}$?

Affrontiamo i problemi posti!

2.12 Come varia la terna di coordinate di un vettore $\underline{v} \in \mathcal{V}$ al variare della base scelta in $\mathcal{V}$

Problema 1

Se fissiamo nello *spazio vettoriale* $\mathcal{V}$ due *basi*:

$$B = (\underline{v}_1, \underline{v}_2, \underline{v}_3) \qquad \text{e} \qquad B' = (\underline{v}'_1, \underline{v}'_2, \underline{v}'_3)$$

ogni *vettore* $\underline{v}$ di $\mathcal{V}$ può essere espresso come *combinazione lineare* tanto dei *vettori* di B *come* di B':

$$\underline{v} = x_1\underline{v}_1 + x_2\underline{v}_2 + x_3\underline{v}_3 \tag{2.15}$$

e

$$\underline{v} = x'_1\underline{v}'_1 + x'_2\underline{v}'_2 + x'_3\underline{v}'_3. \tag{2.19}$$

Vogliamo vedere che *relazione* c'è tra le due *terne di coordinate* (x_1, x_2, x_3) e (x'_1, x'_2, x'_3).

Dalle (2.15) e (2.19) segue che:

$$x_1\underline{v}_1 + x_2\underline{v}_2 + x_3\underline{v}_3 = x'_1\underline{v}'_1 + x'_2\underline{v}'_2 + x'_3\underline{v}'_3. \tag{2.20}$$

Esprimendo i *vettori* della *base* B' come *combinazioni lineari dei vettori* della *base* B, otteniamo:

$$\begin{aligned} \underline{v}'_1 &= p_{11}\underline{v}_1 + p_{21}\underline{v}_2 + p_{31}\underline{v}_3 \\ \underline{v}'_2 &= p_{12}\underline{v}_1 + p_{22}\underline{v}_2 + p_{32}\underline{v}_3 \\ \underline{v}'_3 &= p_{13}\underline{v}_1 + p_{23}\underline{v}_2 + p_{33}\underline{v}_3. \end{aligned} \tag{2.21}$$

Nelle (2.21) abbiamo denotato tutti i *coefficienti* delle *combinazioni lineari*, con una stessa lettera p, dotata di due *indici*: il *primo indice* si riferisce alla *coordinata*, il *secondo* al *vettore* del quale è *coordinata*; p_{23} per esempio, è la *seconda coordinata* del *terzo vettore* della *base* B'; p_{32} è la *terza coordinata* del *secondo vettore*, ..., etc.

Sostituendo le (2.21) nel secondo membro della (2.20), otteniamo:

$$\begin{aligned} x_1\underline{v}_1 + x_2\underline{v}_2 + x_3\underline{v}_3 = x'_1(p_{11}\underline{v}_1 + p_{21}\underline{v}_2 + p_{31}\underline{v}_3)+ \\ + x'_2(p_{12}\underline{v}_1 + p_{22}\underline{v}_2 + p_{32}\underline{v}_3) + x'_3(p_{13}\underline{v}_1 + p_{23}\underline{v}_2 + p_{33}\underline{v}_3). \end{aligned}$$

Facendo i calcoli si ha:

$$\begin{aligned} x_1\underline{v}_1 + x_2\underline{v}_2 + x_3\underline{v}_3 = (p_{11}x'_1 + p_{12}x'_2 + p_{13}x'_3)\underline{v}_1+ \\ + (p_{21}x'_1 + p_{22}x'_2 + p_{23}x'_3)\underline{v}_2 + (p_{31}x'_1 + p_{32}x'_2 + p_{33}x'_3)\underline{v}_3 \end{aligned}$$

da cui seguono le *relazioni* cercate:

$$\begin{aligned} x_1 &= p_{11}x'_1 + p_{12}x'_2 + p_{13}x'_3 \\ x_2 &= p_{21}x'_1 + p_{22}x'_2 + p_{23}x'_3 \\ x_3 &= p_{31}x'_1 + p_{32}x'_2 + p_{33}x'_3. \end{aligned} \tag{2.22}$$

Se introduciamo le *matrici*:

$$X = \begin{pmatrix} x_1 \\ x_2 \\ x_3 \end{pmatrix} \quad , \quad X' = \begin{pmatrix} x'_1 \\ x'_2 \\ x'_3 \end{pmatrix}$$

i cui *elementi* sono rispettivamente le *coordinate* del *vettore* $\underline{v}$ rispetto alle *basi* B e B' e la *matrice*

$$P = \begin{pmatrix} p_{11} & p_{12} & p_{13} \\ p_{21} & p_{22} & p_{23} \\ p_{31} & p_{32} & p_{33} \end{pmatrix}$$

le cui *colonne* sono costituite dalle *coordinate* rispettivamente del *primo*, *secondo* e *terzo vettore* della *base* B' rispetto alla *base* B, lo Studente può verificare che le relazioni (2.22) si possono esprimere in forma compatta così:

$$X = P\,X'. \tag{2.23}$$

La *matrice* P si chiama *matrice di passaggio* dalla *base* B alla *base* B'.

Se nel procedimento seguito per stabilire le (2.22), invece di rappresentare i *vettori* $\underline{v}'_1, \underline{v}'_2, \underline{v}'_3$ come *combinazioni lineari* dei *vettori* della *base* $B = (\underline{v}_1, \underline{v}_2, \underline{v}_3)$ avessimo rappresentato i vettori $\underline{v}_1, \underline{v}_2, \underline{v}_3$ come *combinazioni lineari* dei *vettori* della *base* $B' = (\underline{v}'_1, \underline{v}'_2, \underline{v}'_3)$, saremmo arrivati a quest'altra *relazione* tra le *coordinate*:

$$X' = Q\,X \tag{2.24}$$

dove Q è la *matrice* le cui *colonne* sono costituite dalle *coordinate* rispettivamente del *primo*, *secondo* e *terzo vettore* della *base* B rispetto alla *base* B'.
La matrice Q si chiama *matrice di passaggio* dalla *base* B' alla *base* B.

Che *relazione* c'è tra le *matrici* P e Q ?

Andiamo a vedere!

Se sostituiamo la (2.24) nella (2.23), otteniamo:

$$X = P\,(Q\,X) = (P\,Q)\,X$$

cioè:

$$X = (P\,Q)\,X. \tag{2.25}$$

La (2.25) ci dice che:

$$P\,Q = I \quad \text{matrice unitaria} \tag{2.26}$$

Se sostituiamo invece la (2.23) nella (2.24), otteniamo:

$$X' = Q(P\,X') = (Q\,P)X'$$

cioè

$$X' = (Q\,P)X'. \tag{2.27}$$

La (2.27) ci dice che:

$$Q\,P = I \qquad \text{matrice unitaria.} \tag{2.28}$$

Le (2.26) e (2.28) ci permettono di concludere che:

$$Q = P^{-1} \qquad \text{(matrice inversa di } P\text{)}.$$

Riassumendo possiamo dire:

– Le *relazioni* tra le *terne di coordinate* del generico *vettore* $\underline{v} \in \mathcal{V}$, rispetto a *due basi distinte* $B = (\underline{v}_1, \underline{v}_2, \underline{v}_3)$ e $B' = (\underline{v}'_1, \underline{v}'_2, \underline{v}'_3)$ sono:

$$X = P\,X' \qquad \text{dove } P \text{ è la matrice di passaggio da } B \text{ a } B'$$
$$X' = P^{-1}\,X \qquad \text{dove } P^{-1} \text{ è la matrice di passaggio da } B' \text{ a } B.$$

Il **Problema 1** è stato risolto !

Prima di mettere le mani alla risoluzione del **Problema 2**, facciamo una considerazione sul *segno* del *determinante* della *matrice* P *di passaggio* dalla *base* B alla *base* B' di $\mathcal{V}$.

Ciò ci porterà alla *definizione* di:

– *basi positive*

– *basi negative*

– *orientazione positiva dello spazio vettoriale* $\mathcal{V}$

– *orientazione negativa dello spazio vettoriale* $\mathcal{V}$

– *spazio vettoriale orientato.*

2.13 Spazio vettoriale orientato

Nel *paragrafo precedente* abbiamo visto che la *matrice* P di *passaggio* da una *base* B ad una *base* B' di $\mathcal{V}$ è una *matrice invertibile*, quindi risulta $\det P \neq 0$ e pertanto:

– o è $\det P > 0$

– o è $\det P < 0$.

Nei due casi si danno le seguenti *definizioni:*

- **Si dice che due *basi* B e B' dello *spazio vettoriale* $\mathcal{V}$ hanno la *stessa orientazione* se risulta** $\det P > 0$.
- **Si dice che due *basi* B e B' dello *spazio vettoriale* $\mathcal{V}$ hanno *orientazioni opposte* se risulta invece** $\det P < 0$.

Le *definizioni* date ci inducono a ripartire l'*insieme* $\mathcal{B}$ delle *basi* di $\mathcal{V}$ in *due sottoinsiemi* $\mathcal{B}_1$ e $\mathcal{B}_2$, ponendo in ciascun *sottoinsieme* tutte le *basi* che hanno la *stessa orientazione*.

In altre parole i *sottoinsiemi* $\mathcal{B}_1$ e $\mathcal{B}_2$ sono così fatti:

- Se fissiamo due *basi* B e $B' \in \mathcal{B}_1$ oppure $\in \mathcal{B}_2$ allora risulta $\det P > 0$, mentre se fissiamo una *base* $B \in \mathcal{B}_1$ ed una *base* $B' \in \mathcal{B}_2$, risulta $\det P < 0$.

Ciascuno dei due *sottoinsiemi* $\mathcal{B}_1$ e $\mathcal{B}_2$ viene chiamato *orientazione* di $\mathcal{V}$; lo *spazio vettoriale* $\mathcal{V}$ ha quindi *due orientazioni* possibili.

Se si fa la convenzione di chiamare *orientazione positiva* una delle due e *negativa* l'altra, ogni *base* di $\mathcal{V}$ che appartiene all'*orientazione positiva* si chiama *base positiva* mentre ogni *base* di $\mathcal{V}$ che appartiene all'*orientazione negativa*, *base negativa*.

Insistiamo sul fatto che l'essere una *base positiva* o *negativa* è solo una *convenzione* e non una *proprietà intrinseca* di essa.

Lo *spazio vettoriale* $\mathcal{V}$ nel quale sia stata scelta una delle due *orientazioni* come *orientazione positiva*, si chiama *spazio vettoriale orientato*.

Per *orientare* lo *spazio vettoriale* $\mathcal{V}$, basta fissare una *base* $B = (\underline{v}_1, \underline{v}_2, \underline{v}_3)$ che si assume come *base positiva*.

Ogni altra *base positiva* $B' = (\underline{v}'_1, \underline{v}'_2, \underline{v}'_3)$ di esso si costruisce assegnando una *matrice quadrata* P di *ordine tre* con $\det P > 0$.

Gli *elementi* della *prima*, *seconda* e *terza colonna* di P sono infatti le *coordinate dei vettori* $\underline{v}'_1, \underline{v}'_2, \underline{v}'_3$ rispetto alla *base* B fissata.

Ogni *base negativa* $B'' = (\underline{v}_1'', \underline{v}_2'', \underline{v}_3'')$ di $\mathcal{V}$ si costruisce invece assegnando una *matrice quadrata* P di *ordine tre* con $\det P < 0$ e ragionando poi nello stesso modo.

Una volta fatta la convenzione di dire quale delle *due orientazioni* possibili di $\mathcal{V}$ è quella assunta come *orientazione positiva*, si denota con B^+ la *generica base* di essa, mentre con B^- la *generica base* dell'*orientazione negativa.*

Affrontiamo ora il **Problema 2**!

2.14 Relazioni tra le coordinate dei vettori: $\underline{u}, \underline{v}, \underline{u} + \underline{v}, \lambda\underline{u}$

Problema 2

Fissiamo nello *spazio vettoriale* $\mathcal{V}$ una *base* $B = (\underline{v}_1, \underline{v}_2, \underline{v}_3)$; siano $\underline{u}, \underline{v}$ *due generici vettori* di $\mathcal{V}$ e λ un *qualunque numero reale.*

Vogliamo vedere *quali relazioni* ci sono tra le *coordinate* dei *vettori* $\underline{u}$, $\underline{v}$, $\underline{u} + \underline{v}$ e tra le *coordinate* dei *vettori* $\underline{u}$ e $\lambda\underline{u}$.

Cerchiamo la *prima relazione*!

Da $\underline{u} = x_1\underline{v}_1 + x_2\underline{v}_2 + x_3\underline{v}_3$ e $\underline{v} = y_1\underline{v}_1 + y_2\underline{v}_2 + y_3\underline{v}_3$ segue che:

$$\begin{aligned} \underline{u} + \underline{v} &= (x_1\underline{v}_1 + x_2\underline{v}_2 + x_3\underline{v}_3) + (y_1\underline{v}_1 + y_2\underline{v}_2 + y_3\underline{v}_3) = \\ &= (x_1 + y_1)\underline{v}_1 + (x_2 + y_2)\underline{v}_2 + (x_3 + y_3)\underline{v}_3. \end{aligned}$$

Conclusione:

- Le *coordinate* del *vettore somma* $\underline{u} + \underline{v}$ si ottengono *sommando* le *coordinate* dei *vettori* $\underline{u}$ e $\underline{v}$ che occupano rispettivamente il *primo posto*, il *secondo posto* ed il *terzo posto* nelle *terne di coordinate* (x_1, x_2, x_3) e (y_1, y_2, y_3) dei vettori $\underline{u}$ e $\underline{v}$.

La *seconda relazione* si ottiene nello stesso modo:

da $\underline{u} = x_1\underline{v}_1 + x_2\underline{v}_2 + x_3\underline{v}_3$ segue infatti che

$$\lambda\underline{u} = \lambda(x_1\underline{v}_1 + x_2\underline{v}_2 + x_3\underline{v}_3) = (\lambda x_1)\underline{v}_1 + (\lambda x_2)\underline{v}_2 + (\lambda x_3)\underline{v}_3.$$

Conclusione:

- Le *coordinate* del *vettore prodotto* $\lambda\underline{u}$ si ottengono *moltiplicando per* λ *ogni coordinata del vettore* $\underline{u}$.

Le *conclusioni* alle quali siamo giunti ci suggeriscono una *riflessione* che è questa:

> Con l'introduzione in $\mathcal{V}$ di una *base* $B = (\underline{v}_1, \underline{v}_2, \underline{v}_3)$ a *ogni vettore* $\underline{u} \in \mathcal{V}$ resta associata una *terna ordinata di numeri* (le sue coordinate) la quale è un *elemento di* $\mathbb{R}^3$; viceversa, *ogni terna ordinata di numeri* può essere riguardata come la *terna di coordinate*, rispetto ad una *base* B fissata, di un *vettore* $\underline{u} \in \mathcal{V}$:
>
> $$\begin{array}{ccc} \underline{u} & \longleftrightarrow & (x_1, x_2, x_3) \\ \in & & \in \\ \mathcal{V} & & \mathbb{R}^3 \end{array}$$
>
> ed inoltre, siccome:
>
> $$\begin{array}{rcl} \underline{u} + \underline{v} & \longleftrightarrow & (x_1 + y_1, x_2 + y_2, x_3 + y_3) \\ \lambda\underline{u} & \longleftrightarrow & (\lambda x_1, \lambda x_2, \lambda x_3) \end{array}$$
>
> se definiamo in $\mathbb{R}^3$ un'*operazione*, che chiamiamo *addizione*, al modo seguente:
>
> $$(x_1, x_2, x_3) + (y_1, y_1, y_3) \stackrel{def}{=} (x_1 + y_1, x_2 + y_2, x_3 + y_3)$$
>
> ed un'*operazione*, che chiamiamo *moltiplicazione di un numero* λ per un *elemento* di $\mathbb{R}^3$, al modo seguente:
>
> $$\lambda(x_1, x_2, x_3) \stackrel{def}{=} (\lambda x_1, \lambda x_2, \lambda x_3)$$
>
> ci rendiamo conto che tali *operazioni* godono delle stesse *proprietà* delle *operazioni* di *addizione* e di *moltiplicazione di un numero* (scalare) *per un vettore* definite in $\mathcal{S}$.

Questa riflessione ci mostra che anche in *insiemi distinti* da $\mathcal{S}$ si possono *definire operazioni* che godono delle *stesse proprietà* dell'*operazione di addizione* tra vettori e dell'*operazione di moltiplicazione di un numero* (scalare) *per un vettore.*

Da qui prende il via quel ramo della matematica che si chiama *algebra lineare*; di essa ci occuperemo nei prossimi capitoli; per ora continuiamo a definire *concetti* nello *spazio vettoriale* $\mathcal{V}$.

2.15 Concetto di sottospazio

Nel *paragrafo* 2.9 abbiamo detto che le *operazioni di addizione* e di *moltiplicazione di un numero* (scalare) *per un vettore* conferiscono all'*insieme* $\mathcal{S}$, costituito dai *vettori geometrici* e dal *vettore nullo*, la *struttura di spazio vettoriale.*

Le *operazioni* suddette sono poi definite in modo che l'*insieme* $\mathcal{S}$ (sostegno della struttura), sia *chiuso* rispetto ad esse.

Ci chiediamo ora:

Esiste qualche *sottoinsieme* non vuoto $\mathcal{S}'$ di $\mathcal{S}$, che è *chiuso* rispetto alle *operazioni* che conferiscono ad $\mathcal{S}$ la *struttura di spazio vettoriale*?

In altre parole:

Esiste qualche *sottoinsieme* non vuoto $\mathcal{S}'$ di $\mathcal{S}$ tale che

$$\forall \underline{u}, \underline{v} \in \mathcal{S}' \quad \Rightarrow \quad \underline{u} + \underline{v} \in \mathcal{S}' \tag{2.29}$$

$$\forall \underline{u} \in \mathcal{S}' \text{ e } \forall \lambda \in \mathbb{R} \quad \Rightarrow \quad \lambda \underline{u} \in \mathcal{S}' \ ? \tag{2.30}$$

Se qualche *sottoinsieme* $\mathcal{S}'$ siffatto esiste, le *operazioni* di *addizione* e di *moltiplicazione di un numero* (scalare) *per un vettore* gli conferiscono la *struttura di spazio vettoriale* e pertanto il *sottoinsieme* $\mathcal{S}'$ con dette *operazioni* è uno *spazio vettoriale* e verrà denotato con il *simbolo* $\mathcal{V}'$.

Essendo poi il *sostegno* $\mathcal{S}'$ di $\mathcal{V}'$ un *sottoinsieme* del *sostegno* $\mathcal{S}$ di $\mathcal{V}$, a $\mathcal{V}'$ si dà il nome di *sottospazio* di $\mathcal{V}$.

Dalla (2.30) segue che se un sottoinsieme non vuoto $\mathcal{S}'$ di $\mathcal{S}$ è *sostegno* di un *sottospazio* di $\mathcal{V}$ ad esso appartiene il *vettore nullo*: $\underline{0} \in \mathcal{S}'$.

Prima di fare ulteriori considerazioni sui *sottospazi*, vediamo se questi ultimi effettivamente esistono.

2.16 Esistenza di sottospazi e costruzione di essi a partire da vettori di $\mathcal{V}$

È immediato constatare che i *sottoinsiemi* di $\mathcal{S}$:

$$\mathcal{S}' = \{\underline{0}\} \quad \text{e} \quad \mathcal{S}'' = \mathcal{S} \tag{2.31}$$

verificano le *condizioni* (2.29) e (2.30) pertanto sono *sostegni* di *sottospazi* di $\mathcal{V}$, e quindi i *sottospazi* esistono.

Ci chiediamo allora:

Esistono solo tali *sottospazi* o ve ne sono altri?

Andiamo a vedere!

Se fissiamo h *vettori distinti* di $\mathcal{V}$: $\underline{v}_1, \underline{v}_2, \ldots, \underline{v}_h$ (con $h \geq 1$) e consideriamo l'*insieme dei vettori combinazioni lineari* di essi, constatiamo che:

- il *vettore somma* di due *vettori combinazione lineare* è un *vettore combinazione lineare*:

$$(\lambda_1\underline{v}_1 + \lambda_2\underline{v}_2 + \cdots + \lambda_h\underline{v}_h) + (\lambda'_1\underline{v}_1 + \lambda'_2\underline{v}_2 + \cdots + \lambda'_h\underline{v}_h) = \\ = (\lambda_1 + \lambda'_1)\underline{v}_1 + (\lambda_2 + \lambda'_2)\underline{v}_2 + \cdots + (\lambda_h + \lambda'_h)\underline{v}_h$$

  e pertanto l'*insieme dei vettori combinazione lineare* di h *vettori* $\underline{v}_1, \underline{v}_2, \ldots, \underline{v}_h$ assegnati è *chiuso rispetto all'operazione di addizione*

- il *vettore prodotto di un numero* (scalare) per un *vettore combinazione lineare* è un *vettore combinazione lineare*:

$$\lambda(\lambda_1\underline{v}_1 + \lambda_2\underline{v}_2 + \cdots + \lambda_h\underline{v}_h) = (\lambda\lambda_1)\underline{v}_1 + (\lambda\lambda_2)\underline{v}_2 + \cdots + (\lambda\lambda_h)\underline{v}_h$$

  e pertanto l'*insieme dei vettori combinazioni lineari* di h *vettori* $\underline{v}_1, \underline{v}_2, \ldots, \underline{v}_h$ assegnati è *chiuso* anche *rispetto all'operazione di moltiplicazione di un numero* (scalare) *per un vettore.*

Tali constatazioni ci consentono di concludere che:

- Fissati h *vettori* $\underline{v}_1, \underline{v}_2, \ldots, \underline{v}_h$ di $\mathcal{V}$ (con $h \geq 1$), l'insieme di tutti i *vettori combinazione lineare di essi* (con le operazioni anzidette), è un *sottospazio* $\mathcal{V}'$ di $\mathcal{V}$; tale sottospazio si denota con il *simbolo*

$$L\{\underline{v}_1, \underline{v}_2, \ldots, \underline{v}_h\}. \quad [8] \tag{2.32}$$

[8] Per denotare tale *sottospazio* è anche in uso il simbolo $span\langle\underline{v}_1, \underline{v}_2, \ldots, \underline{v}_h\rangle$

I *vettori* $\underline{v}_1, \underline{v}_2, \ldots, \underline{v}_h$, a partire dai quali tale *sottospazio* è stato costruito, si chiamano *generatori del sottospazio*, mentre l'*insieme* $\{\underline{v}_1, \underline{v}_2, \ldots, \underline{v}_h\}$ da essi costituito, *sistema di generatori* del *sottospazio.*

Ora che abbiamo appreso a costruire *sottospazi* a partire da *vettori* di $\mathcal{V}$, possiamo affermare che lo *spazio vettoriale* $\mathcal{V}$, oltre ai *sottospazi* di sostegno $\mathcal{S}' = \{\underline{0}\}$ e $\mathcal{S}'' = \mathcal{S}$ è dotato di *infiniti altri sottospazi.*

Essendo ciascun *sottospazio*, uno *spazio vettoriale esso stesso*, ha senso chiedersi quale è la sua *dimensione* e che *relazione* c'è tra il *sistema di generatori* a partire dal quale è stato costruito ed una *base* di esso.

È di questo che vogliamo ora occuparci.

2.17 Dimensione dei sottospazi e relazione tra sistema di generatori e basi del sottospazio

- Se fissiamo $h = 1$, la h-pla di *generatori* $\{\underline{v}_1, \underline{v}_2, \ldots, \underline{v}_h\}$ è costituita da un *solo vettore* $\underline{v}_1$.

  Se è $\underline{v}_1 = \underline{0}$, poiché qualunque sia il valore di λ risulta $\lambda\underline{v}_1 = \lambda\underline{0} = \underline{0}$, il *sottospazio* $L\{\underline{v}_1\} = L\{\underline{0}\}$ ha il *sostegno* costituito *unicamente* dal *vettore nullo* $\underline{0}$. Nel seguito denoteremo tale *sottospazio* con $\{\underline{0}\}$ cioè con lo stesso simbolo che denota il suo *sostegno.*

  A tale *sottospazio* si attribuisce la *dimensione* zero.

  Se è invece $\underline{v}_1 \neq \underline{0}$, il *sottospazio* $L\{\underline{v}_1\}$ è costituito da tutti e soli i *vettori* del tipo $\lambda_1\underline{v}_1$.

  Il vettore $\underline{v}_1$ oltre che *generatore* è anche *base* di $L\{\underline{v}_1\}$. Ogni altro *vettore* $\lambda_1\underline{v}_1 \neq \underline{0}$ è *generatore* e *base* dello stesso *sottospazio* il quale, avendo le *basi* costituite da un *solo vettore*, ha *dimensione uno.*

  Riassumendo:

$$\dim L\{\underline{v}_1\} = \begin{cases} 0 & \text{se è } \underline{v}_1 = \underline{0} \\ 1 & \text{se è } \underline{v}_1 \neq \underline{0} \end{cases}$$

- Se fissiamo $h = 2$, la h-pla di *generatori* $\{\underline{v}_1, \underline{v}_2, \ldots, \underline{v}_h\}$ è costituita da *due vettori* $\underline{v}_1$ e $\underline{v}_2$.

Il *sottospazio* $L\{\underline{v}_1, \underline{v}_2\}$ è costituito da *tutti e soli* i *vettori* del tipo $\lambda_1\underline{v}_1 + \lambda_2\underline{v}_2$.

Se i *vettori* $\underline{v}_1$ e $\underline{v}_2$ sono *linearmente dipendenti*, il che avviene *se e solo se* sono tra loro *paralleli*, potendosi rappresentare ad esempio $\underline{v}_2$ come $\underline{v}_2 = \lambda\underline{v}_1$, il *generico vettore* del *sottospazio* può essere scritto così:

$$\lambda_1\underline{v}_1 + \lambda_2\underline{v}_2 = \lambda_1\underline{v}_1 + \lambda_2(\lambda\underline{v}_1) = \lambda_1\underline{v}_1 + (\lambda_2\lambda)\underline{v}_1 = (\lambda_1 + \lambda\lambda_2)\underline{v}_1$$

e pertanto $\underline{v}_1$ è una *base* del *sottospazio*; avendo $L\{\underline{v}_1, \underline{v}_2\}$ una *base* costituita da un *solo vettore*, ha *dimensione uno.*

Se i *vettori* $\underline{v}_1$ e $\underline{v}_2$ sono *linearmente indipendenti*; con essi si può costruire una *base* del *sottospazio.* Poiché una *base* è un insieme ordinato di vettori, le *basi* di $L\{\underline{v}_1, \underline{v}_2\}$ che si possono costruire a partire dai *vettori* $\underline{v}_1$ e $\underline{v}_2$ sono in realtà due: $(\underline{v}_1, \underline{v}_2)$ e $(\underline{v}_2, \underline{v}_1)$; avendo $L\{\underline{v}_1, \underline{v}_2\}$ *basi* costituite da *due vettori*, ha *dimensione due.*

Riassumendo

$$\dim L\{\underline{v}_1, \underline{v}_2\} = \begin{cases} 1 & \text{se } \underline{v}_1 \text{ e } \underline{v}_2 \text{ linearmente dipendenti cioè paralleli} \\ 2 & \text{se } \underline{v}_1 \text{ e } \underline{v}_2 \text{ linearmente indipendenti} \end{cases}$$

– Se fissiamo $h = 3$, la h-pla di *generatori* $\{\underline{v}_1, \underline{v}_2, \ldots, \underline{v}_h\}$ è costituita dai *tre vettori* $\underline{v}_1$, $\underline{v}_2$ e $\underline{v}_3$.

In questo caso appartengono al *sottospazio* $L\{\underline{v}_1, \underline{v}_2, \underline{v}_3\}$ *tutti e soli* i *vettori* del tipo $\lambda_1\underline{v}_1 + \lambda_2\underline{v}_2 + \lambda_3\underline{v}_3$.

Ragionando come nel caso anteriore si arriva alle seguenti conclusioni:

1. se i *generatori* $\underline{v}_1$, $\underline{v}_2$, $\underline{v}_3$ sono *vettori paralleli*, allora ciascuno di essi è *base* del *sottospazio* e pertanto quest'ultimo ha *dimensione* uno
2. se i *generatori* $\underline{v}_1$, $\underline{v}_2$, $\underline{v}_3$ sono *vettori complanari* (ma non paralleli) sicuramente due di essi sono *linearmente indipendenti* ed a partire da tali vettori si possono costruire *basi* del *sottospazio*; avendo il sottospazio *basi* costituite da due vettori, ha *dimensione* due.

3. se i *generatori* $\underline{v}_1$, $\underline{v}_2$, $\underline{v}_3$ sono *vettori linearmente indipendenti* a partire da tali vettori si possono costruire tante *basi* del *sottospazio* quanti sono i modi di ordinare i *vettori* $\underline{v}_1$, $\underline{v}_2$, $\underline{v}_3$ cioè 3!; avendo il sottospazio *basi* costituite da *tre vettori*, ha *dimensione* tre; in questo caso il *sottospazio* si identifica con l'intero *spazio vettoriale* $\mathcal{V}$.

   Riassumendo:

$$\dim L\{\underline{v}_1, \underline{v}_2, \underline{v}_3\} = \begin{cases} 1 & \text{se } \underline{v}_1, \underline{v}_2, \underline{v}_3 \text{ paralleli} \\ 2 & \text{se } \underline{v}_1, \underline{v}_2, \underline{v}_3 \text{ complanari (ma non paralleli)} \\ 3 & \text{se } \underline{v}_1, \underline{v}_2, \underline{v}_3 \text{ linearmente indipendenti} \end{cases}$$

Lasciamo analizzare allo Studente il caso $h > 3$.
Se ragionerà correttamente arriverà alla conclusione che:

$$\dim L\{\underline{v}_1, \underline{v}_2, \dots, \underline{v}_h\} = \begin{cases} 1 & \text{se tutti i generatori sono paralleli} \\ 2 & \text{se tutti i generatori sono complanari} \\ & \qquad \text{(ma non paralleli)} \\ 3 & \text{negli altri casi} \end{cases}$$

Riassumendo tutta l'analisi fatta, possiamo dire:

– Dato un *sottospazio* $L\{\underline{v}_1, \underline{v}_2, \dots, \underline{v}_h\}$, sicuramente i suoi *generatori* $\underline{v}_1, \underline{v}_2, \dots, \underline{v}_h$ sono *linearmente dipendenti* se è $h > 3$.

  Se è invece $1 < h \leq 3$, essi possono essere sia *linearmente dipendenti* che *indipendenti*.

  Se sono *dipendenti* e h' è il numero di quelli *indipendenti*, il *sottospazio* ha dimensione h' e, con gli h' *generatori linearmente indipendenti*, si possono costruire $h'!$ *basi* del *sottospazio*.

Diamo intanto due nomi!

2.18 Rette vettoriali e piani vettoriali

I *sottospazi* di *dimensione uno* si chiamano *rette vettoriali*.

Ogni *vettore* $\underline{v} \neq \underline{0}$ del *sottospazio* si chiama *vettore direttore* della *retta vettoriale*.

La denominazione di *retta vettoriale* è suggerita dal fatto che i *segmenti orientati, rappresentanti* dei *vettori* di tale *sottospazio*, aventi uno *stesso punto origine* A, sono contenuti in una stessa *retta* per A.

I *sottospazi* di *dimensione due* si chiamano *piani vettoriali* ed i *vettori* che ne costituiscono una *base* si chiamano *vettori direttori* del *piano vettoriale*.

Analogamente al caso anteriore la denominazione di *piano vettoriale* è suggerita dal fatto che i *segmenti orientati, rappresentanti* dei *vettori* di tale *sottospazio*, aventi uno *stesso punto origine* A, sono contenuti in uno stesso *piano* per A.

Finora abbiamo costruito *sottospazi* di $\mathcal{V}$ a partire da *vettori* di $\mathcal{V}$.

Ora che disponiamo di *sottospazi*, ci chiediamo:

È possibile costruire *sottospazi* di $\mathcal{V}$ a partire da *sottospazi* di esso?

È di questo che vogliamo ora occuparci.

2.19 Sottospazi intersezione e sottospazi somma

Diamo due *teoremi* che ci dicono come costruire *sottospazi* di $\mathcal{V}$ a partire da due *sottospazi* di esso.

Teorema 2.6 *Se* $\mathcal{V}'$ *e* $\mathcal{V}''$ *sono due* sottospazi *di* $\mathcal{V}$, *anche* $\mathcal{V}' \cap \mathcal{V}''$ *è un* sottospazio *di* $\mathcal{V}$.

Dimostrazione

L'insieme $\mathcal{V}' \cap \mathcal{V}''$ *non è vuoto* perché ad esso appartiene per lo meno il *vettore nullo* $\underline{0}$, appartenendo quest'ultimo ad entrambi i *sottospazi* $\mathcal{V}'$ e $\mathcal{V}''$.

Se risulta $\mathcal{V}' \cap \mathcal{V}'' = \{\underline{0}\}$ il *teorema* è dimostrato, perché $\{\underline{0}\}$ è un *sottospazio* di $\mathcal{V}$.

Se a $\mathcal{V}' \cap \mathcal{V}''$ appartengono altri *vettori* oltre al *vettore nullo* $\underline{0}$, per dimostrare il *teorema* basta far vedere che sono verificate le *condizioni* (2.29) e (2.30).

Per vedere se la condizione (2.29) è verificata, ragioniamo così:

$$\text{se} \quad \underline{u}, \underline{v} \in \mathcal{V}' \cap \mathcal{V}'' \quad \text{allora} \begin{cases} \underline{u}, \underline{v} \in \mathcal{V}' \\ \underline{u}, \underline{v} \in \mathcal{V}'' \end{cases} . \tag{2.33}$$

Poiché $\mathcal{V}'$ e $\mathcal{V}''$ sono sottospazi, da (2.33) segue che:

$$\underline{u} + \underline{v} \in \mathcal{V}' \quad \text{e} \quad \underline{u} + \underline{v} \in \mathcal{V}'' \quad ; \tag{2.34}$$

dalle (2.34) segue infine che $\underline{u}+\underline{v} \in \mathcal{V}' \cap \mathcal{V}''$ e quindi la (2.29) è verificata.
Allo stesso modo si prova che anche la condizione (2.30) è verificata per cui l'insieme $\mathcal{V}' \cap \mathcal{V}''$ è un *sottospazio* di $\mathcal{V}$.

c.v.d.

Il *sottospazio* $\mathcal{V}' \cap \mathcal{V}''$ si chiama *sottospazio intersezione* di $\mathcal{V}'$ e $\mathcal{V}''$.

Il concetto di *sottospazio intersezione* di *sottospazi* si estende da due ad un *numero finito* n (qualunque) di *sottospazi* $\mathcal{V}_1, \mathcal{V}_2, \ldots, \mathcal{V}_n$ di $\mathcal{V}$, ponendo successivamente:

$$\begin{aligned} \mathcal{V}_1 \cap \mathcal{V}_2 \cap \mathcal{V}_3 &= (\mathcal{V}_1 \cap \mathcal{V}_2) \cap \mathcal{V}_3 \\ \mathcal{V}_1 \cap \mathcal{V}_2 \cap \mathcal{V}_3 \cap \mathcal{V}_4 &= (\mathcal{V}_1 \cap \mathcal{V}_2 \cap \mathcal{V}_3) \cap \mathcal{V}_4 \\ \ldots\ldots\ldots\ldots &= \ldots\ldots\ldots\ldots \end{aligned}$$

Diamo infine l'altro *teorema* che abbiamo preannunciato!

Teorema 2.7 *Dati due sottospazi $\mathcal{V}'$ e $\mathcal{V}''$ di $\mathcal{V}$, l'insieme così definito:*

$$\{\underline{v} \in \mathcal{V} : \underline{v} = \underline{v}_1 + \underline{v}_2, \ \textit{con}\ \underline{v}_1 \in \mathcal{V}' \ \textit{e}\ \underline{v}_2 \in \mathcal{V}''\} \quad ,$$ [9]

che si denota con il simbolo $\mathcal{V}' + \mathcal{V}''$ è anche esso un sottospazio di $\mathcal{V}$.

Dimostrazione
La dimostrazione è analoga a quella del *teorema 2.6* per cui la lasciamo come esercizio allo Studente.

c.v.d.

[9]Se è $\mathcal{V}' = \{\underline{0}\}$ e $\mathcal{V}'' \neq \{\underline{0}\}$ allora $\mathcal{V}' + \mathcal{V}'' = \mathcal{V}''$; analogamente se è $\mathcal{V}' \neq \{\underline{0}\}$ e $\mathcal{V}'' = \{\underline{0}\}$ allora $\mathcal{V}' + \mathcal{V}'' = \mathcal{V}'$.

Il *sottospazio* $\mathcal{V}' + \mathcal{V}''$ si chiama *sottospazio somma* di $\mathcal{V}'$ e $\mathcal{V}''$.

Se avviene che, fissato un *qualunque vettore* $\underline{v} \in \mathcal{V}' + \mathcal{V}''$, esiste una *sola coppia di vettori* $(\underline{v}_1, \underline{v}_2)$ con $\underline{v}_1 \in \mathcal{V}'$ e $\underline{v}_2 \in \mathcal{V}''$ tale che

$$\underline{v} = \underline{v}_1 + \underline{v}_2$$

allora il *sottospazio* $\mathcal{V}' + \mathcal{V}''$ si chiama *somma diretta* e si denota con il *simbolo* $\mathcal{V}' \oplus \mathcal{V}''$.

Una *condizione necessaria e sufficiente* affinché un *sottospazio somma* sia *somma diretta*, è espresso dal seguente *teorema*:

Teorema 2.8 *Dati due* sottospazi $\mathcal{V}'$ *e* $\mathcal{V}''$ *di* $\mathcal{V}$, *condizione* necessaria e sufficiente *affinché il* sottospazio somma $\mathcal{V}' + \mathcal{V}''$ *sia* somma diretta $\mathcal{V}' \oplus \mathcal{V}''$ *è che:*

$$\mathcal{V}' \cap \mathcal{V}'' = \{\underline{0}\}. \tag{2.35}$$

Dimostrazione

Necessità

Dobbiamo provare che, se il *sottospazio somma* $\mathcal{V}' + \mathcal{V}''$ è *somma diretta* $\mathcal{V}' \oplus \mathcal{V}''$, allora è verificata la (2.35).

Tenendo presente la definizione di *somma diretta*, per dimostrare la *necessità* dobbiamo provare che:

> se preso un *qualunque vettore* $\underline{v} \in \mathcal{V}' \oplus \mathcal{V}''$ esiste una *sola coppia di vettori* $(\underline{v}_1, \underline{v}_2)$ con $\underline{v}_1 \in \mathcal{V}'$ e $\underline{v}_2 \in \mathcal{V}''$ tale che
>
> $$\underline{v} = \underline{v}_1 + \underline{v}_2 \tag{2.36}$$
>
> allora è verificata la (2.35).

Ragioniamo per assurdo!

Se la (2.35) non fosse verificata, al *sottospazio* $\mathcal{V}' \cap \mathcal{V}''$ apparterrebbero altri *vettori* oltre al *vettore nullo* $\underline{0}$.

Se $\underline{v}^*$ è uno di essi, anche $-\underline{v}^* \in \mathcal{V}' \cap \mathcal{V}''$ e pertanto a ciascuno dei due *sottospazi* $\mathcal{V}'$ e $\mathcal{V}''$ appartengono entrambi i *vettori* $\underline{v}^*$ e $-\underline{v}^*$.

Poiché per ipotesi al *sottospazio* $\mathcal{V}'$ appartiene il *vettore* $\underline{v}_1$ ed al *sottospazio* $\mathcal{V}''$, il *vettore* $\underline{v}_2$, possiamo costruire:

- il *vettore* $\underline{w}_1 = \underline{v}_1 + \underline{v}^* \in \mathcal{V}'$
- il *vettore* $\underline{w}_2 = \underline{v}_2 + (-\underline{v}^*) = \underline{v}_2 - \underline{v}^* \in \mathcal{V}''$

Siccome

$$\begin{aligned}\underline{w}_1 + \underline{w}_2 &= (\underline{v}_1 + \underline{v}^*) + (\underline{v}_2 - \underline{v}^*) = \\ &= (\underline{v}_1 + \underline{v}_2) + (\underline{v}^* - \underline{v}^*) = \\ &= \underline{v} + \underline{0} = \underline{v}\end{aligned}$$

anche la *coppia di vettori* $(\underline{w}_1, \underline{w}_2)$ ha per *somma* il *vettore* $\underline{v}$ quindi verifica la (2.36).

Ciò è però assurdo perché abbiamo supposto che solo la *coppia* $(\underline{v}_1, \underline{v}_2)$ verifica la (2.36), perché il *sottospazio somma* $\mathcal{V}' + \mathcal{V}''$ è *somma diretta.*

Sufficienza
Dobbiamo provare che se *due sottospazi* $\mathcal{V}'$ e $\mathcal{V}''$ di $\mathcal{V}$ verificano la (2.35), allora il *sottospazio somma* $\mathcal{V}' + \mathcal{V}''$ è *somma diretta* $\mathcal{V}' \oplus \mathcal{V}''$.

In altre parole dobbiamo provare che se due *sottospazi* $\mathcal{V}'$ e $\mathcal{V}''$ di $\mathcal{V}$ verificano la (2.35), preso un qualunque *vettore* $\underline{v} \in \mathcal{V}' + \mathcal{V}''$ esiste una *sola coppia di vettori* $(\underline{v}_1, \underline{v}_2)$ con $\underline{v}_1 \in \mathcal{V}'$ e $\underline{v}_2 \in \mathcal{V}''$ tale da verificare la (2.36).

Anche qui ragioniamo per assurdo!

Se il *sottospazio somma* $\mathcal{V}' + \mathcal{V}''$ non fosse *somma diretta* $\mathcal{V}' \oplus \mathcal{V}''$, fissato un *qualunque vettore* $\underline{v} \in \mathcal{V}' + \mathcal{V}''$ esisterebbero per lo meno *due coppie di vettori* $(\underline{v}_1, \underline{v}_2)$ e $(\underline{v}'_1, \underline{v}'_2)$ con $\underline{v}_1, \underline{v}'_1 \in \mathcal{V}'$ e $\underline{v}_2, \underline{v}'_2 \in \mathcal{V}''$ tali che:

$$\begin{aligned}\underline{v} &= \underline{v}_1 + \underline{v}_2 \\ \underline{v} &= \underline{v}'_1 + \underline{v}'_2\end{aligned} \tag{2.37}$$

dalle (2.37) seguirebbe:

$$\underline{v}_1 + \underline{v}_2 = \underline{v}'_1 + \underline{v}'_2$$

da cui

$$\underline{v}_1 - \underline{v}'_1 = \underline{v}_2 - \underline{v}'_2. \tag{2.38}$$

La (2.38) ci dice che il *vettore* $\underline{v}_1 - \underline{v}'_1 \in \mathcal{V}'$ ed il *vettore* $\underline{v}_2 - \underline{v}'_2 \in \mathcal{V}''$ sono *uguali.*

Dall'essere i due *vettori* $\underline{v}_1 - \underline{v}'_1$ e $\underline{v}_2 - \underline{v}'_2$ *uguali* segue che sono un *unico vettore* il quale, appartenendo sia a $\mathcal{V}'$ che a $\mathcal{V}''$, appartiene al *sottospazio* $\mathcal{V}' \cap \mathcal{V}''$.

Ciò è però assurdo perché per *ipotesi* il *sottospazio* $\mathcal{V}' \cap \mathcal{V}''$ è costituito unicamente dal *vettore nullo* di $\mathcal{V}$.

c.v.d.

Come il concetto di *sottospazio intersezione*, anche il concetto di *sottospazio somma* si estende da *due* a un numero finito n (qualunque) di sottospazi $\mathcal{V}_1, \mathcal{V}_2, \ldots, \mathcal{V}_n$ di $\mathcal{V}$, ponendo successivamente:

$$\begin{aligned}\mathcal{V}_1 + \mathcal{V}_2 + \mathcal{V}_3 &= (\mathcal{V}_1 + \mathcal{V}_2) + \mathcal{V}_3 \\ \mathcal{V}_1 + \mathcal{V}_2 + \mathcal{V}_3 + \mathcal{V}_4 &= (\mathcal{V}_1 + \mathcal{V}_2 + \mathcal{V}_3) + \mathcal{V}_4 \\ \ldots\ldots\ldots\ldots &= \ldots\ldots\ldots\ldots\end{aligned}$$

Anche in questo caso si può parlare di *somma diretta*; abbiamo la seguente definizione:

Definizione di somma diretta di n sottospazi $\mathcal{V}_1, \mathcal{V}_2, \ldots, \mathcal{V}_n$ di $\mathcal{V}$
Si dice che il *sottospazio somma* $\mathcal{V}_1 + \mathcal{V}_2 + \cdots + \mathcal{V}_n$ di n sottospazi di $\mathcal{V}$ è *somma diretta* se, fissato un *qualunque vettore* $\underline{v} \in \mathcal{V}_1 + \mathcal{V}_2 + \cdots + \mathcal{V}_n$, esiste *una sola* n*-pla* di *vettori* $(\underline{v}_1, \underline{v}_2, \ldots, \underline{v}_n)$ con $\underline{v}_1 \in \mathcal{V}_1$, $\underline{v}_2 \in \mathcal{V}_2$, ..., $\underline{v}_n \in \mathcal{V}_n$ tale che:

$$\underline{v} = \underline{v}_1 + \underline{v}_2 + \cdots + \underline{v}_n \ .$$

Il *sottospazio somma diretta* di n *sottospazi* si denota con il *simbolo*:

$$\mathcal{V}_1 \oplus \mathcal{V}_2 \oplus \cdots \oplus \mathcal{V}_n.$$

Tenendo presente che fissata una base $B = (\underline{v}_1, \underline{v}_2, \underline{v}_3)$ in $\mathcal{V}$, la *rappresentazione* di ogni *vettore* $\underline{v} \in \mathcal{V}$ come *combinazione lineare* dei *vettori* $\underline{v}_1, \underline{v}_2, \underline{v}_3$ della *base fissata* è *unica*:

$$\underline{v} = x_1\underline{v}_1 + x_2\underline{v}_2 + x_3\underline{v}_3$$

e che i *vettori* $x_1\underline{v}_1$, $x_2\underline{v}_2$ e $x_3\underline{v}_3$ appartengono rispettivamente ai *sottospazi* $L\{\underline{v}_1\}$, $L\{\underline{v}_2\}$, $L\{\underline{v}_3\}$, possiamo concludere che lo *spazio vettoriale* $\mathcal{V}$ è *somma diretta* dei *sottospazi* $L\{\underline{v}_1\}$, $L\{\underline{v}_2\}$, $L\{\underline{v}_3\}$:

$$\mathcal{V} = L\{\underline{v}_1\} \oplus L\{\underline{v}_2\} \oplus L\{\underline{v}_3\} \quad .$$

Ritorniamo ora ad occuparci del caso di due soli *sottospazi* $\mathcal{V}'$ e $\mathcal{V}''$ di $\mathcal{V}$ per stabilire la *relazione* che esiste tra le *dimensioni* di $\mathcal{V}'$, $\mathcal{V}''$, $\mathcal{V}' \cap \mathcal{V}''$ e $\mathcal{V}' + \mathcal{V}''$.

2.20 Relazione di Grassmann

Dati due *sottospazi* $\mathcal{V}'$ e $\mathcal{V}''$ di $\mathcal{V}$, siccome a partire da essi si possono costruire i *sottospazi* $\mathcal{V}' \cap \mathcal{V}''$ e $\mathcal{V}' + \mathcal{V}''$ viene naturale chiedersi se c'è qualche *relazione* tra le *dimensioni* dei *due sottospazi costruiti*: $\mathcal{V}' \cap \mathcal{V}''$ e $\mathcal{V}' + \mathcal{V}''$ e quelle dei due *sottospazi* di partenza: $\mathcal{V}'$, $\mathcal{V}''$.

Una *relazione* esiste ed è stata stabilita da *Grassmann* con il seguente *teorema*:

Teorema 2.9 *Se* $\mathcal{V}'$ *e* $\mathcal{V}''$ *sono due* sottospazi *di* $\mathcal{V}$*, si ha:*

$$\dim(\mathcal{V}' + \mathcal{V}'') + \dim(\mathcal{V}' \cap \mathcal{V}'') = \dim \mathcal{V}' + \dim \mathcal{V}''. \tag{2.39}$$

La *dimostrazione* di tale *teorema* la daremo nel prossimo capitolo. L'unica cosa che vogliamo qui evidenziare è che se il *sottospazio* $\mathcal{V}' + \mathcal{V}''$, che compare nella (2.39), è *somma diretta*, essendo $\mathcal{V}' \cap \mathcal{V}'' = \{\underline{0}\}$ ed avendo quest'ultimo *sottospazio dimensione nulla*, la (2.39) diviene:

$$\dim(\mathcal{V}' \oplus \mathcal{V}'') = \dim \mathcal{V}' + \dim \mathcal{V}''. \tag{2.40}$$

Ancora qualche *definizione* ed abbiamo terminato con i *sottospazi* di $\mathcal{V}$!

2.21 Sottospazi supplementari

Diamo subito la definizione di *sottospazi supplementari*!

> *Definizione di sottospazi supplementari*
> **Si dice che due *sottospazi* $\mathcal{V}'$ e $\mathcal{V}''$ di $\mathcal{V}$, distinti da $\{\underline{0}\}$ e da $\mathcal{V}$ sono *supplementari* o che l'*uno è supplementare dell'altro*, se:**
>
> 1. $\mathcal{V}' \cap \mathcal{V}'' = \{\underline{0}\}$
> 2. $\mathcal{V}' \oplus \mathcal{V}'' = \mathcal{V}$.

Poiché i *sottospazi* di $\mathcal{V}$, distinti da $\{\underline{0}\}$ e da $\mathcal{V}$, possono avere *dimensione uno* o *due*, dalla (2.40) segue che se due *sottospazi* $\mathcal{V}'$ e $\mathcal{V}''$ sono *supplementari* allora se l'uno dei due ha *dimensione uno*, l'altro ha *dimensione due*.

Si intuisce che dato un qualunque *sottospazio* $\mathcal{V}'$ di $\mathcal{V}$, distinto da $\{\underline{0}\}$ e da $\mathcal{V}$, esistono *infiniti sottospazi* $\mathcal{V}''$ ad esso *supplementari*.

Tale intuizione è confermata dal "metodo" che si usa per costruirli.

Ecco il metodo!

Fissato un *sottospazio* $\mathcal{V}'$ di $\mathcal{V}$, ad esempio di *dimensione* uno, per costruire un *sottospazio* $\mathcal{V}''$, ad esso *supplementare*, si procede così:

1. si fissa una *base* $B' = (\underline{u})$ di $\mathcal{V}'$
2. si cercano due *vettori* $\underline{v}$ e $\underline{w}$ di $\mathcal{V}$ tali che l'insieme $(\underline{u}, \underline{v}, \underline{w})$ costituisca una *base* di $\mathcal{V}$.

Il sottospazio $L\{\underline{v}, \underline{w}\}$ è *supplementare* di $\mathcal{V}' = L\{\underline{u}\}$.

Siccome i due *vettori* $\underline{v}$ e $\underline{w}$ si possono scegliere in infiniti modi in $\mathcal{V}$, concludiamo che esistono in $\mathcal{V}$ *infiniti sottospazi* $\mathcal{V}''$ *supplementari* del *sottospazio* $\mathcal{V}'$ assegnato.

Con questo, abbiamo terminato con i *concetti* che si possono definire nello *spazio vettoriale* $\mathcal{V}$ servendosi unicamente delle *due operazioni* che ne strutturano il *sostegno* $\mathcal{S}$.

Per comodità dello Studente li riassumiamo.

2.22 Riassunto dei concetti definiti nello spazio vettoriale $\mathcal{V}$

I concetti che abbiamo definito nello spazio vettoriale $\mathcal{V}$ sono:

- *Dipendenza e indipendenza lineare* tra n *vettori* $\underline{v}_1, \underline{v}_2, \ldots, \underline{v}_n$ di $\mathcal{V}$.
- *Dimensione* e *basi* dello *spazio vettoriale* $\mathcal{V}$.
- *Coordinate* di un *vettore* rispetto ad una *base* B assegnata in $\mathcal{V}$.
- *Relazione tra le terne di coordinate* (x_1, x_2, x_3), (x'_1, x'_2, x'_3) di uno *stesso vettore* $\underline{v} \in \mathcal{V}$ rispetto a *due basi distinte* B e B' di $\mathcal{V}$: *matrice di passaggio* P dalla *base* B alla *base* B'.

- *Basi positive, negative; orientazione positiva, negativa.*
- *Spazio vettoriale orientato.*
- *Relazione tra le coordinate* rispetto ad una *base* B di $\mathcal{V}$ inizialmente fissata, dei *vettori* $\underline{u}$, $\underline{v}$ ed $\underline{u}+\underline{v}$; $\underline{u}$, $\lambda\underline{u}$ con $\lambda \neq 0$.
- *Sottospazi* di $\mathcal{V}$ costruiti a partire da *vettori* di $\mathcal{V}$: *sistemi di generatori.*
- *Dimensione dei sottospazi* e *relazione* tra *sistema di generatori* e *basi* del *sottospazio.*
- *Rette vettoriali* e *piani vettoriali.*
- *Sottospazi di* $\mathcal{V}$ costruiti a partire da *sottospazi* di $\mathcal{V}$:
  - *Sottospazi intersezione, somma* e *somma diretta*
  - *Relazione di Grassman*
  - *Sottospazi supplementari* .

* * *

Per quanto abbiamo detto nel *paragrafo* 2.9, tutti questi *concetti* sussistono anche nello *spazio vettoriale euclideo* $\mathcal{E}$ perché, lo ripetiamo, discendono dalle *operazioni* di:

- *addizione tra vettori*
- *moltiplicazione di un numero* (scalare) per un *vettore*

e queste ultime, insieme all'*operazione di prodotto scalare*, strutturano il *sostegno* $\mathcal{S}$ di $\mathcal{E}$.

Vogliamo ora vedere quali concetti l'*operazione di prodotto scalare* ci permette di definire nello *spazio vettoriale euclideo* $\mathcal{E}$.

2.23 Concetti tipici dello spazio vettoriale euclideo $\mathcal{E}$

Come abbiamo già detto nel *paragrafo* 2.9, le *operazioni di prodotto vettoriale* e di *prodotto misto* sono state definite usando i concetti di *modulo* di un *vettore* e di *angolo tra due vettori*; essendo questi ultimi legati all'*operazione di prodotto scalare*, concludiamo che tali *operazioni* sussistono solo nello *spazio vettoriale euclideo* $\mathcal{E}$.

Altri *concetti* che sussistono solo in tale *spazio* sono quelli di:

- *vettore unitario* (o *versore*)[10]
- *vettori ortogonali.* [11]

Su questi ultimi sono basate le *definizioni* di *basi ortogonali* e *basi ortonormali* di $\mathcal{E}$.

Vediamo perché.

Nel *paragrafo* 2.11 abbiamo detto che le uniche *terne di vettori non nulli linearmente dipendenti* sono quelle costituite da *vettori complanari*; poiché tre *vettori* $\underline{v}_1, \underline{v}_2, \underline{v}_3$ *non nulli, a due a due ortogonali*, non sono *complanari*, concludiamo che sono *linearmente indipendenti* e quindi con essi si può costruire una *base*[12] di $\mathcal{E}$ che prende il nome di *base ortogonale.*

Vogliamo ora vedere quali altri *concetti*, oltre alle *operazioni* di *prodotto vettoriale* e di *prodotto misto*, si possono definire nello *spazio vettoriale euclideo* $\mathcal{E}$.

Se i *tre vettori* suddetti hanno poi il *modulo* uguale a *uno*:

$$\|\underline{v}_1\| = \|\underline{v}_2\| = \|\underline{v}_3\| = 1 \quad ,$$

la *base ortogonale* prende il nome di *base ortonormale.*

Nello *spazio vettoriale euclideo* $\mathcal{E}$ abbiamo quindi:

- *basi ortonormali*
- *basi ortogonali*
- *basi* né *ortonormali* e né *ortogonali.*

Anche nello *spazio vettoriale euclideo* $\mathcal{E}$, come abbiamo già fatto nello *spazio vettoriale* $\mathcal{V}$, denoteremo con B la *generica base*, a meno che quest'ultima non sia *ortonormale*; in questo caso, verrà denotata con B_O.

Anche nello *spazio vettoriale euclideo* $\mathcal{E}$ si parla di *orientazione positiva* e di *orientazione negativa* e, per *orientare* $\mathcal{E}$, si usa lo stesso "procedimento" usato per *orientare* $\mathcal{V}$.

---

[10]Il *vettore unitario* (o *versore*) è stato definito alla fine del *paragrafo* 2.1.

[11]La *definizione* di *vettori ortogonali* è stata data nel *paragrafo* 2.2.

[12]Essendo una *base* una *terna ordinata di vettori* (linearmente indipendenti), con i *tre vettori* $\underline{v}_1$, $\underline{v}_2$, $\underline{v}_3$ si possono in realtà costruire 3! *basi.* Tutte sono ovviamente *ortogonali.*

L'unica variante è che qui, per convenzione, si assume come *base positiva* una *base* $B = (\underline{v}_1, \underline{v}_2, \underline{v}_3)$, scelta ad arbitrio, però con il vincolo che sia

$$\underline{v}_3 = \underline{v}_1 \wedge \underline{v}_2 \,.$$

Sia nell'*orientazione positiva* che in *quella negativa* vi sono *basi ortonormali* e *basi ortogonali.*

Nel seguito denoteremo con B_O^+ la generica *base ortonormale positiva* e con $\underline{i}$, $\underline{j}$, $\underline{k}$ i *vettori* $\underline{v}_1$, $\underline{v}_2$, $\underline{v}_3$ che la costituiscono:

$$B_O^+ = (\underline{i}, \underline{j}, \underline{k}) \qquad (\text{ove } \underline{k} = \underline{i} \wedge \underline{j}).$$

Se si sostituisce uno dei *vettori* di B_O^+ con il suo *vettore opposto*, ad esempio $\underline{k}$ con $-\underline{k}$, si ottiene la *base* $(\underline{i}, \underline{j}, -\underline{k})$ la quale è *negativa* e pertanto viene denotata con B_O^-:

$$B_O^- = (\underline{i}, \underline{j}, -\underline{k}).$$

Come ci renderemo conto presto, le *basi ortonormali* sono le più comode nelle applicazioni per cui daremo un *metodo* per trovarle.

Vediamo ora che cosa si può dire circa i *sottospazi* di $\mathcal{E}$!

2.24 Sottospazi ortogonali e supplementare ortogonale di un sottospazio di $\mathcal{E}$

Cominciamo dalla definizione di *sottospazi ortogonali*!

> *Definizione di sottospazi ortogonali*
> **Si dice che due *sottospazi* $\mathcal{E}'$ e $\mathcal{E}''$ di $\mathcal{E}$, distinti da $\{\underline{0}\}$ e da $\mathcal{E}$ sono *ortogonali* se ogni *vettore* $\underline{v}_1 \in \mathcal{E}'$ è *ortogonale* ad ogni *vettore* $\underline{v}_2 \in \mathcal{E}''$.**

Il seguente *teorema* dà una condizione *necessaria e sufficiente* affinché due *sottospazi* $\mathcal{E}'$ e $\mathcal{E}''$ di $\mathcal{E}$ siano *ortogonali.*

Teorema 2.10 Condizione necessaria e sufficiente *affinché due* sottospazi $\mathcal{E}'$ *e* $\mathcal{E}''$ *di* $\mathcal{E}$ *siano* ortogonali *è che ogni* vettore *di una* base *di* $\mathcal{E}'$ *sia* ortogonale *ad ogni* vettore *di una* base *di* $\mathcal{E}''$.

La dimostrazione è semplicissima e viene lasciata come esercizio allo Studente.

Siccome l'unico *vettore* di $\mathcal{E}$ *ortogonale a se stesso* è il *vettore nullo* $\underline{0}$, il *sottospazio intersezione* di due *sottospazi ortogonali* è costituito unicamente dal *vettore nullo*:

$$\mathcal{E}' \cap \mathcal{E}'' = \{\underline{0}\} \tag{2.41}$$

Dalla (2.41) segue che il *sottospazio somma* $\mathcal{E}' + \mathcal{E}''$ di due *sottospazi ortogonali* è *somma diretta*:

$$\mathcal{E}' + \mathcal{E}'' = \mathcal{E}' \oplus \mathcal{E}''$$

e, se risulta:

$$\mathcal{E}' \oplus \mathcal{E}'' = \mathcal{E}$$

allora i due *sottospazi* $\mathcal{E}'$ e $\mathcal{E}''$ oltre che *ortogonali* sono anche *supplementari*. In questo caso si usa dire che l'uno è il *supplementare ortogonale* dell'altro.

Fissato un *sottospazio* $\mathcal{W}$ di $\mathcal{E}$, tra gli *infiniti sottospazi* di $\mathcal{E}$ *supplementari* a $\mathcal{W}$, ne esiste uno solo *ortogonale* a $\mathcal{W}$.

Tale *sottospazio* si denota con il *simbolo* $\mathcal{W}^{\perp}$ ed è appunto legato al *sottospazio* $\mathcal{W}$ dalla relazione:

$$\mathcal{W} \oplus \mathcal{W}^{\perp} = \mathcal{E}.$$

Ogni *vettore* $\underline{v} \in \mathcal{E}$ è pertanto *somma* di un *vettore* $\underline{v}_{\mathcal{W}} \in \mathcal{W}$ e di un *vettore* $\underline{v}_{\mathcal{W}^{\perp}} \in \mathcal{W}^{\perp}$:

$$\underline{v} = \underline{v}_{\mathcal{W}} + \underline{v}_{\mathcal{W}^{\perp}}. \tag{2.42}$$

Il *vettore* $\underline{v}_{\mathcal{W}}$ si chiama *vettore proiezione ortogonale* di $\underline{v}$ sul *sottospazio* $\mathcal{W}$, mentre il *vettore* $\underline{v}_{\mathcal{W}^{\perp}}$, *vettore proiezione ortogonale di* $\underline{v}$ sul *sottospazio* $\mathcal{W}^{\perp}$.

I *vettori* $\underline{v}_{\mathcal{W}}$ e $\underline{v}_{\mathcal{W}^\perp}$ sono ovviamente *ortogonali* perché appartengono a *sottospazi* tra loro ortogonali.

Il concetto di *vettore proiezione ortogonale* di un *vettore* $\underline{v} \in \mathcal{E}$ su un *sottospazio* $\mathcal{W}$ di $\mathcal{E}$ ci permette:

a. di definire il *vettore simmetrico* di un *vettore* $\underline{v} \in \mathcal{E}$ rispetto a un *sottospazio* $\mathcal{W}$ di $\mathcal{E}$

b. di renderci conto che il *componente ortogonale di un vettore* $\underline{v} \in \mathcal{E}$ rispetto ad un vettore $\underline{u} \in \mathcal{E}$, che abbiamo definito nel *paragrafo* 2.6, non è altro che il *vettore proiezione ortogonale* del *vettore* $\underline{v} \in \mathcal{E}$ sul *sottospazio* $\mathcal{W} = L\{\underline{u}\}$

c. di costruire un "procedimento" per determinare una *base ortonormale* B_O di $\mathcal{E}$ a partire da una qualunque altra *base* B di esso.

Cominciamo dal punto a.!

2.25 Vettore simmetrico di un vettore $\underline{v} \in \mathcal{E}$ rispetto ad un sottospazio $\mathcal{W}$ di $\mathcal{E}$

Diamo subito la definizione!

Definizione di vettore simmetrico di un vettore $\underline{v} \in \mathcal{E}$ rispetto ad un sottospazio $\mathcal{W}$ di $\mathcal{E}$
Dato un *sottospazio* $\mathcal{W}$ di $\mathcal{E}$, distinto da $\{\underline{0}\}$ e da $\mathcal{E}$, ed un vettore $\underline{v} \in \mathcal{E}$, si chiama *vettore simmetrico* di $\underline{v}$ rispetto al *sottospazio* $\mathcal{W}$ e si denota con il simbolo $\underline{v}_S$, quel *vettore* di $\mathcal{E}$ così definito:

$$\underline{v}_S = \underline{v}_{\mathcal{W}} - \underline{v}_{\mathcal{W}^\perp}. \tag{2.43}$$

Osservando la (2.42) e la (2.43) possiamo concludere che:

– Fissato un *vettore* $\underline{v} \neq \underline{0}$ ed un *sottospazio* $\mathcal{W}$ di $\mathcal{E}$, i *vettori* $\underline{v}$ e $\underline{v}_s$ hanno gli stessi *vettori proiezione ortogonale* sul *sottospazio* $\mathcal{W}$ ed i *vettori proiezione ortogonale* sul *sottospazio* $\mathcal{W}^\perp$, *opposti.*

Se $\underline{v} \in \mathcal{W}$ allora $\underline{v}_{\mathcal{W}^\perp} = \underline{0}$ e, per la (2.42), $\underline{v} = \underline{v}_{\mathcal{W}}$.

Per la (2.43) si ha quindi: $\underline{v}_s = \underline{v}_{\mathcal{W}}$ e di conseguenza $\underline{v} = \underline{v}_s$ cioè il *vettore* $\underline{v}$ coincide con il suo *vettore simmetrico.*

Per trovare $\underline{v}_S$, senza dover utilizzare il *vettore* $\underline{v}_{\mathcal{W}^\perp}$, possiamo sommare membro a membro le uguaglianze (2.42) e (2.43) ottenendo così

$$\underline{v} + \underline{v}_S = 2\,\underline{v}_{\mathcal{W}}$$

da cui segue:

$$\underline{v}_S = 2\,\underline{v}_{\mathcal{W}} - \underline{v}. \tag{2.44}$$

Il *punto* a. è stato sufficientemente trattato.

Il *punto* b. non necessita di commenti, perché basta che lo Studente rifletta un momento su quanto abbiamo detto, per convincersene.

Ciò di cui vogliamo invece parlare è del *punto* c., cioè di un "procedimento" per costruire una *base ortonormale* B_O di $\mathcal{E}$ a partire da una qualunque *base* $B = (\underline{v}_1, \underline{v}_2, \underline{v}_3)$ di esso: il *procedimento di Gram-Schmidt.*

2.26 Procedimento di Gram-Schmidt

Sia $B = (\underline{v}_1, \underline{v}_2, \underline{v}_3)$ una qualunque *base* di $\mathcal{E}$; a partire da essa vogliamo costruire una *base ortonormale* B_O.

Se constatiamo che B è *ortonormale*, cioè:

$$\underline{v}_1{\cdot}\underline{v}_2 = 0 \quad , \quad \underline{v}_1{\cdot}\underline{v}_3 = 0 \quad , \quad \underline{v}_2{\cdot}\underline{v}_3 = 0 \quad \text{e} \quad \|\underline{v}_1\| = \|\underline{v}_2\| = \|\underline{v}_3\| = 1 \quad ,$$

il problema non si pone; la *base* che stiamo cercando l'abbiamo già!

Se constatiamo che B è *ortogonale*, cioè

$$\underline{v}_1 \cdot \underline{v}_2 = 0 \quad , \quad \underline{v}_1 \cdot \underline{v}_3 = 0 \quad , \quad \underline{v}_2 \cdot \underline{v}_3 = 0 \quad ,$$

una *base ortonormale* si ottiene moltiplicando i *vettori* $\underline{v}_1$, $\underline{v}_2$, $\underline{v}_3$ rispettivamente per $\frac{1}{\|\underline{v}_1\|}$, $\frac{1}{\|\underline{v}_2\|}$, $\frac{1}{\|\underline{v}_3\|}$ ed anche in questo caso, il problema è risolto:

$$B_O = \left(\frac{1}{\|\underline{v}_1\|}\underline{v}_1, \frac{1}{\|\underline{v}_2\|}\underline{v}_2, \frac{1}{\|\underline{v}_3\|}\underline{v}_3 \right) \quad .$$

La *base* B_O appartiene addirittura alla stessa *orientazione* di B perché la *matrice* P *di passaggio* dalla *base* B alla *base* B_O è:

$$P = \begin{pmatrix} \frac{1}{\|\underline{v}_1\|} & 0 & 0 \\ 0 & \frac{1}{\|\underline{v}_2\|} & 0 \\ 0 & 0 & \frac{1}{\|\underline{v}_3\|} \end{pmatrix}$$

e si ha che $\det P = \frac{1}{\|\underline{v}_1\|} \cdot \frac{1}{\|\underline{v}_2\|} \cdot \frac{1}{\|\underline{v}_3\|} > 0$.

Se invece la *base* B non è né *ortonormale*, nè *ortogonale*, per costruire, a partire da essa, una *base ortonormale* B_O, vediamo come utilizzare i *concetti* finora introdotti!

A partire dalla *base* $B = (\underline{v}_1, \underline{v}_2, \underline{v}_3)$ assegnata, se riusciremo a costruire una *base ortogonale* $\overline{B} = (\underline{u}_1, \underline{u}_2, \underline{u}_3)$, il problema sarà risolto; come abbiamo visto nel caso precedente infatti, basta moltiplicare i *vettori* $\underline{u}_1, \underline{u}_2, \underline{u}_3$ rispettivamente per $\frac{1}{\|\underline{u}_1\|}$, $\frac{1}{\|\underline{u}_2\|}$, $\frac{1}{\|\underline{u}_3\|}$ per ottenere la *base ortonormale* cercata:

$$B_O = \left(\frac{1}{\|\underline{u}_1\|}\underline{u}_1, \frac{1}{\|\underline{u}_2\|}\underline{u}_2, \frac{1}{\|\underline{u}_3\|}\underline{u}_3 \right) \quad .$$

Per costruire la *base* $\overline{B} = (\underline{u}_1, \underline{u}_2, \underline{u}_3)$ sfruttiamo il concetto di *sottospazi ortogonali supplementari*.

Assumiamo
$\underline{u}_1$ (*primo vettore* della *base* $\overline{B}$) = $\underline{v}_1$ (*primo vettore* della *base* B)
e consideriamo i *sottospazi*:

$\mathcal{W}_1 = L\{\underline{u}_1\}$ e $\mathcal{W}_1^{\perp}$(*sottospazio supplementare ortogonale* di $\mathcal{W}_1$).

Per la (2.42), possiamo decomporre il *vettore* $\underline{v}_2$ (secondo *vettore* della *base* B assegnata) così:

$$\underline{v}_2 = (\underline{v}_2)_{\mathcal{W}_1} + (\underline{v}_2)_{\mathcal{W}_1^{\perp}} \cdot \tag{2.45}$$

Poiché il *vettore* $(\underline{v}_2)_{\mathcal{W}_1^\perp}$ è *ortogonale* ad ogni *vettore* di $\mathcal{W}_1$, è sicuramente *ortogonale* al *vettore* $\underline{u}_1$ e quindi puó essere assunto come il *vettore* $\underline{u}_2$ (secondo *vettore* della *base* $\overline{B}$ che stiamo costruendo):

$$\underline{u}_2 = (\underline{v}_2)_{\mathcal{W}_1^\perp}\,. \tag{2.46}$$

Siccome

$$\mathcal{W}_1 = L\{\underline{u}_1\} \quad \text{e} \quad (\underline{v}_2)_{\mathcal{W}_1} \in \mathcal{W}_1$$

esiste un numero $\lambda_1 \neq 0$ tale che

$$(\underline{v}_2)_{\mathcal{W}_1} = \lambda_1 \underline{u}_1. \tag{2.47}$$

Dalla (2.45) e (2.47) segue che:

$$(\underline{v}_2)_{\mathcal{W}_1^\perp} = \underline{v}_2 - \lambda_1 \underline{u}_1. \tag{2.48}$$

Essendo i vettori $(\underline{v}_2)_{\mathcal{W}_1}$ e $(\underline{v}_2)_{\mathcal{W}_1^\perp}$ *ortogonali*, possiamo scrivere:

$$(\underline{v}_2)_{\mathcal{W}_1} \cdot (\underline{v}_2)_{\mathcal{W}_1^\perp} = 0. \tag{2.49}$$

Sostituendo nel primo membro della (2.49) i secondi membri delle (2.47) e (2.48), otteniamo:

$$(\lambda \underline{u}_1) \cdot (\underline{v}_2 - \lambda_1 \underline{u}_1) = 0$$

da cui

$$\lambda_1 \left(\underline{u}_1 \cdot \underline{v}_2\right) - \lambda_1^2 \left(\underline{u}_1 \cdot \underline{u}_1\right) = 0. \tag{2.50}$$

La (2.50) è una *equazione algebrica di* 2° *grado* (spuria) nell'*incognita* λ_1.

La sua *soluzione non nulla* è:

$$\lambda_1 = \frac{\underline{u}_1 \cdot \underline{v}_2}{\underline{u}_1 \cdot \underline{u}_1}.$$

Sostituendo tale valore nella (2.48) e tenendo presente la (2.46). si ha

$$\underline{u}_2 = \underline{v}_2 - \frac{\underline{u}_1 \cdot \underline{v}_2}{\underline{u}_1 \cdot \underline{u}_1} \underline{u}_1 (\text{secondo vettore della } \textit{base}\ \overline{B}).$$

Per completare la *base* $\overline{B}$ resta ora da determinare il *vettore* $\underline{u}_3$!

Per farlo, ragioniamo allo stesso modo.

Consideriamo i *sottospazi vettoriali* $\mathcal{W}_2 = L\{\underline{u}_1, \underline{u}_2\}$, $\mathcal{W}_2^{\perp}$ e decomponiamo il *vettore* $\underline{v}_3$ (*terzo vettore* della *base* B di partenza) così:

$$\underline{v}_3 = (\underline{v}_3)_{\mathcal{W}_2} + (\underline{v}_3)_{\mathcal{W}_2^{\perp}} \,. \tag{2.51}$$

Poichè il *vettore* $(\underline{v}_3)_{\mathcal{W}_2^{\perp}}$ è *ortogonale* ad ogni *vettore* di $\mathcal{W}_2$ è sicuramente *ortogonale* ai *vettori* $\underline{u}_1$ ed $\underline{u}_2$ che sono *generatori* di $\mathcal{W}_2$ e quindi può essere assunto come il *vettore* $\underline{u}_3$ (terzo ed ultimo *vettore* della *base* $\overline{B}$ che stiamo costruendo):

$$\underline{u}_3 = (\underline{v}_3)_{\mathcal{W}_2^{\perp}} \,. \tag{2.52}$$

Siccome

$$\mathcal{W}_2 = L\{\underline{u}_1, \underline{u}_2\} \quad \text{e} \quad (\underline{v}_3)_{\mathcal{W}_2} \in \mathcal{W}_2.$$

esistono due numeri λ_1 e λ_2 tali che:

$$(\underline{v}_3)_{\mathcal{W}_2} = \lambda_1 \underline{u}_1 + \lambda_2 \underline{u}_2. \tag{2.53}$$

Dalle (2.51) e (2.53) segue che:

$$(\underline{v}_3)_{\mathcal{W}_2^{\perp}} = \underline{v}_3 - \lambda_1 \underline{u}_1 - \lambda_2 \underline{u}_2. \tag{2.54}$$

Essendo il *vettore* $(\underline{v}_3)_{\mathcal{W}_2^{\perp}}$ *ortogonale* ai *vettori* $\underline{u}_1$ e $\underline{u}_2$, possiamo scrivere:

$$(\underline{u}_1) \cdot (\underline{v}_3)_{\mathcal{W}_2^{\perp}} = 0 \quad \text{e} \quad (\underline{u}_2) \cdot (\underline{v}_3)_{\mathcal{W}_2^{\perp}} = 0. \tag{2.55}$$

Sostituendo il secondo membro della (2.54) nelle (2.55), otteniamo:

$$\begin{aligned} &\underline{u}_1 \cdot (\underline{v}_3 - \lambda_1 \underline{u}_1 - \lambda_2 \underline{u}_2) = 0 \\ \text{e} \\ &\underline{u}_2 \cdot (\underline{v}_3 - \lambda_1 \underline{u}_1 - \lambda_2 \underline{u}_2) = 0. \end{aligned} \tag{2.56}$$

Eseguendo i *prodotti scalari* nelle (2.56), si ottiene:

$$\underline{u}_1 \cdot \underline{v}_3 - \lambda_1 \underline{u}_1 \cdot \underline{u}_1 = 0 \quad \text{e} \quad \underline{u}_2 \cdot \underline{v}_3 - \lambda_2 \underline{u}_2 \cdot \underline{u}_2 = 0$$

da cui segue:

$$\lambda_1 = \frac{\underline{u}_1 \cdot \underline{v}_3}{\underline{u}_1 \cdot \underline{u}_1} \quad \text{e} \quad \lambda_2 = \frac{\underline{u}_2 \cdot \underline{v}_3}{\underline{u}_2 \cdot \underline{u}_2}. \tag{2.57}$$

Per le (2.57) e la (2.54), la (2.52) diviene

$$\underline{u}_3 = \underline{v}_3 - \frac{\underline{u}_1 \cdot \underline{v}_3}{\underline{u}_1 \cdot \underline{u}_1}\underline{u}_1 - \frac{\underline{u}_2 \cdot \underline{v}_3}{\underline{u}_2 \cdot \underline{u}_2}\underline{u}_2.$$

Concludendo:

– La *base ortogonale* $\overline{B}$ è costituita dai *vettori*

$$\begin{aligned} \underline{u}_1 &= \underline{v}_1 \\ \underline{u}_2 &= \underline{v}_2 - \frac{\underline{v}_2 \cdot \underline{u}_1}{\underline{u}_1 \cdot \underline{u}_1}\underline{u}_1 \\ \underline{u}_3 &= \underline{v}_3 - \frac{\underline{v}_3 \cdot \underline{u}_1}{\underline{u}_1 \cdot \underline{u}_1}\underline{u}_1 - \frac{\underline{v}_3 \cdot \underline{u}_2}{\underline{u}_2 \cdot \underline{u}_2}\underline{u}_2. \end{aligned} \tag{2.58}$$

Vediamo ora se le *basi* $B = (\underline{v}_1, \underline{v}_2, \underline{v}_3)$ e $\overline{B} = (\underline{u}_1, \underline{u}_2, \underline{u}_3)$ appartengono oppure no alla stessa *orientazione*.

A tale scopo, a partire dalle (2.58), esprimiamo i *vettori* $\underline{v}_1, \underline{v}_2, \underline{v}_3$ per mezzo dei *vettori* $\underline{u}_1, \underline{u}_2, \underline{u}_3$:

$$\begin{aligned} \underline{v}_1 &= \underline{u}_1 \\ \underline{v}_2 &= \frac{\underline{v}_2 \cdot \underline{u}_1}{\underline{u}_1 \cdot \underline{u}_1}\underline{u}_1 + \underline{u}_2 \\ \underline{v}_3 &= \frac{\underline{v}_3 \cdot \underline{u}_1}{\underline{u}_1 \cdot \underline{u}_1}\underline{u}_1 + \frac{\underline{v}_3 \cdot \underline{u}_2}{\underline{u}_2 \cdot \underline{u}_2}\underline{u}_2 + \underline{u}_3. \end{aligned}$$

La *matrice* P di *passaggio* dalla *base* $\overline{B}$ alla *base* B è:

$$P = \begin{pmatrix} 1 & \frac{\underline{v}_2 \cdot \underline{u}_1}{\underline{u}_1 \cdot \underline{u}_1} & \frac{\underline{v}_3 \cdot \underline{u}_1}{\underline{u}_1 \cdot \underline{u}_1} \\ 0 & 1 & \frac{\underline{v}_3 \cdot \underline{u}_2}{\underline{u}_2 \cdot \underline{u}_2} \\ 0 & 0 & 1 \end{pmatrix}.$$

Poiché è $\det P = 1 \cdot 1 \cdot 1 = 1 > 0$ concludiamo che $\overline{B}$ appartiene alla stessa *orientazione* di B.

Come abbiamo visto nel secondo caso trattato, dalla *base* $\overline{B}$ possiamo ottenere una *base ortonormale* B_O e quest'ultima appartiene alla stessa *orientazione* di $\overline{B}$ e di B.

L'esposizione del procedimenti di Gram-Schmidt è terminata!

Nel libro "Esercizi di algebra lineare" daremo alcuni esempi.

* * *

Per terminare con lo *spazio vettoriale euclideo* $\mathcal{E}$ restano ancora da risolvere *tre problemi*, analoghi ai **Problemi 1** e **2** che ci siamo posti nel *paragrafo* 2.12 a proposito dello *spazio vettoriale* $\mathcal{V}$.
Trattandosi di *problemi* dello stesso tipo li numereremo a partire da 3.

Enunciamoli!

Problema 3

Fissata una *base* $B = (\underline{v}_1, \underline{v}_2, \underline{v}_3)$ in $\mathcal{E}$, è possibile esprimere il *prodotto scalare* $\underline{u} \cdot \underline{v}$ per mezzo delle *coordinate* dei *vettori* $\underline{u}$ e $\underline{v}$?

Problema 4

Fissata una *base* $B = (\underline{v}_1, \underline{v}_2, \underline{v}_3)$ in $\mathcal{E}$, c'è qualche *relazione* tra le *terne* di *coordinate* dei vettori $\underline{u}, \underline{v}$ e $\underline{u} \wedge \underline{v}$?

Problema 5

Fissata una *base* $B = (\underline{v}_1, \underline{v}_2, \underline{v}_3)$ in $\mathcal{E}$, è possibile esprimere il *prodotto misto* $\underline{u} \wedge \underline{v} \cdot \underline{w}$ per mezzo delle *coordinate* dei *vettori* $\underline{u}$, $\underline{v}$ e $\underline{w}$?

Risolviamoli nell'ordine in cui ce li siamo posti!

2.27 Espressione analitica del prodotto scalare

Problema 3

Fissiamo nello *spazio vettoriale euclideo* $\mathcal{E}$ una *base* $B = (\underline{v}_1, \underline{v}_2, \underline{v}_3)$ e siano $\underline{u}$ e $\underline{v}$ due generici *vettori* di $\mathcal{E}$.

Vogliamo vedere se è possibile esprimere il *prodotto scalare* $\underline{u} \cdot \underline{v}$ per mezzo delle *coordinate* di $\underline{u}$ e $\underline{v}$.

Rappresentiamo $\underline{u}$ e $\underline{v}$ come *combinazioni lineari* dei *vettori* della *base* fissata:

$$\begin{aligned}\underline{u} &= x_1\underline{v}_1 + x_2\underline{v}_2 + x_3\underline{v}_3 \\ \underline{v} &= y_1\underline{v}_1 + y_2\underline{v}_2 + y_3\underline{v}_3\end{aligned}$$

ed eseguiamo l'operazione di *prodotto scalare* $\underline{u}\cdot\underline{v}$ tenendo presenti le *relazioni* che legano tale *operazione* a quelle di *addizione* e di *moltiplicazione* di un *numero* (scalare) per un *vettore*. Otteniamo:

$$\begin{aligned}\underline{u}\cdot\underline{v} &= (x_1\underline{v}_1 + x_2\underline{v}_2 + x_3\underline{v}_3)\cdot(y_1\underline{v}_1 + y_2\underline{v}_2 + y_3\underline{v}_3) = \\ &= (x_1y_1)(\underline{v}_1\cdot\underline{v}_1) + (x_1y_2)(\underline{v}_1\cdot\underline{v}_2) + (x_1y_3)(\underline{v}_1\cdot\underline{v}_3) + \\ &+ (x_2y_1)(\underline{v}_2\cdot\underline{v}_1) + (x_2y_2)(\underline{v}_2\cdot\underline{v}_2) + (x_2y_3)(\underline{v}_2\cdot\underline{v}_3) + \\ &+ (x_3y_1)(\underline{v}_3\cdot\underline{v}_1) + (x_3y_2)(\underline{v}_3\cdot\underline{v}_2) + (x_3y_3)(\underline{v}_3\cdot\underline{v}_3).\end{aligned} \tag{2.59}$$

Se introduciamo le *matrici*:

$$X = \begin{pmatrix} x_1 \\ x_2 \\ x_3 \end{pmatrix} \quad , \quad X^T = (x_1, x_2, x_3) \quad , \quad Y = \begin{pmatrix} y_1 \\ y_2 \\ y_3 \end{pmatrix} \quad ,$$

$$\mathcal{G} = \begin{pmatrix} \underline{v}_1\cdot\underline{v}_1 & \underline{v}_1\cdot\underline{v}_2 & \underline{v}_1\cdot\underline{v}_3 \\ \underline{v}_2\cdot\underline{v}_1 & \underline{v}_2\cdot\underline{v}_2 & \underline{v}_2\cdot\underline{v}_3 \\ \underline{v}_3\cdot\underline{v}_1 & \underline{v}_3\cdot\underline{v}_2 & \underline{v}_3\cdot\underline{v}_3 \end{pmatrix}$$

la (2.59) può essere scritta, in forma compatta, così:

$$\underline{u}\cdot\underline{v} = X^T\ \mathcal{G}\ Y. \tag{2.60}$$

La (2.60) è la *soluzione* del problema posto; essa ci dice che è possibile esprimere il *prodotto scalare* $\underline{u}\cdot\underline{v}$ per mezzo delle *coordinate* di $\underline{u}$ e $\underline{v}$ rispetto alla *base fissata* $B = (\underline{v}_1, \underline{v}_2, \underline{v}_3)$ se conosciamo il *prodotto scalare* tra *tutte le coppie* dei *vettori* della stessa:

$$\underline{v}_1\cdot\underline{v}_1 \quad , \underline{v}_1\cdot\underline{v}_2 \quad , \quad \underline{v}_1\cdot\underline{v}_3, \quad \ldots$$

La (2.60) ci permette:

1. di calcolare il *modulo* di un *vettore* $\underline{u}$ per mezzo delle sue *coordinate*. Tenendo presente la (2.2), possiamo infatti scrivere:

$$\|\underline{u}\| = \sqrt{\underline{u} \cdot \underline{u}} = \sqrt{X^T \, \mathcal{G} \, X} \tag{2.61}$$

2. di calcolare il coseno dell'*angolo* $\widehat{\underline{u}\,\underline{v}}$ per mezzo delle *coordinate* dei *vettori* $\underline{u}$ e $\underline{v}$. Tenendo presente la (2.3), possiamo infatti scrivere:

$$\cos \widehat{\underline{u}\,\underline{v}} = \frac{\underline{u} \cdot \underline{v}}{\|\underline{u}\| \, \|\underline{v}\|} = \frac{X^T \, \mathcal{G} \, Y}{\sqrt{X^T \, \mathcal{G} \, X}\sqrt{Y^T \, \mathcal{G} \, Y}}. \quad ^{13} \tag{2.62}$$

Facciamo ora i nostri commenti alla *matrice* $\mathcal{G}$ che prende il nome di *matrice di Gram.*

2.28 Commenti alla matrice di Gram

Dal fatto che gli *elementi* della *matrice di Gram* sono i *prodotti scalari* tra i *vettori* $\underline{v}_1, \underline{v}_2, \underline{v}_3$ della *base* B scelta, possiamo trarre due conclusioni:

1. La *matrice* $\mathcal{G}$ *dipende* dalla *base* B *scelta.*
2. Qualunque sia la *base* B *scelta* in $\mathcal{E}$, la *matrice* $\mathcal{G}$ corrispondente è una *matrice simmetrica*, per la *proprietà commutativa* del *prodotto scalare.*

Andiamo ora a vedere come varia la *matrice* $\mathcal{G}$ al variare della *base* B scelta.

Se nello *spazio vettoriale euclideo* $\mathcal{E}$, oltre alla *base* $B = (\underline{v}_1, \underline{v}_2, \underline{v}_3)$, fissiamo *un'altra base* $B' = (\underline{v}'_1, \underline{v}'_2, \underline{v}'_3)$, il *prodotto scalare* $\underline{u} \cdot \underline{v}$, oltre che

[13]Se non ci fosse stata la possibilità di calcolare il *prodotto scalare di due vettori* $\underline{u}$ e $\underline{v}$ per mezzo delle loro *coordinate*, le "formule" (2.2) e (2.3), stabilite nel *paragrafo* 2.5, sarebbero state del tutto inutili dal punto di vista del calcolo, in quanto per calcolare il *prodotto scalare di due vettori*, utilizzando la definizione che abbiamo dato di esso, si devono conoscere i *moduli* dei *vettori* e l'*angolo* da essi determinato.

dalla "formula" (2.60), può essere espresso anche da quest'altra "formula" analoga alla (2.60):

$$\underline{u} \cdot \underline{v} = X'^T \, \mathcal{G}' \, Y'. \tag{2.63}$$

Ricordando che

$$X = P \, X' \quad , \quad Y = P \, Y' \tag{2.64}$$

(P è la *matrice di passaggio* dalla *base* B alla *base* B') ed il fatto che:

$$(A \, B)^T = B^T \, A^T \qquad ,$$

se sostituiamo le (2.64) nella (2.60), otteniamo:

$$\begin{aligned} \underline{u} \cdot \underline{v} &= (P \, X')^T \, \mathcal{G} \, (P \, Y') = \\ &= (X'^T \, P^T) \, \mathcal{G} \, (P \, Y') = \\ &= X'^T \, (P^T \, \mathcal{G} \, P) \, Y'. \end{aligned} \tag{2.65}$$

Confrontando l'ultimo membro della (2.65) con la (2.63) otteniamo:

$$\mathcal{G}' = P^T \, \mathcal{G} \, P. \tag{2.66}$$

La (2.66) ci dice come varia la *matrice* $\mathcal{G}$ al variare della *base* scelta in $\mathcal{E}$.

Poiché infinite sono le *basi* che si possono fissare in $\mathcal{E}$ ed a ciascuna di esse corrisponde una *matrice* $\mathcal{G}$, possiamo concludere che il *prodotto scalare* può essere rappresentato per mezzo di *infinite matrici*; le *matrici* che lo rappresentano sono dette *matrici congruenti*; la (2.66) esprime appunto la *relazione* che c'è tra due *matrici congruenti*.

Dal fatto che la *matrice di Gram* è una *matrice simmetrica* segue che:

- se la *base* B di $\mathcal{E}$ è *ortogonale*, indipendentemente dal fatto che sia *positiva* o *negativa*, la *matrice di Gram* corrispondente è una *matrice diagonale*; in particolare, se la *base* B è *ortonormale*, ad esempio è $B_O^+ = (\underline{i}, \underline{j}, \underline{k})$, la matrice $\mathcal{G}$ corrispondente è la *matrice unitaria*:

$$\mathcal{G} = \begin{pmatrix} \underline{i}\cdot\underline{i} & \underline{i}\cdot\underline{j} & \underline{i}\cdot\underline{k} \\ \underline{j}\cdot\underline{i} & \underline{j}\cdot\underline{j} & \underline{j}\cdot\underline{k} \\ \underline{k}\cdot\underline{i} & \underline{k}\cdot\underline{j} & \underline{k}\cdot\underline{k} \end{pmatrix} = \begin{pmatrix} 1 & 0 & 0 \\ 0 & 1 & 0 \\ 0 & 0 & 1 \end{pmatrix} = I.$$

In questo caso l'espressione (2.60) del *prodotto scalare* diviene:

$$\underline{u}\cdot\underline{v} = (x_1\ x_2\ x_3)\begin{pmatrix} 1 & 0 & 0 \\ 0 & 1 & 0 \\ 0 & 0 & 1 \end{pmatrix}\begin{pmatrix} y_1 \\ y_2 \\ y_3 \end{pmatrix} = x_1y_1 + x_2y_2 + x_3y_3. \tag{2.67}$$

Come conseguenze della (2.67) abbiamo:

1.
$$\|\underline{u}\| = \sqrt{\underline{u}\cdot\underline{u}} = \sqrt{x_1^2 + x_2^2 + x_3^2} \tag{2.68}$$

2.
$$\cos\widehat{\underline{u}\,\underline{v}} = \frac{\underline{u}\cdot\underline{v}}{\|\underline{u}\|\,\|\underline{v}\|} = \frac{x_1\cdot y_1 + x_2\cdot y_2 + x_3\cdot y_3}{\sqrt{x_1^2+x_2^2+x_3^2}\,\sqrt{y_1^2+y_2^2+y_3^2}}. \tag{2.69}$$

3. due *vettori* $\underline{u}$ e $\underline{v}$ sono *ortogonali se e solo se* risulta

$$x_1y_1 + x_2y_2 + x_3y_3 = 0. \tag{2.70}$$

Andiamo ora a vedere qual è il *rango* della *matrice* $\mathcal{G}$!

Dalla *proprietà* 2. dell'*operazione di prodotto scalare* enunciata nel *paragrafo* 2.5:

$$\forall\underline{u}\in\mathcal{S} \Rightarrow \underline{u}\cdot\underline{u}\geq 0;\ \text{è}\ \underline{u}\cdot\underline{u} = 0 \quad \text{se e solo se è} \quad \underline{u} = \underline{0}$$

segue che l'*unico vettore* di $\mathcal{E}$ *ortogonale* ad ogni *vettore* di $\mathcal{E}$ (e quindi anche a se stesso) è il *vettore nullo* $\underline{0}$; ogni altro *vettore* $\underline{u} \neq \underline{0}$ non è infatti *ortogonale a se stesso* perché risulta $\underline{u}\cdot\underline{u} > 0$.

Questo fatto si può esprimere dicendo che l'insieme

$$\{\underline{u}\in\mathcal{E} : \underline{v}\cdot\underline{u} = 0, \forall\underline{v}\in\mathcal{E}\} \tag{2.71}$$

ha come *unico* elemento il *vettore nullo* $\underline{0}$.

Se fissiamo in $\mathcal{E}$ una *base* $B = (\underline{v}_1, \underline{v}_2, \underline{v}_3)$ ed utilizziamo le notazioni introdotte nel *paragrafo* 2.27, l'*equazione* $\underline{v} \cdot \underline{u} = 0$, in termini di coordinate, diviene:

$$Y^T \mathcal{G} X = 0. \tag{2.72}$$

Per la *proprietà associativa* dell'*operazione di moltiplicazione delle matrici*, la (2.72) può essere scritta così:

$$Y^T(\mathcal{G}X) = 0. \tag{2.73}$$

Dovendo la (2.73) essere verificata qualunque sia la *matrice* Y^T, deve risultare:

$$\mathcal{G}X = 0. \tag{2.74}$$

La (2.74) è la scrittura matriciale di un *sistema lineare omogeneo* di *tre equazioni nelle tre incognite* x_1, x_2, x_3 e quindi il *simbolo* 0 che compare al secondo membro è la *matrice* 3×1 i cui *tre elementi* sono *zero*.

I numeri x_1, x_2, x_3 di ogni *terna soluzione* di esso sono le *coordinate* nella *base* B fissata in $\mathcal{E}$ di un *vettore* appartenente all'*insieme* (2.71).

Siccome sappiamo che all'*insieme* (2.71) appartiene solo il *vettore* $\underline{0}$, concludiamo che il *sistema* (2.74) ha *solo* la *soluzione* $(0, 0, 0)$.

Ciò avviene *se e solo se* risulta $\det \mathcal{G} \neq 0$, cioè il *rango* della *matrice* $\mathcal{G}$ è *tre*.

Ogni altra *matrice* $\mathcal{G}'$ di *Gram* che rappresenta l'*operazione di prodotto scalare* rispetto ad un'altra *base* $B' = (\underline{v}'_1, \underline{v}'_2, \underline{v}'_3)$ di $\mathcal{E}$, essendo legata alla *matrice* $\mathcal{G}$ dalla relazione

$$\mathcal{G}' = P^T \mathcal{G} P, \tag{2.66}$$

ha lo stesso *rango* di $\mathcal{G}$.
Si ha infatti, per il *teorema di Binet* e per il fatto che $\det P^T = \det P$, che

$$\det \mathcal{G}' = \det(P^T \mathcal{G} P) = \det P^T \cdot \det \mathcal{G} \cdot \det P = (\det P)^2 \cdot \det \mathcal{G}.$$

Poiché è $\det P \neq 0$, in quanto la *matrice cambio di coordinate* è *invertibile* e $\det \mathcal{G} \neq 0$, segue che $\det \mathcal{G}' \neq 0$.

A conclusione dei nostri commenti sulla *matrice di Gram* possiamo dire:

1. la *matrice* $\mathcal{G}$ dipende dalla *base* B scelta in $\mathcal{E}$
2. qualunque sia la *base* B *scelta* in $\mathcal{E}$, la *matrice* $\mathcal{G}$ è una *matrice simmetrica*, per la *proprietà commutativa* del *prodotto scalare*
3. qualunque sia la *base* B *scelta* in $\mathcal{E}$, la *matrice* $\mathcal{G}$ corrispondente ha *rango tre*, cioè risulta $\det \mathcal{G} \neq 0$.

Passiamo al **Problema 4**!

2.29 Relazione tra le coordinate dei vettori $\underline{u}$, $\underline{v}$, $\underline{u} \wedge \underline{v}$

Problema 4

Fissiamo nello *spazio vettoriale euclideo* $\mathcal{E}$ una *base* $B = (\underline{v}_1, \underline{v}_2, \underline{v}_3)$ e siano $\underline{u}$ e $\underline{v}$ due generici *vettori* di $\mathcal{E}$.

Vogliamo vedere che *relazione* c'è tra le *coordinate dei vettori* $\underline{u}$, $\underline{v}$ e $\underline{u} \wedge \underline{v}$.

Rappresentiamo $\underline{u}$ e $\underline{v}$ come *combinazioni lineari* dei *vettori* della *base* fissata:

$$\begin{aligned} \underline{u} &= x_1\underline{v}_1 + x_2\underline{v}_2 + x_3\underline{v}_3 \\ \underline{v} &= y_1\underline{v}_1 + y_2\underline{v}_2 + y_3\underline{v}_3 \end{aligned}$$

ed eseguiamo l'operazione di *prodotto vettoriale* $\underline{u} \wedge \underline{v}$ tenendo presenti le *relazioni* che legano tale *operazione* a quelle di *addizione* e di *moltiplicazione* di un *numero* (scalare) per un *vettore*.

Otteniamo:

$$\begin{aligned} \underline{u} \wedge \underline{v} = (x_1\underline{v}_1 + x_2\underline{v}_2 + x_3\underline{v}_3) \wedge (y_1\underline{v}_1 + y_2\underline{v}_2 + y_3\underline{v}_3) = \\ = (x_1y_1)(\underline{v}_1 \wedge \underline{v}_1) + (x_1y_2)(\underline{v}_1 \wedge \underline{v}_2) + (x_1y_3)(\underline{v}_1 \wedge \underline{v}_3) + \\ + (x_2y_1)(\underline{v}_2 \wedge \underline{v}_1) + (x_2y_2)(\underline{v}_2 \wedge \underline{v}_2) + (x_2y_3)(\underline{v}_2 \wedge \underline{v}_3) + \\ + (x_3y_1)(\underline{v}_3 \wedge \underline{v}_1) + (x_3y_2)(\underline{v}_3 \wedge \underline{v}_2) + (x_3y_3)(\underline{v}_3 \wedge \underline{v}_3). \end{aligned} \tag{2.75}$$

Essendo:

$$\underline{v}_1 \wedge \underline{v}_1 = \underline{0} \quad , \quad \underline{v}_2 \wedge \underline{v}_2 = \underline{0} \quad , \quad \underline{v}_3 \wedge \underline{v}_3 = \underline{0}$$

e

$$\underline{v}_2 \wedge \underline{v}_1 = -(\underline{v}_1 \wedge \underline{v}_2)\ ,\ \underline{v}_3 \wedge \underline{v}_1 = -(\underline{v}_1 \wedge \underline{v}_3)\ ,\ \underline{v}_3 \wedge \underline{v}_2 = -(\underline{v}_2 \wedge \underline{v}_3)$$

la (2.75) diviene:

$$\underline{u}\wedge\underline{v} = (x_1y_2-x_2y_1)(\underline{v}_1\wedge\underline{v}_2)+(x_2y_3-x_3y_2)(\underline{v}_2\wedge\underline{v}_3)+(x_1y_3-x_3y_1)(\underline{v}_1\wedge\underline{v}_3). \tag{2.76}$$

Se la *base* $B = (\underline{v}_1, \underline{v}_2, \underline{v}_3)$ è una *base ortonormale positiva*, cioè è $B = B_O^+ = = (\underline{i}, \underline{j}, \underline{k})$, essendo:

$$\underline{v}_1 \wedge \underline{v}_2 = \underline{i} \wedge \underline{j} = \underline{k}$$
$$\underline{v}_1 \wedge \underline{v}_3 = \underline{i} \wedge \underline{k} = -\underline{j}$$
$$\underline{v}_2 \wedge \underline{v}_3 = \underline{j} \wedge \underline{k} = \underline{i}$$

la (2.76) diviene:

$$\begin{aligned}\underline{u} \wedge \underline{v} &= (x_1y_2 - x_2y_1)\underline{k} + (x_2y_3 - x_3y_2)\underline{i} + (x_1y_3 - x_3y_1)(-\underline{j}) = \\ &= (x_2y_3 - x_3y_2)\underline{i} + (x_3y_1 - x_1y_3)\underline{j} + (x_1y_2 - x_2y_1)\underline{k}.\end{aligned} \tag{2.77}$$

La (2.77), che mostra la *relazione* che c'è tra le *coordinate* dei vettori $\underline{u}$, $\underline{v}$ e $\underline{u} \wedge \underline{v}$ in una qualunque *base ortonormale positiva*, può essere ricordata facilmente, come il *determinante* della *matrice* (simbolica):

$$\begin{pmatrix} \underline{i} & \underline{j} & \underline{k} \\ x_1 & x_2 & x_3 \\ y_1 & y_2 & y_3 \end{pmatrix}.$$

Se calcoliamo infatti il *determinante* di tale *matrice*, secondo gli *elementi* della *prima riga*, otteniamo la (2.77).

Per ricordare ciò, scriviamo:

$$\underline{u} \wedge \underline{v} = \det \begin{pmatrix} \underline{i} & \underline{j} & \underline{k} \\ x_1 & x_2 & x_3 \\ y_1 & y_2 & y_3 \end{pmatrix} \begin{matrix} \\ \to \text{coordinate del vettore } \underline{u} \\ \to \text{coordinate del vettore } \underline{v}. \end{matrix}$$

Occupiamoci ora del *prodotto misto*!

2.30 Espressione analitica del prodotto misto

Problema 5

Essendo le *basi ortonormali positive* tanto comode, cerchiamo di ottenere l'*espressione analitica del prodotto misto*

$$\underline{u} \wedge \underline{v} \cdot \underline{w} = \underline{w} \cdot \underline{u} \wedge \underline{v}$$

utilizzando una *base ortonormale positiva* $B_O^+ = (\underline{i}, \underline{j}, \underline{k})$. Se z_1, z_2, z_3 sono le *coordinate* di un *vettore* $\underline{w}$ in una *base ortonormale* $B_O^+ = (\underline{i}, \underline{j}, \underline{k})$, essendo $(x_2y_3 - x_3y_2, x_3y_1 - x_1y_3, x_1y_2 - x_2y_1)$ la *terna di coordinate del vettore* $\underline{u} \wedge \underline{v}$ nella stessa *base*, la (2.67) ci dice che:

$$\underline{u} \wedge \underline{v} \cdot \underline{w} = \underline{w} \cdot \underline{u} \wedge \underline{v} = z_1(x_2y_3 - x_3y_2) + z_2(x_3y_1 - x_1y_3) + z_3(x_1y_2 - x_2y_1). \tag{2.78}$$

L'ultimo membro della (2.78) non è altro che lo sviluppo del determinante della matrice

$$\begin{pmatrix} z_1 & z_2 & z_3 \\ x_1 & x_2 & x_3 \\ y_1 & y_2 & y_3 \end{pmatrix}$$

secondo gli elementi della prima riga.

Tenendo presente che se in una *matrice quadrata* si scambiano tra loro due *righe* (o colonne) il suo *determinante* cambia segno, abbiamo

$$\det \begin{pmatrix} z_1 & z_2 & z_3 \\ x_1 & x_2 & x_3 \\ y_1 & y_2 & y_3 \end{pmatrix} = -\det \begin{pmatrix} y_1 & y_2 & y_3 \\ x_1 & x_2 & x_3 \\ z_1 & z_2 & z_3 \end{pmatrix} = -\left(-\det \begin{pmatrix} x_1 & x_2 & x_3 \\ y_1 & y_2 & y_3 \\ z_1 & z_2 & z_3 \end{pmatrix} \right) =$$

$$= \det \begin{pmatrix} x_1 & x_2 & x_3 \\ y_1 & y_2 & y_3 \\ z_1 & z_2 & z_3 \end{pmatrix}$$

e quindi possiamo ricordare la (2.78) così:

$$\underline{u} \wedge \underline{v} \cdot \underline{w} = \underline{w} \cdot \underline{u} \wedge \underline{v} = \det \begin{pmatrix} x_1 & x_2 & x_3 \\ y_1 & y_2 & y_3 \\ z_1 & z_2 & z_3 \end{pmatrix}. \tag{2.79}$$

La (2.79) è la *soluzione* del *Problema* 5, posto alla fine del *paragrafo* 2.26.

2.31 Le operazioni di prodotto vettoriale e di prodotto misto nei sottospazi

Per terminare il nostro studio dei *sottospazi* di $\mathcal{E}$, manca un'ultima cosa:

- Nello *spazio vettoriale euclideo* $\mathcal{E}$, abbiamo definito le *operazioni* di *prodotto vettoriale* e di *prodotto misto*; poiché i *sottospazi* di $\mathcal{E}$ sono anche essi *spazi vettoriali euclidei*, ci chiediamo se è possibile definire in essi le *operazioni* suddette.

Lasciando da parte i *sottospazi* $\{\underline{0}\}$ e $\mathcal{E}$, sappiamo che gli altri *sottospazi* hanno *dimensione* uno o due.

Per quanto riguarda i *sottospazi* di *dimensione uno*, poiché tutti i loro *vettori* sono *paralleli* l'*operazione di prodotto vettoriale* associa ad ogni *coppia ordinata* $(\underline{u}, \underline{v})$ di *vettori* del *sottospazio*, il *vettore* $\underline{u} \wedge \underline{v} = \underline{0}$ e come conseguenza, l'*operazione di prodotto misto* associa ad ogni *terna ordinata* $(\underline{u}, \underline{v}, \underline{w})$ di *vettori* del *sottospazio* il *numero reale* $(\underline{u} \wedge \underline{v}) \cdot \underline{w} = 0$.

Dal risultato si deduce che tali operazioni sono completamente prive di interesse nei *sottospazi* di $\mathcal{E}$ di *dimensione uno* e pertanto non le consideriamo.

Per quanto riguarda i *sottospazi* di *dimensione due*, tenendo presente la definizione dell'*operazione di prodotto vettoriale*, ci si rende conto che essa non può essere eseguita sulle *coppie ordinate* $(\underline{u}, \underline{v})$ di *vettori* del *sottospazio* costituite da *vettori* $\underline{u}$ e $\underline{v}$ *linearmente indipendenti*; il vettore $\underline{u} \wedge \underline{v}$ non appartiene infatti al *sottospazio* in quanto è ad esso *ortogonale*.

Concludendo possiamo allora dire:

- l'*operazione di prodotto vettoriale* non può essere definita nei *sottospazi* di *dimensione due* in quanto non può essere eseguita su tutte le *coppie ordinate* dei *vettori* di esso.

Non potendo definire l'*operazione di prodotto vettoriale*, non si può definire neanche quella di *prodotto misto* ad essa intimamente collegata.

La sintesi di tutta l'analisi fatta è questa:

- le operazioni di *prodotto vettoriale* e di *prodotto misto* si effettuano nello *spazio vettoriale euclideo* $\mathcal{E}$, ma non nei *sottospazi* di esso.

Con questo, lo studio dei *vettori geometrici* dello *spazio euclideo* è finalmente terminato.

A questo punto viene naturale la domanda:

- È possibile fare una cosa analoga partendo dalla *retta euclidea* e dal *piano euclideo* [14]?

La risposta è senz'altro affermativa e per ragioni di spazio lasciamo tale studio, come esercizio, allo Studente; ciò che vogliamo invece fare, è generalizzare il concetto di *spazio vettoriale* e *spazio vettoriale euclideo.*

È di questo che vogliamo occuparci nel prossimo Capitolo.

[14] La *retta euclidea* ed il *piano euclideo* sono rispettivamente la retta ed il piano della geometria studiata nel Liceo.

Capitolo 3

Spazio vettoriale reale e spazio vettoriale euclideo reale

In questo capitolo vogliamo dare i concetti astratti di:

- *spazio vettoriale reale*
- *spazio vettoriale euclideo reale.*

Cominciamo dal primo e, al fine di snellire il linguaggio, premettiamo due *definizioni.*

3.1 Definizione di legge di composizione interna e di legge di composizione esterna ad un insieme

Dato un *insieme* non vuoto S, siano u, v, w, ... gli *elementi* di esso.

Definizione di legge di composizione interna ad S
Si chiama *legge di composizione interna* ad S ogni *operazione* che, ad ogni *coppia ordinata* (u, v) di *elementi* di S, associa un *elemento* di S.

Definizione di legge di composizione esterna ad S
Si chiama *legge di composizione esterna* ad S ogni *operazione* che, ad ogni *coppia ordinata* (λ, u), costituita da *numero reale* λ e da un *elemento* u di S, associa un *elemento* di S.

Le *operazioni di addizione* e di *moltiplicazione di un numero* (scalare) *per un vettore*, che abbiamo definito nell'*insieme* $\mathcal{S}$, costituiscono rispettivamente un esempio di *legge di composizione interna* e di *legge di composizione esterna.*

3.2 Considerazioni che hanno portato alla definizione astratta di spazio vettoriale

Nel Capitolo 2, dopo aver costruito l'*insieme* $\mathcal{S}$, abbiamo definito, tenendo conto della natura degli elementi di $\mathcal{S}$, le *operazioni* di:

- *addizione*
- *moltiplicazione di un numero* (scalare) *per un vettore*

ed abbiamo constatato che esse godono di determinate *proprietà.*

Sempre nello stesso Capitolo, senza fare più riferimento alla natura degli *elementi* di $\mathcal{S}$ ma utilizzando esclusivamente le *operazioni* suddette e le loro *proprietà*, abbiamo costruito poi i *concetti* di:

- *vettore combinazione lineare di n vettori assegnati*
- *vettori linearmente indipendenti e dipendenti*
- *dimensione e base dello spazio vettoriale* $\mathcal{V}$
- *sottospazio* di $\mathcal{V}$
- ...

Poiché nella *costruzione di tali concetti* non è intervenuta la *natura degli elementi* di $\mathcal{S}$ ma unicamente le *operazioni* che abbiamo definito in esso e le loro *proprietà*, possiamo *definire gli stessi concetti* in ogni *insieme* non vuoto S nel quale siano definite:

- una *legge di composizione interna* che goda delle *stesse proprietà* di cui gode l'*operazione di addizione* definita in $\mathcal{S}$;
- una *legge di composizione esterna* che goda delle *stesse proprietà* di cui gode l'*operazione di moltiplicazione di un numero* (scalare) *per un vettore*, definita in $\mathcal{S}$.

Una volta definiti tali *concetti* in S, siccome sono gli stessi concetti definiti in $\mathcal{S}$, useremo per essi la *stessa terminologia* e gli *stessi simboli* impiegati nello *spazio vettoriale* $\mathcal{V}$ *dei vettori geometrici.*

Chiameremo allora:

- gli *elementi* u, v, w, ... di S (qualunque sia la loro natura), *vettori* e li denoteremo con i *simboli* $\underline{u}$, $\underline{v}$, $\underline{w}$, ...
- la *legge di composizione interna* a S, *addizione*; il *vettore* di S, che tale *legge* associa alla *coppia ordinata* $(\underline{u}, \underline{v})$ di *vettori* di S, *vettore somma* e lo denoteremo con il *simbolo* $\underline{u} + \underline{v}$
- la *legge di composizione esterna* a S, *moltiplicazione di un numero* (scalare) *per un vettore*; il *vettore* di S, che tale *legge* associa alla *coppia ordinata* $(\lambda, \underline{u})$ con $\lambda \in \mathbb{R}$ e $\underline{u} \in S$, *vettore prodotto di un numero* (scalare) *per un vettore* e lo denoteremo con il *simbolo* $\lambda\underline{u}$
- l'*insieme* S con le *due leggi di composizione* in esso definite, *spazio vettoriale* e lo denoteremo con il *simbolo* V
- l'*insieme* S senza le leggi di composizione, *sostegno dello spazio vettoriale* V.

Anche qui diremo, come nel caso dell'*insieme* $\mathcal{S}$, che le due *leggi di composizione* conferiscono all'*insieme* S la *struttura di spazio vettoriale.*

Tutto quello che abbiamo detto sarebbe però una banalità se non mostrassimo che esistono effettivamente degli insiemi S con le due *leggi di composizione* che conferiscono loro la *struttura di spazio vettoriale.*

Uno lo abbiamo incontrato nel *paragrafo* 2.14; si tratta dell'*insieme* $S = \mathbb{R}^3$ con le due *leggi di composizione* così fatte:

Legge di composizione interna

$$((x_1, x_2, x_3), (y_1, y_2, y_3)) \longrightarrow (x_1, x_2, x_3) + (y_1, y_2, y_3) = \\ = (x_1 + y_1, x_2 + y_2, x_3 + y_3) \qquad (3.1)$$

$$\forall (x_1, x_2, x_3), (y_1, y_2, y_3) \in \mathbb{R}^3$$

Legge di composizione esterna

$$(\lambda, (x_1, x_2, x_3)) \longrightarrow \lambda(x_1, x_2, x_3) = (\lambda x_1, \lambda x_2, \lambda x_3) \tag{3.2}$$

$\forall \lambda \in \mathbb{R}$ e $\forall (x_1, x_2, x_3) \in \mathbb{R}^3$.

Ora che sappiamo che *insiemi* S siffatti esistono, senza attardarci con ulteriori esempi, possiamo sintetizzare tutto quello che essi hanno in comune, nella *definizione astratta di spazio vettoriale.*

L'aggettivo "astratta" segue dal fatto che nella *definizione* che daremo, non si fa riferimento ad alcun esempio concreto di *spazio vettoriale* in particolare.

3.3 Definizione astratta di spazio vettoriale

Dato un *insieme* non vuoto S, siano u, v, w, ... gli *elementi* di esso.

L'*insieme* S diviene uno *spazio vettoriale* V, i suoi *elementi* si chiamano *vettori* e si denotano con i *simboli* $\underline{u}$, $\underline{v}$, $\underline{w}$, ... se definiamo in esso *due leggi di composizione* di cui:

- *una interna* che, come abbiamo detto, chiamiamo *addizione*, la quale gode delle seguenti *proprietà*:
  1. $\forall u,\ v,\ w\ \in S \Rightarrow (u+v)+w = u+(v+w)$
     (proprietà associativa)
  2. esiste in S un elemento, che denotiamo con 0, tale che:
     $$\forall u \in S \Rightarrow u + 0 = u$$
  3. $\forall u \in S$ esiste in S un elemento u' tale che:
     $$u + u' = 0$$
  4. $\forall u, v \in S \Rightarrow u + v = v + u$
     (proprietà commutativa)
- *una esterna* che, come abbiamo detto, chiamiamo *moltiplicazione di un numero* (scalare) *per un elemento di* S, la quale gode delle *seguenti proprietà*:

1'. $\forall u \in S \Rightarrow 1u = u$
2'. $\forall u \in S, \forall \alpha, \beta \in \mathbb{R} \Rightarrow \alpha(\beta u) = (\alpha\beta)u$.

Le due *leggi di composizione* poi, sono legate tra loro dalle *due relazioni* seguenti che chiamiamo *proprietà distributive*:

1". $\forall u \in S, \forall \alpha, \beta \in \mathbb{R} \Rightarrow (\alpha + \beta)u = \alpha u + \beta u$

2". $\forall u, v \in S, \forall \alpha \in \mathbb{R} \Rightarrow \alpha(u + v) = \alpha u + \alpha v$

La *definizione astratta di spazio vettoriale* viene anche chiamata *definizione assiomatica di spazio vettoriale* e le *otto proprietà* di cui godono (in complesso) le *due leggi di composizione* sono dette *assiomi*.

Nel seguito chiameremo *modello concreto di spazio vettoriale* o, più semplicemente *spazio vettoriale*, ogni *insieme non vuoto S* con *due leggi di composizione* (una interna ed una esterna), il quale verifica la *definizione astratta di spazio vettoriale*.

Lo *spazio vettoriale dei vettori geometrici* e l'*insieme* $S = \mathbb{R}^3$ con le *due leggi di composizione* (3.1) e (3.2) sono due *modelli concreti di spazio vettoriale*.

Prima di segnalare altri *modelli*, riflettiamo un momento sulla *definizione* data.

3.4 Riflessione sulla definizione astratta (o assiomatica) di spazio vettoriale

Per capire il senso della *definizione* data, facciamo un'analogia.

Pensiamo ai nomi comuni della nostra lingua, per esempio al nome "cane". Tale nome non denota un "particolare cane" ma riassume in sé le caratteristiche comuni a tutti i cani della Terra.

Analogamente, la *definizione astratta di spazio vettoriale* non si riferisce ad un *particolare spazio vettoriale* ma riassume le *proprietà comuni* a tutti gli *spazi vettoriali*, che sono appunto quelle che discendono dalle *leggi di composizione* che conferiscono la *struttura* di spazio vettoriale ai loro sostegni.

Ora che abbiamo chiarito il significato della definizione data, controlliamo se essa è stata "ben formulata".

Lo è stata, se in conseguenza delle operazioni definite in S, in ogni modello di *spazio vettoriale* V, sussistono le stesse proprietà che sussistono nello spazio vettoriale $\mathcal{V}$ dei vettori geometrici che è appunto un modello di esso.

Rileggiamo la definizione!

Le proprietà 2. e 3. in essa citate, dicono testualmente:

- esiste in S un elemento, che denotiamo con 0, ...
- $\forall u \in S$ esiste in S un elemento u' ...

Ora, nel linguaggio matematico, dire "esiste un elemento ..." significa "esiste *almeno* un elemento ..." per cui le proprietà 2. e 3. da sole non garantiscono l'*unicità* degli elementi di cui esse assicurano l'*esistenza*. Noi abbiamo invece l'esigenza che *tali elementi* siano *unici* perchè nello *spazio vettoriale dei vettori geometrici*, l'elemento 0 e l'elemento u' di cui si parla nelle *proprietà* 2. e 3. sono rispettivamente il *vettore nullo* $\underline{0}$ ed il *vettore* $-\underline{u}$, *opposto del vettore* $\underline{u}$, i quali sono *unici* e la loro *unicità* segue dalle *operazioni* (leggi di composizione) definite in $\mathcal{V}$.

Tale considerazione ci fa allora venire il sospetto che la *definizione astratta di spazio vettoriale* (da noi data) sia "mal formulata" perché sembra appunto non garantire l'*unicità* dei *vettori* sopra citati.

Tale sospetto è però fugato dai due *teoremi* seguenti.

Teorema 3.1 *In ogni* spazio vettoriale V *esiste* un solo vettore $\underline{0}$ *che verifica la* proprietà 2.

Dimostrazione

Ragioniamo per assurdo.

Se esistessero in V *due vettori* $\underline{0}$ e $\underline{0}'$, che verificassero la *proprietà* 2., si avrebbe contemporaneamente:

$$\underline{0}' + \underline{0} = \underline{0}' \quad [1] \tag{3.3}$$

[1] Nella (3.3) si pensa $\underline{0}$ come il *vettore* di cui la *proprietà* 2. garantisce l'*esistenza* e pertanto, dovendo essere verificata l'*uguaglianza* $\underline{u} + \underline{0} = \underline{u}$, $\forall \underline{u} \in V$, lo è anche per $\underline{u} = \underline{0}'$. Nella (3.4) si scambiano i ruoli dei due vettori $\underline{0}$ e $\underline{0}'$.

e

$$\underline{0} + \underline{0}' = \underline{0}. \tag{3.4}$$

Poiché, per la *proprietà* 4., è:

$$\underline{0}' + \underline{0} = 0 + \underline{0}'$$

essendo uguali i primi membri delle (3.3) e (3.4), lo sono anche i secondi membri, e pertanto:

$$\underline{0}' = \underline{0}.$$ **c.v.d.**

Come appare chiaro dalla *dimostrazione* del *teorema*, la *proprietà* 2. garantisce l'*esistenza* ma non l'*unicità* del *vettore* $\underline{0}$; quest'ultima è garantita dalla *proprietà* 4. (*proprietà commutativa*) che fa parte anch'essa della *definizione astratta di spazio vettoriale*: è uno degli *assiomi*. Il *vettore* $\underline{0}$, di cui il *teorema* assicura l'*unicità*, si chiama *vettore nullo* dello *spazio vettoriale* V ed, a scanso di equivoci, nel seguito lo denoteremo con il simbolo $\underline{0}_V$ invece che con $\underline{0}$.

Teorema 3.2 *In ogni* spazio vettoriale V, *per ogni vettore* $\underline{u}$ *vi è un* solo vettore $\underline{u}'$ *che verifica la* proprietà *3.*

Dimostrazione
Anche qui, *ragioniamo per assurdo.*

Se esistesse in V qualche vettore $\underline{u}$ per il quale vi fossero in V *due vettori* $\underline{u}'$ e $\underline{u}''$ che verificassero la *proprietà* 3., si avrebbe contemporaneamente:

$$\underline{u} + \underline{u}' = \underline{0}_V \tag{3.5}$$

e

$$\underline{u} + \underline{u}'' = \underline{0}_V$$

da cui seguirebbe:

$$\underline{u} + \underline{u}' = \underline{u} + \underline{u}''.$$

Sommando $\underline{u}'$ ad ambo i membri di tale uguaglianza, si otterrebbe:

$$\underline{u}' + (\underline{u} + \underline{u}') = \underline{u}' + (\underline{u} + \underline{u}'')$$

che, per la *proprietà* 1.(proprietà associativa), può essere scritta così:

$$(\underline{u}' + \underline{u}) + \underline{u}' = (\underline{u}' + \underline{u}) + \underline{u}''. \tag{3.6}$$

Poiché

$$\begin{aligned} \underline{u}' + \underline{u} = & \textit{ per la proprietà } 4. \text{ (proprietà commutativa)} = \\ & = \underline{u} + \underline{u}' = \text{per la } (3.5) = \underline{0}_V \end{aligned}$$

la (3.6) diviene:

$$\underline{0}_V + \underline{u}' = \underline{0}_V + \underline{u}''$$

da cui

$$\underline{u}' = \underline{u}''$$

e pertanto per *ogni vettore* $\underline{u} \in V$ esiste in V un *solo vettore* $\underline{u}'$ che verifica la *proprietà* 3.; tale *vettore* si chiama *vettore opposto* di $\underline{u}$ e si denota con il simbolo $-\underline{u}$.

c.v.d.

La riprova che la *formulazione astratta di spazio vettoriale* è "ben formulata" ce la danno questi altri due *teoremi*, che esprimono *due proprietà* degli *spazi vettoriali* delle quali conosciamo l'esistenza nello *spazio vettoriale* $\mathcal{V}$ *dei vettori geometrici.*

Teorema 3.3 *In ogni* spazio vettoriale V *risulta:*

$$\lambda\underline{u} = \underline{0}_V \tag{3.7}$$

se e solo se *è:*

- *o* $\lambda = 0$
- *o* $\underline{u} = \underline{0}_V$.

Dimostrazione

Sufficienza - Proviamo separatamente che:

a) se è $\lambda = 0$ allora $\lambda\underline{u} = \underline{0u} = \underline{0}_V \quad , \forall \underline{u} \in V$

b) se è $\underline{u} = \underline{0}_V$ allora $\lambda\underline{u} = \lambda\underline{0}_V = \underline{0}_V \quad , \forall \lambda \in \mathbb{R}$

Proviamo a):
$\forall\lambda \in \mathbb{R}$ e $\forall\underline{u} \in V$, si ha:

$$\lambda\underline{u} = (\lambda + 0)\underline{u} = \text{ per la } \textit{proprietà } 1\text{"} = \lambda\underline{u} + 0\underline{u}.$$

Da tale uguaglianza, per l'*unicità del vettore nullo*, segue che:

$$0\underline{u} = \underline{0}_V. \tag{3.8}$$

Proviamo b):
$\forall\lambda \in \mathbb{R}$ e $\forall\underline{u} \in V$, si ha:

$$\lambda\underline{u} = \lambda(\underline{u} + \underline{0}_V) = \text{ per la } \textit{proprietà } 2\text{"} = \lambda\underline{u} + \lambda\underline{0}_V.$$

Da tale uguaglianza, per l'*unicità del vettore nullo*, segue che:

$$\lambda\underline{0}_V = \underline{0}_V. \tag{3.9}$$

Necessità - Dobbiamo provare che dalla (3.7) segue

– o $\lambda = 0$

– o $\underline{u} = \underline{0}_V$.

Se è $\lambda = 0$, per la (3.8), la *necessità è dimostrata.*
Se è $\lambda \neq 0$, moltiplicando ambo i membri della (3.7) per $\frac{1}{\lambda}$ si ottiene:

$$\frac{1}{\lambda}(\lambda\underline{u}) = \frac{1}{\lambda}\underline{0}_V. \tag{3.10}$$

Siccome il *primo membro* della (3.10) è:

$$\frac{1}{\lambda}(\lambda\underline{u}) = \left(\lambda\frac{1}{\lambda}\right)\underline{u} = 1\underline{u} = \text{ per la } \textit{proprietà } 1. = \underline{u}$$

ed il secondo membro è:

$$\frac{1}{\lambda}\underline{0}_V = \text{ per la } (3.9) = \underline{0}_V$$

abbiamo provato che è

$$\underline{u} = \underline{0}_V.$$

c.v.d.

Teorema 3.4 *In ogni* spazio vettoriale V *per ottenere il* vettore opposto *del vettore* $\lambda\underline{u}$, *con* $\lambda \in \mathbb{R}$ *ed* $\underline{u} \in V$, *basta moltiplicare il vettore* $\underline{u}$ *per* $-\lambda$ *oppure* λ *per* $-\underline{u}$.

Dimostrazione
Sappiamo che il *vettore opposto* di un *vettore* $\underline{u}$ è quel vettore che sommato a $\underline{u}$ dà il *vettore nullo* $\underline{0}_V$.

Facciamo la verifica!

$$\begin{aligned}\lambda\underline{u} + (-\lambda\underline{u}) = &\text{ per la } \textit{proprietà } 1\text{''} = [\lambda + (-\lambda)]\underline{u} = \\ = 0\underline{u} = &\text{ per la (3.8) } = \underline{0}_V.\end{aligned}$$

c.v.d.

In aggiunta ai due esempi di *spazi vettoriali* già considerati, diamone altri!

3.5 Esempi di spazi vettoriali

Invitiamo lo Studente a verificare che sono *esempi* (modelli concreti) di *spazi vettoriali*:

1. L'insieme S costituito da tutti i *segmenti orientati* OP dello spazio euclideo che hanno lo stesso *punto origine* O e dal *segmento di lunghezza nulla* OO quando si assumono come *leggi di composizione* le stesse *operazioni* di *addizione* e *moltiplicazione di un numero* (scalare) *per un vettore*, definite nell'insieme $\mathcal{S}$ (sostegno di $\mathcal{V}$).

   Tale *spazio vettoriale* si chiama *spazio vettoriale dei vettori geometrici applicati in* O e si denota con il *simbolo* $\mathcal{V}_O$, tanto l'*insieme* S come lo *spazio vettoriale* di cui S è *sostegno*.

2. L'*insieme* S costituito da tutte le *n-ple ordinate di numeri reali*:

   $$u = (x_1, x_2, \dots, x_n)\ ,\ v = (y_1, y_2, \dots, y_n)$$

   quando si assumono come *leggi di composizione*

   $$\begin{aligned}&(u, v) = \big((x_1, x_2, \dots, x_n), (y_1, y_2, \dots, y_n)\big)\\ &\quad\downarrow \qquad\qquad\qquad\qquad \downarrow\\ &u + v = (x_1, x_2, \dots, x_n) + (y_1, y_2, \dots, y_n) = (x_1{+}y_1, x_2{+}y_2, \dots, x_n{+}y_n)\end{aligned}$$

e

$$\begin{array}{c}(\lambda, u) = \big(\lambda, (x_1, x_2, \ldots, x_n)\big) \\ \downarrow \qquad\qquad \downarrow \\ \lambda u = \lambda(x_1, x_2, \ldots, x_n) = (\lambda x_1, \lambda x_2, \ldots, \lambda x_n)\end{array}$$

Tale *spazio vettoriale* si chiama *spazio vettoriale numerico* e si denota con il *simbolo* $\mathbb{R}^n$, tanto l'*insieme* S come lo *spazio vettoriale* di cui S è *sostegno.*

3. L'*insieme* S costituito da tutti i *polinomi a coefficienti reali di una variabile reale* x *di grado* $\leq n$ (con $n \geq 0$) e dal *polinomio identicamente nullo*, quando si assumono come *leggi di composizione* le *operazioni di addizione tra polinomi* e la *moltiplicazione di un numero per un polinomio*, apprese nel Liceo.

   Tale *spazio vettoriale* si chiama *spazio vettoriale dei polinomi di grado* $\leq n$ e si denota con il *simbolo* $\mathbb{R}_n[x]$, tanto l'*insieme* S come lo *spazio vettoriale* di cui S è *sostegno.*

4. L'*insieme* S costituito da tutti i *polinomi a coefficienti reali di una variabile reale* x e dal *polinomio identicamente nullo*, quando si assumono come *leggi di composizione* le stesse dell'*esempio* 3.

   Tale *spazio vettoriale* si chiama *spazio vettoriale dei polinomi* e si denota con il *simbolo* $\mathbb{R}[x]$, tanto l'*insieme* S come lo *spazio vettoriale* di cui S è *sostegno.*

5. L'*insieme* S costituito da tutte le *matrici ad elementi reali*, di m *righe* e n *colonne*, quando si assumono come *leggi di composizione* le *operazioni di addizione tra matrici* e di *moltiplicazione di un numero per una matrice.*

   Tale *spazio vettoriale* si chiama *spazio vettoriale delle matrici* $m \times n$ e si denota con il *simbolo* $\mathbb{R}^{m,n}$, tanto l'*insieme* S come lo *spazio vettoriale* di cui S è *sostegno.*

6. L'*insieme* S costituito da *tutte le funzioni reali di una variabile reale aventi per dominio lo stesso intervallo* $[a, b]$ quando si assumono come *leggi di composizione* le *operazioni* di *addizione tra funzioni* e di *moltiplicazione di un numero per una funzione.*

Tale *spazio vettoriale* si chiama *spazio vettoriale delle funzioni reali di una variabile reale* e si denota con il *simbolo* $\mathfrak{F}_{\mathbb{R}}[a,b]$, tanto l'*insieme* S come lo *spazio vettoriale* di cui S è *sostegno.*

Potremmo dare molti altri *esempi* ancora di *spazi vettoriali* ma quelli dati ci sembrano sufficienti a fissare le idee.

Quello che emerge da tali *esempi* è che con la *definizione astratta di spazio vettoriale*, un "qualunque oggetto":

- un *insieme di segmenti orientati paralleli*, aventi la *stessa lunghezza* e lo stesso *verso*
- un *segmento orientato*
- una *n-pla ordinata di numeri reali*
- un *polinomio*
- una *matrice*
- una *funzione*
- ...

diventa un *vettore* se lo si considera appartenente ad un *insieme* S nel quale siano state definite le *due leggi di composizione* che conferiscono ad S la *struttura di spazio vettoriale.*

Dopo tale precisazione è giunto il momento di passare in rassegna i *concetti* che abbiamo definito sullo *spazio vettoriale* $\mathcal{V}$ per vedere come possono essere trasferiti in uno *spazio vettoriale* V qualsiasi.

3.6 Dimensione e basi di uno spazio vettoriale V

In un qualsiasi *spazio vettoriale* V si possono trasferire inalterati, rispetto a come sono stati definiti nello *spazio vettoriale* $\mathcal{V}$, i concetti di:

- *vettore combinazione lineare di* n (con $n \geq 1$) *vettori assegnati*:

$$\underline{v}_1, \underline{v}_2, \ldots, \underline{v}_n \quad \in V$$

– *dipendenza ed indipendenza lineare di* n (con $n \geq 1$) *vettori assegnati*

$$\underline{v}_1, \underline{v}_2, \ldots, \underline{v}_n \quad \in V$$

con i relativi teoremi 2.1, 2.2, 2.3 e 2.4.

Circa il concetto di *dimensione* la questione è più complessa.

Nello *spazio vettoriale* $\mathcal{V}$, dopo aver constatato che il "massimo numero" n di *vettori linearmente indipendenti* è $n = 3$, abbiamo espresso questo fatto dicendo che lo *spazio vettoriale* $\mathcal{V}$ ha *dimensione* $n = 3$ e che *ogni terna ordinata* di *vettori linearmente indipendenti* costituisce una *base* di $\mathcal{V}$.

Ora, per quanto riguarda gli *spazi vettoriali* $V \neq \mathcal{V}$, abbiamo *esempi* di *spazi vettoriali* in cui esiste un "numero massimo" di *vettori linearmente indipendenti* ed *esempi* in cui tale "numero massimo" non esiste[2].

Gli *spazi vettoriali* per i quali tale "numero massimo" esiste, verranno detti *spazi vettoriali di dimensione finita* mentre gli altri, di *dimensione infinita.*

In questo libro vogliamo occuparci solo dei primi e chiameremo *dimensione* dello *spazio vettoriale* il "numero massimo" di *vettori linearmente indipendenti* che si trovano in esso.

In forma precisa, il concetto di *dimensione di uno spazio vettoriale* V può essere definito così:

Definizione di dimensione di uno spazio vettoriale V
Si dice che uno *spazio vettoriale* V ha *dimensione* n (con $n \geq 1$) se esistono in esso n *vettori* $\underline{v}_1, \underline{v}_2, \ldots, \underline{v}_n$ *linearmente indipendenti*, ma non $n + 1$.

Strettamente collegata con la *definizione di dimensione* è la *definizione di base* di una *spazio vettoriale.*

Diamola!

Definizione di base di uno spazio vettoriale
Dato uno *spazio vettoriale* V di *dimensione* n, si chiama *base* di V e si denota con il simbolo B_V, ogni

[2]Basta pensare agli spazi vettoriali $\mathbb{R}[x]$ e $\mathfrak{F}_{\mathbb{R}}[a, b]$ definiti nel paragrafo precedente.

n-pla ordinata $(\underline{v}_1, \underline{v}_2, \ldots, \underline{v}_n)$ **di** ***vettori linearmente indipendenti:***

$$B_V = (\underline{v}_1, \underline{v}_2, \ldots, \underline{v}_n) \quad .$$

L'utilità di conoscere una *base* B_V di V è espressa dal seguente *teorema* che è la generalizzazione del *teorema* 2.5:

Teorema 3.5 *Fissata una* base $B_V = (\underline{v}_1, \underline{v}_2, \ldots, \underline{v}_n)$ *nello* spazio vettoriale V, *ogni* vettore $\underline{v} \in V$ *può essere espresso,* in modo unico, *come* vettore combinazione lineare *dei* vettori *della* base fissata*:*

$$\underline{v} = x_1\underline{v}_1 + x_2\underline{v}_2 + \cdots + x_n\underline{v}_n. \tag{3.11}$$

La *dimostrazione* di tale *teorema* è analoga a quella del *teorema* 2.5 e pertanto viene lasciata come esercizio allo Studente.

L'unica differenza che c'è tra le due *dimostrazioni* è questa:
nella *dimostrazione* del *teorema* 2.5, lo *spazio vettoriale* è $\mathcal{V}$ ed avendo *dimensione* tre, la *base* è costituita da *tre vettori*; qui, trattandosi di uno *spazio vettoriale generico*, avendo supposto che n è la sua *dimensione*, la *base* è costituita da n *vettori.*

Possiamo ripetere qui le stesse cose dette dopo la *dimostrazione* del *teorema* 2.5, cioè che:

- i *coefficienti della combinazione lineare* che costituiscono il secondo membro della (3.11), si chiamano *coordinate del vettore* $\underline{v}$ secondo la *base* B_V fissata.
- le *coordinate* di ciascun *vettore* $\underline{v} \in V$, variano al variare della *base* B_V fissata, a meno che non si tratti del *vettore nullo* $\underline{0}_V$ la cui *n-pla di coordinate* è $(0, 0, \ldots, 0)$ *indipendentemente* dalla *base* B_V che si fissi in V.
- *qualunque* sia la *base* $B_V = (\underline{v}_1, \underline{v}_2, \ldots, \underline{v}_n)$ che si fissi, le *n-ple di coordinate* dei *vettori* che la costituiscono sono:

  – quella di $\underline{v}_1$ è $(1, 0, 0, \ldots, 0)$
  – quella di $\underline{v}_2$ è $(0, 1, 0, \ldots, 0)$
  – ....
  – quella di $\underline{v}_n$ è $(0, 0, 0, \ldots, 1)$.

Anche qui ci poniamo gli *stessi problemi* che ci siamo posti nel *paragrafo* 2.11 dopo l'introduzione del *concetto di base* nello *spazio vettoriale* $\mathcal{V}$, cioè:

1. Come varia la *n-pla di coordinate* di un *vettore* $\underline{u} \in V$ assegnato, al variare della *base* B_V fissata in V?
2. Fissata una *base* $B_V = (\underline{v}_1, \underline{v}_2, \ldots, \underline{v}_n)$ in V, che relazione c'è tra le *n-ple di coordinate* dei *vettori* $\underline{u}$, $\underline{v}$ ed $\underline{u} + \underline{v}$? E tra le *n-ple di coordinate* dei *vettori* $\underline{u}$ e $\lambda\underline{u}$, con $\lambda \in \mathbb{R}$?

La soluzione di tali problemi è la stessa dei problemi omologhi data nei *paragrafi* 2.12 e 2.14; l'unica variante è che la *dimensione* dello *spazio vettoriale* qui non è *tre* ma n.

Le *matrici* X, X', P, P^{-1} che là compaiono, hanno qui lo stesso significato, solo che, come abbiamo detto, mentre nel *paragrafo* 2.12:

- X e X' sono *matrici* 3×1
- P e P^{-1} sono *matrici quadrate di ordine* 3

qui sono rispettivamente *matrici* $n \times 1$ e *matrici quadrate di ordine* n.

Per terminare con gli *spazi vettoriali*, manca:

a. di trasferire allo *spazio vettoriale* V l'ultimo concetto che abbiamo introdotto nello *spazio vettoriale* $\mathcal{V}$: il concetto di *sottospazio*.

b. di dare un "metodo" per trovare la *dimensione* ed una *base* di uno *spazio vettoriale* V assegnato.

Cominciamo dai *sottospazi* !

3.7 Sottospazi di uno spazio vettoriale di dimensione finita V

Il *concetto di sottospazio* dello *spazio vettoriale* $\mathcal{V}$ dato nel *paragrafo* 2.17 si trasferisce inalterato in qualunque *spazio vettoriale* V di *dimensione finita* n, per cui non lo ripetiamo.

Le considerazioni che possiamo fare sui *sottospazi* di V sono quindi le stesse fatte sui sottospazi di $\mathcal{V}$.

Ripetiamole!

1. $\{\underline{0}_V\}$ e V sono *sottospazi* di V e vengono chiamati *sottospazi banali.*

2. si possono costruire *sottospazi* di V a partire da *vettori* $\underline{v}_1, \underline{v}_2, \ldots, \underline{v}_h$ (con $h \geq 1$) di esso.

   Ricordiamo infatti che l'*insieme di tutti i vettori combinazione lineare* di $\underline{v}_1, \underline{v}_2, \ldots, \underline{v}_h$ è un *sottospazio* di V e si denota con uno dei *simboli*:

$$L\{\underline{v}_1, \underline{v}_2, \ldots, \underline{v}_h\}, \qquad span < \underline{v}_1, \underline{v}_2, \ldots, \underline{v}_h > \quad ; \tag{3.12}$$

   i *vettori* $\underline{v}_1, \underline{v}_2, \ldots, \underline{v}_h$ si chiamano *generatori del sottospazio* mentre l'*insieme* $\{\underline{v}_1, \underline{v}_2, \ldots, \underline{v}_h\}$ da essi costituito, *sistema di generatori del sottospazio.*

3. di ogni *sottospazio* $L\{\underline{v}_1, \underline{v}_2, \ldots, \underline{v}_h\}$ di V, essendo esso stesso uno *spazio vettoriale*, ha senso parlare di *dimensione*; quest'ultima è uguale al *numero di generatori linearmente indipendenti* e pertanto risulta

$$\dim L\{\underline{v}_1, \underline{v}_2, \ldots, \underline{v}_h\} \leq h. \tag{3.13}$$

Se nella (3.13) vale il segno =, gli h *generatori* sono *linearmente indipendenti*, il *sottospazio* ha *dimensione* h ed, a partire dai *generatori*, si possono costruire $h!$ basi [3].

Se nella (3.13) è $h \geq n$ (dimensione di V), poiché in V non esistono $n+1$ *vettori linearmente indipendenti*, la (3.13) diviene:

$$\dim L\{\underline{v}_1, \underline{v}_2, \ldots, \underline{v}_h\} \leq n. \tag{3.14}$$

Nel caso particolare che nella (3.14) valga il segno = ed inoltre è $h = n$, il *sistema di generatori* $\{\underline{v}_1, \underline{v}_2, \ldots, \underline{v}_n\}$, una volta fissato un *ordinamento* in esso, è una *base* di V.

Tale osservazione ci suggerisce una *nuova definizione di base* di uno *spazio vettoriale* che è questa:

[3] Insistiamo sul fatto che essendo una *base* un *insieme ordinato di vettori*, le *basi* che si possono costruire a partire dagli h *generatori*, sono tante quanti sono i modi di ordinare gli h *vettori* $\underline{v}_1, \underline{v}_2, \ldots, \underline{v}_h$; sappiamo dal *Calcolo combinatorio* che questi ultimi sono $h!$.

Nuova definizione di base di uno spazio vettoriale V
Si dice che una *n-pla ordinata di vettori* $(\underline{v}_1, \underline{v}_2, \ldots, \underline{v}_n)$ di uno *spazio vettoriale* V è una *base* di V se i vettori della *n-pla* verificano le seguenti condizioni:

a) costituiscono un sistema di generatori di V:

$$L\{\underline{v}_1, \underline{v}_2, \ldots, \underline{v}_n\} = V$$

b) sono linearmente indipendenti.

Tutto quello che abbiamo detto circa la *dimensione* dei *sottospazi* V' di V, si può riassumere scrivendo:

$$0 \leq \dim V' \leq \dim V. \tag{3.15}$$

Risulta:

- $\dim V' = 0$ *se e solo se* è $V' = \{\underline{0}_V\}$ perché si fa la convenzione di attribuire al *sottospazio* $\{\underline{0}_V\}$ *dimensione zero.*

- $\dim V' = \dim V$ *se e solo se* è $V' = V$.

Anche qui, come nello *spazio vettoriale* $\mathcal{V}$ *dei vettori geometrici*, è possibile costruire *sottospazi* a partire da *sottospazi.*

Sussistono infatti inalterati i *teoremi* 2.6, 2.7 e 2.8 che ci permettono di costruire:

- il *sottospazio intersezione* di *due o più sottospazi*

- il *sottospazio somma* e *somma diretta* di *due o più sottospazi.*

Anche qui vale la *relazione di Grassmann* tra le *dimensioni* dei *sottospazi costruiti* $V' \cap V''$ e $V' + V''$ e dei *sottospazi di partenza* V' e V'' espressa dal *teorema* 2.9, che vogliamo dimostrare.

3.8 Dimostrazione della relazione di Grassmann

Dobbiamo dimostrare che:

$$\dim(V' + V'') + \dim(V' \cap V'') = \dim V' + \dim V''. \tag{3.16}$$

Siano:

$$\begin{aligned} p &= \dim(V' \cap V'') \\ r &= \dim V' \\ s &= \dim V''. \end{aligned}$$

Se fissiamo
p *vettori* $\underline{u}_1, \underline{u}_2, \ldots, \underline{u}_p$ *linearmente indipendenti* in $V' \cap V''$
$r-p$ *vettori* $\underline{v}_{p+1}, \ldots, \underline{v}_r$ *linearmente indipendenti* in $V' - (V' \cap V'')$
$s-p$ *vettori* $\underline{w}_{p+1}, \ldots, \underline{w}_s$ *linearmente indipendenti* in $V'' - (V' \cap V'')$
con i *vettori* fissati possiamo costruire:

- una *base* $B = (\underline{u}_1, \underline{u}_2, \ldots, \underline{u}_p)$ di $V' \cap V''$
- una *base* $B' = (\underline{u}_1, \underline{u}_2, \ldots, \underline{u}_p, \underline{v}_{p+1}, \underline{v}_{p+2}, \ldots, \underline{v}_r)$ di V'
- una *base* $B'' = (\underline{u}_1, \underline{u}_2, \ldots, \underline{u}_p, \underline{w}_{p+1}, \underline{w}_{p+2}, \ldots, \underline{w}_s)$ di V'' .

Se proviamo che

$$B^* = (\underline{u}_1, \underline{u}_2, \ldots, \underline{u}_p, \underline{v}_{p+1}, \underline{v}_{p+2}, \ldots, \underline{v}_r, \underline{w}_{p+1}, \underline{w}_{p+2}, \ldots, \underline{w}_s)$$

è una *base* di $V' + V''$, abbiamo dimostrato la (3.16).
Si ha infatti

$$\begin{aligned} \dim(V' + V'') + \dim(V' \cap V'') &= [p + (r-p) + (s-p)] + p = \\ &= \not{p} + r - \not{p} + s - \not{p} + \not{p} = r + s = \dim V' + \dim V''. \end{aligned}$$

Per provare che B^* è una *base* di $V' + V''$, basta far vedere che i *vettori* di essa verificano le seguenti condizioni:

a) costituiscono un *sistema di generatori* di $V' + V''$

b) sono *linearmente indipendenti.*

Per quanto riguarda il *punto* a).

Sicuramente i *vettori* di B^* costituiscono un *sistema di generatori* di $V' + V''$.

Tenendo infatti presente che ogni *vettore* $\underline{v} \in V' + V''$ è *somma* di un *vettore* $v' \in V'$ e di un *vettore* $v'' \in V''$, si ha:

$$\begin{aligned}
&\underline{v} = \underline{v}' + \underline{v}'' = \\
&= (\alpha_1'\underline{u}_1 + \alpha_2'\underline{u}_2 + \cdots + \alpha_p'\underline{u}_p + \beta_{p+1}\underline{v}_{p+1} + \beta_{p+2}\underline{v}_{p+2} + \cdots + \beta_r\underline{v}_r) + \\
&+ (\alpha_1''\underline{u}_1 + \alpha_2''\underline{u}_2 + \cdots + \alpha_p''\underline{u}_p + \gamma_{p+1}\underline{w}_{p+1} + \gamma_{p+2}\underline{w}_{p+2} + \cdots + \gamma_s\underline{w}_s) = \\
&= (\alpha_1' + \alpha_1'')\underline{u}_1 + (\alpha_2' + \alpha_2'')\underline{u}_2 + \cdots (\alpha_p' + \alpha_p'')\underline{u}_p + \\
&+ \beta_{p+1}\underline{v}_{p+1} + \beta_{p+2}\underline{v}_{p+2} + \cdots + \beta_r\underline{v}_r + \\
&+ \gamma_{p+1}\underline{w}_{p+1} + \gamma_{p+2}\underline{w}_{p+2} + \cdots + \gamma_s\underline{w}_s
\end{aligned}$$

quindi $\underline{v}$ può essere espresso come *vettore combinazione lineare* dei *vettori* di B^*.

Per quanto riguarda il *punto* b), dobbiamo far vedere che risulta:

$$\begin{aligned}
&\alpha_1\underline{u}_1 + \alpha_2\underline{u}_2 + \cdots + \alpha_p\underline{u}_p + \\
&+ \beta_{p+1}\underline{v}_{p+1} + \beta_{p+2}\underline{v}_{p+2} + \cdots + \beta_r\underline{v}_r + \\
&+ \gamma_{p+1}\underline{w}_{p+1} + \gamma_{p+2}\underline{w}_{p+2} + \cdots + \gamma_s\underline{w}_s = \underline{0}_V
\end{aligned} \tag{3.17}$$

se e solo se è

$$\alpha_1 = \alpha_2 = \cdots = \alpha_p = \beta_{p+1} = \beta_{p+2} = \cdots = \beta_r = \gamma_{p+1} = \gamma_{p+2} = \cdots = \gamma_s = 0$$

Se costruiamo i tre *vettori*:

$$\begin{aligned}
\underline{u} &= \alpha_1\underline{u}_1 + \alpha_2\underline{u}_2 + \cdots + \alpha_p\underline{u}_p \\
\underline{t} &= \beta_{p+1}\underline{v}_{p+1} + \beta_{p+2}\underline{v}_{p+2} + \cdots + \beta_r\underline{v}_r \\
\underline{w} &= \gamma_{p+1}\underline{w}_{p+1} + \gamma_{p+2}\underline{w}_{p+2} + \cdots + \gamma_s\underline{w}_s
\end{aligned} \tag{3.18}$$

abbiamo che:

$\underline{u} \in V' \cap V''$	quindi $\underline{u} \in V'$ e $\underline{u} \in V''$
$\underline{t} \in V'$	perché *vettore combinazione lineare* di *vettori* di V'
$\underline{w} \in V''$	perché *vettore combinazione lineare* di *vettori* di V''

e la (3.17) può essere scritta così:

$$\underline{u} + \underline{t} + \underline{w} = \underline{0}_V$$

da cui segue che il *vettore*

$$\underline{w} = -\underline{u} - \underline{t}$$

appartiene a V' perché appartengono a V' sia $\underline{u}$ che $\underline{t}$ e quindi sia $-\underline{u}$ che $-\underline{t}$ perché V' è un *sottospazio.*

D'altra parte $\underline{w}$, appartenendo anche a V'', appartiene a $V' \cap V''$.

Quest'ultimo fatto ci consente di rappresentare $\underline{w}$ per mezzo dei *vettori* della *base* B fissata in $V' \cap V''$:

$$\underline{w} = \delta_1 \underline{u}_1 + \delta_2 \underline{u}_2 + \cdots + \delta_p \underline{u}_p. \tag{3.19}$$

Confrontando la (3.19) con la terza delle (3.18) si ha:

$$\delta_1 \underline{u}_1 + \delta_2 \underline{u}_2 + \cdots + \delta_p \underline{u}_p = \gamma_{p+1} \underline{w}_{p+1} + \gamma_{p+2} \underline{w}_{p+2} + \cdots + \gamma_s \underline{w}_s$$

da cui

$$\delta_1 \underline{u}_1 + \delta_2 \underline{u}_2 + \cdots + \delta_p \underline{u}_p - \gamma_{p+1} \underline{w}_{p+1} - \gamma_{p+2} \underline{w}_{p+2} - \cdots - \gamma_s \underline{w}_s = \underline{0}_V. \tag{3.20}$$

Poiché i *vettori* che compaiono nel primo membro della (3.20) costituiscono una *base* di V'', essi sono *linearmente indipendenti* e quindi la (3.20) è verificata *se e solo se* risulta:

$$\delta_1 = \delta_2 = \cdots = \delta_p = -\gamma_{p+1} = -\gamma_{p+2} = \cdots = -\gamma_s = 0$$

cioè:

$$\gamma_{p+1} = \gamma_{p+2} = \cdots = \gamma_s = 0. \tag{3.21}$$

Per la (3.21), la (3.17) diviene:

$$\alpha_1\underline{u}_1+\alpha_2\underline{u}_2+\cdots+\alpha_p\underline{u}_p+\beta_{p+1}\underline{v}_{p+1}+\beta_{p+2}\underline{v}_{p+2}+\cdots+\beta_r\underline{v}_r=\underline{0}_V. \quad (3.22)$$

Poiché i vettori che compaiono nel primo membro della (3.22) costituiscono una *base* di V', essi sono *linearmente indipendenti* e quindi la (3.22) è verificata *se e solo se* risulta

$$\alpha_1=\alpha_2=\cdots=\alpha_p=\beta_{p+1}=\beta_{p+2}=\cdots=\beta_r=0. \quad (3.23)$$

Conclusione:

- la (3.17) è verificata *se e solo se tutti i coefficienti del vettore combinazione lineare*, che compare al *primo membro*, sono *nulli.*

c.v.d.

Continuando con i *sottospazi* di V possiamo dire che anche qui vale la *definizione di sottospazi supplementari.*

Data l'importanza pratica dei *sottospazi*, soffermiamoci ancora un poco sui *sistemi di generatori* di essi.

3.9 Ancora sui sistemi di generatori di sottospazi di V

Dato uno *spazio vettoriale* V, siano $\underline{v}_1,\underline{v}_2,\dots,\underline{v}_h$ *h vettori* di esso.

Se consideriamo il *sottospazio*

$$L\{\underline{v}_1,\underline{v}_2,\dots,\underline{v}_h\}$$

vengono naturali le seguenti domande:

1. Se si cambia l'*ordine dei generatori* $\underline{v}_1,\underline{v}_2,\dots,\underline{v}_h$, il *sottospazio* cambia ?
2. Se si sostituisce il *generatore* $\underline{v}_i$ (con $i=1,2,\dots,h$) con il *vettore* $\lambda_i\underline{v}_i$, con $\lambda_i\neq 0$, il *sottospazio* cambia?

3. Se si sostituisce il *generatore* $\underline{v}_i$ (con $i = 1, 2, \ldots, h$) con il *vettore* $\underline{v} = \underline{v}_i + \lambda_j \underline{v}_j$, con $\lambda_j \neq 0$ e $j \neq i$, il *sottospazio* cambia?
4. Se si sopprimono *uno o più generatori*, i *generatori* restanti *generano* lo stesso *sottospazio*?
5. Due *sistemi* distinti di *generatori*:

$$\{\underline{v}_1, \underline{v}_2, \ldots, \underline{v}_h\} \quad \text{e} \quad \{\underline{u}_1, \underline{u}_2, \ldots, \underline{u}_k\}$$

possono dar luogo ad uno stesso *sottospazio* di V?; può cioè accadere che risulti:

$$L\{\underline{v}_1, \underline{v}_2, \ldots, \underline{v}_h\} = L\{\underline{u}_1, \underline{u}_2, \ldots, \underline{u}_k\} \ ?$$

La risposta alla *domanda* 1. ce la dà il *teorema*:

Teorema 3.6 *Dati h* vettori $\underline{v}_1, \underline{v}_2, \ldots, \underline{v}_h$ *di uno* spazio vettoriale V, *il* sottospazio

$$L\{\underline{v}_1, \underline{v}_2, \ldots, \underline{v}_h\}$$

non varia qualunque sia l'ordine nel quale si considerano i generatori $\underline{v}_1, \underline{v}_2, \ldots, \underline{v}_h$.

La risposta alle *domande* 2. e 3. sono invece conseguenza di quest'altro *teorema*:

Teorema 3.7 *Dati h* vettori $\underline{v}_1, \underline{v}_2, \ldots, \underline{v}_h$ *di uno* spazio vettoriale V, *il* sottospazio

$$L\{\underline{v}_1, \underline{v}_2, \ldots, \underline{v}_h\} \tag{3.24}$$

non varia se si sostituisce il generatore $\underline{v}_i$ *(con* $i = 1, 2, \ldots, h$*) con un* vettore

$$\underline{v} = \lambda_1 \underline{v}_1 + \lambda_2 \underline{v}_2 + \cdots + \lambda_i \underline{v}_i + \cdots + \lambda_h \underline{v}_h$$

se è $\lambda_i \neq 0$ *cioè se il* vettore *sostituito entra tra i* vettori *della* combinazione lineare; *in simboli:*

$$L\{\underline{v}_1, \underline{v}_2, \ldots, \underline{v}_i, \ldots, \underline{v}_h\} = L\{\underline{v}_1, \underline{v}_2, \ldots, \underline{v}, \ldots, \underline{v}_h\}.$$

Da tale *teorema* segue infatti:

1. il *sottospazio* (3.24) non varia se si sostituisce il *generatore* $\underline{v}_i$ con un *vettore* $\underline{v} = \lambda \underline{v}_i$, con $\lambda \neq 0$.

2. il *sottospazio* (3.24) non varia se si sostituisce il *generatore* $\underline{v}_i$ con un *vettore* $\underline{v} = \underline{v}_i + \lambda \underline{v}_j$, con $\lambda \neq 0$ e $i \neq j$.

Per quanto riguarda la *domanda* 4., quest'altro *teorema* di dice esplicitamente come stanno le cose:

Teorema 3.8 *Dati h* vettori $\underline{v}_1, \underline{v}_2, \ldots, \underline{v}_h$ *di uno* spazio vettoriale V, *se tra essi vi sono p* vettori*:*

$$\underline{v}_{i1}, \underline{v}_{i2}, \ldots, \underline{v}_{ip} \qquad \textit{con } p < h \qquad \textit{e} \quad \underline{v}_{i1}, \underline{v}_{i2}, \ldots \underline{v}_{ip} \in \{\underline{v}_1, \underline{v}_2, \ldots \underline{v}_h\}$$

linearmente indipendenti *ed i rimanenti* $h - p$ linearmente dipendenti, *allora:*

a) $L\{\underline{v}_1, \underline{v}_2, \ldots, \underline{v}_h\} = L\{\underline{v}_{i1}, \underline{v}_{i2}, \ldots, \underline{v}_{ip}\}$

b) $\dim L\{\underline{v}_1, \underline{v}_2, \ldots, \underline{v}_h\} = p$

c) con i vettori $\underline{v}_{i1}, \underline{v}_{i2}, \ldots, \underline{v}_{ip}$ *si possono costruire* $p!$ basi *del* sottospazio $L\{\underline{v}_1, \underline{v}_2, \ldots, \underline{v}_h\}$.

Il *teorema* 3.8 acquista importanza pratica se apprenderemo a selezionare, tra i *generatori* del *sottospazio*:

$$L\{\underline{v}_1, \underline{v}_2, \ldots, \underline{v}_h\}$$

quelli *linearmente indipendenti*, in modo da individuare una *base* del *sottospazio.*

Un "metodo di selezione" per i *generatori* è noto come *metodo degli scarti successivi.*

Prima di rispondere alla *domanda* 5., esponiamo tale *metodo*, perché ci faciliterà nel dare la risposta a tale domanda.

3.10 Metodo degli scarti successivi

Ecco il metodo!

Dati *h vettori* $\underline{v}_1, \underline{v}_2, \ldots, \underline{v}_h$ di uno *spazio vettoriale* V, si considera il *vettore* $\underline{v}_1$.

Se è $\underline{v}_1 = \underline{0}_V$, *si scarta*; se è invece $\underline{v}_1 \neq \underline{0}_V$, *si accetta* perché ogni *vettore non nullo* è *linearmente indipendente*.

Si considera poi il *vettore* $\underline{v}_2$.

Se è $\underline{v}_2 = \underline{0}_V$, *si scarta*; se è invece $\underline{v}_2 \neq \underline{0}_V$, *si accetta* in due circostanze:

- se è $\underline{v}_1 = \underline{0}_V$ (quindi $\underline{v}_1$ è stato scartato)
- se è $\underline{v}_1 \neq \underline{0}_V$ (quindi $\underline{v}_1$ è stato accettato) e $\underline{v}_2$ è *linearmente indipendente* da $\underline{v}_1$, cioè risulta $\underline{v}_2 \neq \lambda \underline{v}_1$.

Si considera il *vettore* $\underline{v}_3$.

Se è $\underline{v}_3 = \underline{0}_V$, *si scarta*; se è invece $\underline{v}_3 \neq \underline{0}_V$, *si accetta*, se $\underline{v}_3$ è *linearmente indipendente* dai *vettori precedentemente selezionati* e così si prosegue fino ad arrivare al *vettore* $\underline{v}_h$.

Per fissare le idee diamo un esempio!

Esempio 3.1 *Dati in* $\mathbb{R}^3$ *i* vettori $\underline{v}_1 = (0,0,0)$, $\underline{v}_2 = (1,0,1)$, $\underline{v}_3 = (2,0,2)$, $\underline{v}_4 = (1,1,1)$, $\underline{v}_5 = (0,1,0)$ *e* $\underline{v}_6 = (0,2,1)$, *selezionare tra essi quelli linearmente indipendenti.*

Soluzione

Il *vettore* $\underline{v}_1 = (0,0,0)$ si *scarta*.

Il *vettore* $\underline{v}_2 = (1,0,1)$ si *accetta*.

Il *vettore* $\underline{v}_3 = (2,0,2)$ si *scarta*, perché è *linearmente dipendente* da $\underline{v}_2$ che è stato accettato.

Il *vettore* $\underline{v}_4 = (1,1,1)$ si *accetta* perché è *linearmente indipendente* dal *vettore* $\underline{v}_2$.

Il *vettore* $\underline{v}_5 = (0,1,0)$ si *scarta* perché è *linearmente dipendente* dai *vettori* (accettati) $\underline{v}_2$ e $\underline{v}_4$:

$$\underline{v}_5 = (0,1,0) = \underline{v}_4 - \underline{v}_2 = (1,1,1) - (1,0,1) = (0,1,0)$$

Il *vettore* $\underline{v}_6 = (0, 2, 1)$ si *accetta* perché è *linearmente indipendente* dai *vettori* (accettati) $\underline{v}_2$ e $\underline{v}_4$.

Conclusione:

– dei sei *vettori* dati sono *linearmente indipendenti* i *vettori* $\underline{v}_2$, $\underline{v}_4$ e $\underline{v}_6$ e pertanto, per il *teorema 2.8*, $L\{\underline{v}_1, \underline{v}_2, \underline{v}_3, \underline{v}_4, \underline{v}_5, \underline{v}_6\} = L\{\underline{v}_2, \underline{v}_4, \underline{v}_6\}$.

Rispondiamo ora alla *domanda* 5., che ci siamo posti nel *paragrafo precedente.*

Ripetiamo la *domanda* !

Domanda 5 *Due* sistemi *distinti di* generatori*:*

$$\{\underline{v}_1, \underline{v}_2, \ldots, \underline{v}_h\} \ e \ \{\underline{u}_1, \underline{u}_2, \ldots, \underline{u}_k\}$$

possono dar luogo ad uno stesso sottospazio *di V ? Può cioè accadere che risulti:*

$$L\{\underline{v}_1, \underline{v}_2, \ldots, \underline{v}_h\} = L\{\underline{u}_1, \underline{u}_2, \ldots, \underline{u}_k\} \ ?$$

Risposta 5

1. *Si determinano, con il* metodo degli scarti successivi, *i* vettori linearmente indipendenti *che si trovano nel* primo sistema di generatori.

   Supponiamo che essi siano i primi p *(con* $p \leq h$*):*

   $$\underline{v}_1, \underline{v}_2, \ldots, \underline{v}_p.$$

   Per il teorema 3.8 *si ha:*

   $$L\{\underline{v}_1, \underline{v}_2, \ldots, \underline{v}_p\} = L\{\underline{v}_1, \underline{v}_2, \ldots, \underline{v}_p, \underline{v}_{p+1}, \ldots, \underline{v}_h\}. \tag{3.25}$$

   Il sottospazio (3.25) *ha dimensione* p *e* $B = (\underline{v}_1, \underline{v}_2, \ldots, \underline{v}_p)$ *è una* base *di esso.*

2. *Si determinano, con il* metodo degli scarti successivi, *i* vettori linearmente indipendenti *che si trovano nel* secondo sistema di generatori.

   Supponiamo che siano i primi p' *(con* $p' \leq k$*):*

$$\underline{u}_1, \underline{u}_2, \dots, \underline{u}_{p'}.$$

   Per il teorema 3.8 *si ha:*

$$L\{\underline{u}_1, \underline{u}_2, \dots, \underline{u}_{p'}\} = L\{\underline{u}_1, \underline{u}_2, \dots, \underline{u}_{p'}, \underline{u}_{p'+1}, \dots, \underline{u}_k\}. \tag{3.26}$$

   Il sottospazio (3.26) *ha* dimensione p' *e* $B' = (\underline{u}_1, \underline{u}_2, \dots, \underline{v}_{p'})$ *è una* base *di esso.*

Se è $p \neq p'$ *i* due sistemi di generatori *assegnati* generano sottospazi *di* V *aventi* dimensioni *diverse e pertanto sono sicuramente distinti.*

Se è $p = p'$ *i* due sistemi di generatori *assegnati* generano sottospazi *di* V *aventi la* stessa dimensione p *e pertanto possono essere* distinti *o* uguali.

Sono uguali *se ogni* vettore *della* base B' *può essere espresso come* vettore combinazione lineare *dei* vettori *della* base B *e viceversa.*

Se sono uguali, B *e* B' *sono due basi dello stesso sottospazio.*

Se non avessimo trovato le *basi* dei *sottospazi*:

$$L\{\underline{v}_1, \underline{v}_2, \dots, \underline{v}_h\} \qquad \text{e} \qquad L\{\underline{u}_1, \underline{u}_2, \dots, \underline{u}_k\}$$

per dimostrare che i due *sistemi di generatori* assegnati generano lo *stesso sottospazio*, avremmo dovuto provare che:

a) ogni *generatore* $\underline{v}_i$, con $i = 1, 2, \dots, h$, può essere espresso come *vettore combinazione lineare* dei *vettori* $\underline{u}_1, \underline{u}_2, \dots, \underline{u}_k$. Tale prova ci avrebbe assicurato che

$$L\{\underline{v}_1, \underline{v}_2, \dots, \underline{v}_h\} \subseteq L\{\underline{u}_1, \underline{u}_2, \dots, \underline{u}_k\} \tag{3.27}$$

b) ogni *generatore* $\underline{u}_j$, con $j = 1, 2, \ldots, k$, può essere espresso come *vettore combinazione lineare* dei *vettori* $\underline{v}_1, \underline{v}_2, \ldots, \underline{v}_h$. Tale prova ci avrebbe assicurato che

$$L\{\underline{u}_1, \underline{u}_2, \ldots, \underline{u}_k\} \subseteq L\{\underline{v}_1, \underline{v}_2, \ldots, \underline{v}_h\}. \tag{3.28}$$

La (3.27) e (3.28) sussistendo contemporaneamente ci avrebbero permesso di concludere che i due *sottospazi* sono uguali.
Come lo Studente può immaginare, i calcoli sarebbero stati molto più lunghi.

* * *

Alla fine del *paragrafo* 3.6 ci siamo dati un programma di lavoro che abbiamo schematizzato in due *punti*: a. e b. .

Per quanto riguarda il *punto* a., abbiamo risolto tutti i problemi in esso contenuti.

Resta ora da trattare il *punto* b., cioè da costruire un "metodo" che ci permetta:

- Assegnato uno *spazio vettoriale* V qualsiasi, di riconoscere se è di *dimensione finita* oppure no ed, in caso che lo sia, di trovare la *dimensione* ed una *base* di esso.

Nel prossimo capitolo, affronteremo tale problema per uno *spazio vettoriale* V qualsiasi; per ora ci limitiamo a risolverlo nel caso che sia $V = \mathbb{R}^n$ (spazio vettoriale numerico).

3.11 Dimensione e basi dello spazio vettoriale numerico $\mathbb{R}^n$ e dei suoi sottospazi

Consideriamo lo *spazio vettoriale numerico* $\mathbb{R}^n$ e sia $\underline{v} = (x_1, x_2, \ldots, x_n)$ il *generico vettore* di esso.

Poiché $\underline{v}$ può essere rappresentato, come *vettore combinazione lineare*, al modo seguente:

$$\begin{aligned}\underline{v} &= (x_1, x_2, \ldots, x_n) = \\ &= x_1(1, 0, 0, \ldots, 0) + x_2(0, 1, 0, \ldots, 0) + \cdots + x_n(0, 0, 0, \ldots, 1),\end{aligned}$$

ci rendiamo conto che i *vettori*

$$\begin{array}{rcl} \underline{e}_1 & = & (1,0,0,\ldots,0) \\ \underline{e}_2 & = & (0,1,0,\ldots,0) \\ .. & = & \ldots\ldots\ldots\ldots \\ \underline{e}_n & = & (0,0,0,\ldots,1) \end{array}$$

costituiscono un *sistema di generatori* di $\mathbb{R}^n$ e, siccome sono *vettori linearmente indipendenti* (come è facile da controllare), la n-pla $(\underline{e}_1, \underline{e}_2, \ldots, \underline{e}_n)$ è una *base* di $\mathbb{R}^n$.

Avendo $\mathbb{R}^n$ una *base* costituita da n *vettori*, concludiamo che tale *spazio vettoriale* ha *dimensione* n.

Rispetto alle infinite altre *basi* di $\mathbb{R}^n$, $(\underline{e}_1, \underline{e}_2, \ldots, \underline{e}_n)$ è "privilegiata".

Il suo "privilegio" consiste nel fatto che, rispetto ad essa, la *n-pla ordinata delle coordinate* di un qualunque *vettore* $\underline{v} \in \mathbb{R}^n$ coincide con la *n-pla vettore*.

Tale *base*, per il privilegio di cui gode, si chiama *base canonica* e nel seguito verrà denotata con il *simbolo* B_C.

Per quanto riguarda i *sottospazi* di $\mathbb{R}^n$, vale ovviamente tutto ciò che abbiamo detto per i *sottospazi* di un qualsiasi altro *spazio vettoriale* V. Vediamo però se il fatto che i *vettori* di $\mathbb{R}^n$ sono *n-ple ordinate di numeri* ci permette di aggiungere qualche altra cosa circa i *sottospazi* di esso.

Prima di fare le nostre considerazioni diamo un'altra lettura delle *matrici* e del *rango* di una *matrice* a complemento di quanto abbiamo detto nel *Capitolo* 1.

3.12 Un'altra lettura delle matrici e del rango di una matrice

Nel *Capitolo* 1 abbiamo detto che una matrice $A \in \mathbb{R}^{m,n}$ è una *tabella di numeri* disposti su *m righe* ed *n colonne*.

Le *righe* di A possono essere riguardate come *vettori* di $\mathbb{R}^n$; per questo motivo, le chiameremo *vettori-riga* e le denoteremo con i *simboli* $\underline{r}_1, \underline{r}_2, \ldots, \underline{r}_m$, anzichè con $r_1, r_2, \ldots, r_m$.

Il *sottospazio* di $\mathbb{R}^n$, di cui i *vettori-riga* sono *generatori*, prende il nome di *spazio delle righe* di A e si denota con il simbolo R_A:

$$R_A = L\{\underline{r}_1, \underline{r}_2, \ldots, \underline{r}_m\}.$$

Analogamente, le *colonne* di A possono essere riguardate come *vettori* di $\mathbb{R}^m$; per questo motivo, le chiameremo *vettori-colonna* e le denoteremo con i *simboli* $\underline{c}_1, \underline{c}_2, \ldots, \underline{c}_n$, anzichè con $c_1, c_2, \ldots, c_n$.

Il *sottospazio* di $\mathbb{R}^m$, di cui i *vettori colonna* sono *generatori*, prende il nome di *spazio delle colonne* di A e si denota con il *simbolo* C_A:

$$C_A = L\{\underline{c}_1, \underline{c}_2, \ldots, \underline{c}_n\}.$$

Diamo ora un *teorema*, conosciuto come *teorema del rango*, che stabilisce la *relazione* esistente tra $\dim R_A$ e $\dim C_A$; però, per comprenderne la *dimostrazione*, è necessario premettergli quest'altro *teorema*[4]:

Teorema 3.9 *Dato uno* spazio vettoriale V *siano:*

$$\mathcal{G} = \{\underline{u}_1, \underline{u}_2, \ldots, \underline{u}_p\} \quad e \quad \mathcal{G}' = \{\underline{u}'_1, \underline{u}'_2, \ldots, \underline{u}'_q\}$$

due insiemi di vettori *di esso.*

Se:

1. *i* p vettori *di* $\mathcal{G}$ *sono* linearmente indipendenti
2. *i* q vettori *di* $\mathcal{G}'$ *sono* vettori combinazione lineare *dei* vettori *di* $\mathcal{G}$

allora
il numero dei vettori *di* $\mathcal{G}'$, linearmente indipendenti *è* $\leq p$.

Dimostrazione
Se è $q \leq p$, la *tesi* è necessariamente verificata.
Se è invece $q > p$, per dimostrare il *teorema*, ragioniamo così:
Dalle ipotesi del teorema segue che nell'insieme $\mathcal{G} \cup \mathcal{G}'$ vi sono *p vettori linearmente indipendenti*. Se il *numero* di *vettori linearmente indipendenti* di $\mathcal{G}'$ fosse *maggiore* di p, in $\mathcal{G} \cup \mathcal{G}'$ vi sarebbero più di *p vettori linearmente indipendenti*; ciò è però assurdo.

c.v.d.

[4]In matematica, un *teorema*, di per sé poco importante, che è necessario premettere alla *dimostrazione* di un altro *teorema*, prende il nome di *lemma*. Bene, il *teorema* 3.9 è un esempio di *lemma*.

Ciò premesso, enunciamo e dimostriamo il *teorema del rango.*

Teorema 3.10 *(Teorema del rango)*
Data una matrice $A \in \mathbb{R}^{m,n}$, *lo* spazio R_A delle righe *e lo* spazio C_A delle colonne *hanno la* stessa dimensione*:*

$$\dim R_A = \dim C_A. \tag{3.29}$$

Dimostrazione
Dimostriamo il *teorema* nel caso particolare che sia $m = 3$, $n = 4$ e $\dim R_A = 2$.

Consideriamo la *matrice*

$$A = \begin{pmatrix} a_{11} & a_{12} & a_{13} & a_{14} \\ a_{21} & a_{22} & a_{23} & a_{24} \\ a_{31} & a_{32} & a_{33} & a_{34} \end{pmatrix}$$

e supponiamo che i *vettori-riga* $\underline{r}_1$ e $\underline{r}_2$ siano *linearmente indipendenti* mentre $\underline{r}_3$ sia *combinazione lineare* di $\underline{r}_1$ e $\underline{r}_2$, cioè esistono *due numeri* λ e μ tali che risulti:

$$\underline{r}_3 = \lambda \underline{r}_1 + \mu \underline{r}_2 \tag{3.30}$$

La (3.30) ci dice che:

$$\begin{aligned} a_{31} &= \lambda a_{11} + \mu a_{21} \\ a_{32} &= \lambda a_{12} + \mu a_{22} \\ a_{33} &= \lambda a_{13} + \mu a_{23} \\ a_{34} &= \lambda a_{14} + \mu a_{24} \end{aligned} \tag{3.31}$$

Le (3.31) ci consentono di scrivere:

$$\underline{c}_1 = \begin{pmatrix} a_{11} \\ a_{21} \\ a_{31} \end{pmatrix} = \begin{pmatrix} a_{11} \\ a_{21} \\ \lambda a_{11} + \mu a_{21} \end{pmatrix} = \begin{pmatrix} a_{11} \\ 0 \\ \lambda a_{11} \end{pmatrix} + \begin{pmatrix} 0 \\ a_{21} \\ \mu a_{21} \end{pmatrix} = a_{11} \begin{pmatrix} 1 \\ 0 \\ \lambda \end{pmatrix} + a_{21} \begin{pmatrix} 0 \\ 1 \\ \mu \end{pmatrix}$$

$$\underline{c}_2 = \begin{pmatrix} a_{12} \\ a_{22} \\ a_{32} \end{pmatrix} = \ldots = a_{12} \begin{pmatrix} 1 \\ 0 \\ \lambda \end{pmatrix} + a_{22} \begin{pmatrix} 0 \\ 1 \\ \mu \end{pmatrix}$$

$$\underline{c}_3 = \begin{pmatrix} a_{13} \\ a_{23} \\ a_{33} \end{pmatrix} = \ldots = a_{13} \begin{pmatrix} 1 \\ 0 \\ \lambda \end{pmatrix} + a_{23} \begin{pmatrix} 0 \\ 1 \\ \mu \end{pmatrix}$$

$$\underline{c}_4 = \begin{pmatrix} a_{14} \\ a_{24} \\ a_{34} \end{pmatrix} = \ldots = a_{14} \begin{pmatrix} 1 \\ 0 \\ \lambda \end{pmatrix} + a_{24} \begin{pmatrix} 0 \\ 1 \\ \mu \end{pmatrix}$$

quindi i *quattro vettori colonna* $\underline{c}_1, \underline{c}_2, \underline{c}_3, \underline{c}_4$ sono esprimibili come *vettori combinazione lineare* dei due *vettori colonna*:

$$\underline{v}_1 = \begin{pmatrix} 1 \\ 0 \\ \lambda \end{pmatrix} \quad \text{e} \quad \underline{v}_2 = \begin{pmatrix} 0 \\ 1 \\ \mu \end{pmatrix}$$

che sono *linearmente indipendenti*.

Poiché i due *insiemi di vettori*:

$$\mathcal{G} = \{\underline{v}_1, \underline{v}_2\} \quad \text{e} \quad \mathcal{G}' = \{\underline{c}_1, \underline{c}_2, \underline{c}_3, \underline{c}_4\}$$

verificano le *ipotesi* del *teorema* 3.9, il *numero di vettori* di $\mathcal{G}'$, *linearmente indipendenti* è ≤ 2. Essendo 2 la *dimensione dello spazio R_A delle righe*, concludiamo che:

$$\dim C_A \leq \dim R_A. \tag{3.32}$$

Scambiando il ruolo dei *vettori-riga* con quello dei *vettori-colonna*, si prova che:

$$\dim R_A \leq \dim C_A. \tag{3.33}$$

Dalle (3.32) e (3.33) segue infine la (3.29) cioè che:

$$\dim R_A = \dim C_A.$$

c.v.d.

La comune *dimensione* degli *spazi* R_A e C_A si chiama *rango*[5] *della matrice* A e si denota con il *simbolo* $\rho(A)$:

$$\rho(A) = \dim R_A = \dim C_A$$

Il *rango* $\rho(A)$ di una *matrice* A può quindi essere definito come:

---

[5]Nel Paragrafo 1.20 abbiamo definito il rango $\rho(A)$ di una matrice $A \in \mathbb{R}^{m,n}$ come l'ordine massimo delle sottomatrici (quadrate) il cui determinante è $\neq 0$. È facile convincersi che tale definizione è equivalente a quella che abbiamo qui dato.

– il *massimo numero* dei *vettori-riga linearmente indipendenti*

oppure

– il *massimo numero* dei *vettori-colonna linearmente indipendenti*

Essendo m il *numero dei vettori-riga* e n quello dei *vettori-colonna*, si ha allora:

$$\rho(A) \leq m \quad \text{e} \quad \rho(A) \leq n$$

da cui segue

$$0 \leq \rho(A) \leq \min\{m, n\}$$

È $\rho(A) = 0$ *se e solo se* tutti gli *elementi* della *matrice* A sono *nulli*.

Per fissare le idee su quanto abbiamo detto, facciamo due esempi.

Esempio 3.2 *Consideriamo la* matrice

$$A = \begin{pmatrix} 1 & 0 & 2 \\ 0 & 1 & 0 \end{pmatrix}$$

Essendo $m = 2$ *e* $n = 3$ *abbiamo:*

– *2* vettori-riga*:* $\underline{r}_1 = (1, 0, 2)$, $\underline{r}_2 = (0, 1, 0)$

– *3* vettori-colonna*:* $\underline{c}_1 = (1, 0)$, $\underline{c}_2 = (0, 1)$, $\underline{c}_3 = (2, 0)$

Deve risultare:

$$\rho(A) \leq \min\{2, 3\} = 2$$

Essendo i due vettori-riga linearmente indipendenti, *si ha:*

$$\rho(A) = 2 \quad \textit{quindi} \; \dim R_A = \dim L\{\underline{r}_1, \underline{r}_2\} = 2$$

La coppia ordinata *di* vettori $(\underline{r}_1, \underline{r}_2)$ *è una* base *dello* spazio R_A delle righe *che a sua volta è un* sottospazio *di* $\mathbb{R}^3$*:* $R_A \subset \mathbb{R}^3$.

In accordo con la definizione di rango, *la* dimensione dello spazio C_A delle colonne *è 2 ed una* base *di esso è costituita dalla* coppia ordinata di vettori $(\underline{c}_1, \underline{c}_2)$.

Essendo C_A *un* sottospazio *di* $\mathbb{R}^2$ *ed avendo* dimensione *2, coincide con esso:* $C_A = \mathbb{R}^2$.

Esempio 3.3 *Consideriamo la matrice*

$$A = \begin{pmatrix} 1 & 2 & 3 \\ 0 & 1 & 1 \\ 1 & 0 & 1 \end{pmatrix}$$

Essendo $n = m = 3$*, abbiamo:*

– *3* vettori-riga*:* $\underline{r}_1 = (1, 2, 3)$*,* $\underline{r}_2 = (0, 1, 1)$*,* $\underline{r}_3 = (1, 0, 1)$

– *3* vettori-colonna*:* $\underline{c}_1 = (1, 0, 1)$*,* $\underline{c}_2 = (2, 1, 0)$*,* $\underline{c}_3 = (3, 1, 1)$

Deve risultare:

$$\rho(A) \leq 3.$$

Essendo i due vettori-riga $\underline{r}_1$ *e* $\underline{r}_2$ linearmente indipendenti *mentre è* $\underline{r}_3 = 1\underline{r}_1 - 2\underline{r}_2$*, si ha:*

$$\rho(A) = 2 \quad \textit{quindi} \ \dim R_A = \dim L\{\underline{r}_1, \underline{r}_2, \underline{r}_3\} = 2$$

La coppia ordinata *di* vettori $(\underline{r}_1, \underline{r}_2)$ *è una* base *dello* spazio R_A delle righe. *Essendo* R_A sottospazio *di* $\mathbb{R}^3$ *ed avendo* dimensione *2, si ha:* $R_A \subset \mathbb{R}^3$.
In accordo con la definizione di rango *che abbiamo qui dato, la* dimensione *dello* spazio C_A delle colonne *è 2 ed una* base *di esso è costituita dalla* coppia ordinata di vettori $(\underline{c}_1, \underline{c}_2)$.
Essendo C_A sottospazio *di* $\mathbb{R}^3$ *ed avendo* dimensione *2, si ha:* $C_A \subset \mathbb{R}^3$.

La nuova lettura che abbiamo dato di una *matrice* e del *rango* di essa ci apre la via per la costruzione di un "metodo", alternativo a quello degli *scarti successivi*, per trovare la *dimensione* ed una *base* di ogni *sottospazio*

$$L\{\underline{v}_1, \underline{v}_2, \ldots, \underline{v}_m\} \text{ di } \mathbb{R}^n. \tag{3.34}$$

Basta riguardare i *generatori* $\underline{v}_1, \underline{v}_2, \ldots, \underline{v}_m$ del *sottospazio* (3.34):

– o come *vettori-riga* di una *matrice* $A \in \mathbb{R}^{m,n}$

– o come *vettori-colonna* di una *matrice* $A' \in \mathbb{R}^{n,m}$ [6]

[6] La *matrice* A' non è altro che la *matrice* A^T.

e poi calcolare il *rango* $\rho(A)$ oppure il *rango* $\rho(A')$.

Tanto il *rango* $\rho(A)$ come il *rango* $\rho(A')$ danno le *dimensioni* del *sottospazio* (3.34) ed una *base* di esso.

Il *metodo*, che per il momento abbiamo solo intravisto, si renderà operativo solo dopo aver dato una tecnica efficace di calcolo del *rango* di una *matrice.*

3.13 Come calcolare il rango di una matrice

Il calcolo del *rango* $\rho(A)$ di una *matrice* $A \in \mathbb{R}^{m,n}$ non è sempre agevole come negli esempi esaminati, a meno che non si tratti di una *matrice ridotta per righe* o *per colonne* che abbiamo definito nel *paragrafo* 1.2.

Per tali matrici, vi sono infatti due *teoremi*, dei quali per ragioni di spazio non diamo le *dimostrazioni*, che ci dicono qual è il loro *rango.*

Teorema 3.11 *Data una* matrice $A \in \mathbb{R}^{m,n}$ ridotta per righe, *il numero dei* vettori-riga *non nulli è la* dimensione *dello* spazio R_A *e pertanto è il* rango $\rho(A)$ *di essa.*

Teorema 3.12 *Data una* matrice $A \in \mathbb{R}^{m,n}$ ridotta per colonne, *il numero dei* vettori-colonna non nulli *è la* dimensione *dello* spazio C_A *e pertanto è il* rango $\rho(A)$ *di essa.*

Data una *matrice* $A \in \mathbb{R}^{m,n}$ *non ridotta* né *per righe*, né *per colonne*, se interpretiamo le sue *righe* come *vettori-riga* e le sue *colonne* come *vettori-colonna*, i *teoremi* da 3.6 a 3.8 ci consentono di costruire a partire da essa:

- una *matrice* $B \in \mathbb{R}^{m,n}$ *ridotta per righe* tale che

$$\rho(B) = \rho(A) \quad \text{e} \quad R_B = R_A$$

- una *matrice* $B' \in \mathbb{R}^{m,n}$ *ridotta per colonne* tale che

$$\rho(B') = \rho(A) \quad \text{e} \quad C_{B'} = C_A$$

e pertanto il *calcolo* di $\rho(A)$ può essere fatto in due maniere: o costruendo la *matrice* B, o costruendo la *matrice* B'.

La costruzione delle *matrici* B e B' si effettua operando rispettivamente sulle *righe* e sulle *colonne* di A con le *trasformazioni elementari* T^1, T^2, T^3, che abbiamo definito nel *paragrafo* 1.6, le quali non sono altro che i *teoremi* da 3.6 a 3.8 applicati rispettivamente ai *vettori-riga* ed ai *vettori-colonna* di A.

Per comodità dello Studente, riscriviamo le *trasformazioni* T^1, T^2, T^3 applicate alle *righe* di A che questa volta chiamiamo *vettori-riga* e denotiamo in maniera leggermente diversa, cioè così:

T^1 con $\underline{r}_i \leftrightarrow \underline{r}_j$ ove $i, j = 1, 2, \ldots, n$ e con $i \neq j$
T^2 con $\underline{r}_i \to \lambda\underline{r}_i$ ove $i = 1, 2, \ldots, n$ e $\lambda \in \mathbb{R} - \{0\}$
T^3 con $\underline{r}_i \to \underline{r}_i + \lambda\underline{r}_j$ ove $i, j = 1, 2, \ldots, n$ con $i \neq j$ e $\lambda \in \mathbb{R} - \{0\}$.

Con l'impiego ripetuto della *trasformazione* T^3, scegliendo di volta in volta opportunamente la costante λ, si può passare dalla *matrice assegnata* A alla *matrice ridotta per righe* B.

Le *trasformazioni* T^1 e T^2, come vedremo in sede di esercizi, servono invece per semplificare i calcoli.

Le *trasformazioni elementari* con le quali si può operare sui *vettori-colonna* di A sono le stesse e pertanto non le trascriviamo.

All'atto pratico, per passare dalle *matrice* assegnata A alla *matrice* B *ridotta per righe* si procede così:

- si sceglie un *elemento non nullo* della *prima riga non nulla* e si annullano per mezzo di *trasformazioni* T^3 tutti gli elementi che si trovano *al di sotto* di esso;
- si sceglie poi un *elemento non nullo* della *riga non nulla successiva* (nella nuova matrice) e si annullano per mezzo di *trasformazioni* T^3 tutti gli elementi che si trovano *al di sotto di esso*;
- si continua cosí finché è possibile.

Siccome la scelta di un *elemento non nullo* su una *riga non nulla* non è in generale unica, si capisce come, a partire da una data *matrice* A si possano ottenere *varie matrici* B *ridotte per righe*; tutte le *matrici* B

hanno ovviamente lo *stesso rango* $\rho(A)$ che è appunto la *dimensione* dello *spazio* R_A *delle righe* di A.

Con i *vettori-riga non nulli* di ciascuna delle *matrici* B si possono costruire $\rho(A)!$ *basi* dello spazio R_A delle righe di A.

Chiariamo la questione con un esempio!

Esempio 3.4 *Data la* matrice

$$A = \begin{pmatrix} 2 & 1 & 0 \\ 1 & 2 & 1 \\ 3 & 1 & 2 \end{pmatrix}$$

Costruiamo una matrice B ridotta per righe *costruita a partire da essa.*

Se sulla prima riga *di* A *scegliamo l'*elemento $a_{11} = 2$, *come elemento* $\neq 0$, *le* trasformazioni*:*

$$\begin{aligned} T^3 : \underline{r}_2 &\to \underline{r}_2 - \tfrac{1}{2}\underline{r}_1 \\ T^3 : \underline{r}_3 &\to \underline{r}_3 - \tfrac{3}{2}\underline{r}_1 \end{aligned}$$

ci fanno passare dalla matrice A *alla matrice*

$$\begin{pmatrix} 2 & 1 & 0 \\ 0 & \frac{3}{2} & 1 \\ 0 & -\frac{1}{2} & 2 \end{pmatrix} \tag{3.35}$$

Scegliendo poi nella seconda riga *di quest'ultima matrice l'elemento* $a_{22} = \frac{3}{2}$ *come elemento* $\neq 0$, *la* trasformazione*:*

$$T^3 : \underline{r}_3 \to \underline{r}_3 + \frac{1}{3}\underline{r}_2$$

ci fa passare dalla matrice (3.35) *alla* matrice

$$B = \begin{pmatrix} 2 & 1 & 0 \\ 0 & \frac{3}{2} & 1 \\ 0 & 0 & \frac{7}{3} \end{pmatrix}$$

che è ridotta per righe, *quindi* $\rho(A) = \rho(B) = 3$ *e con i* vettori-riga $(2,1,0)\,,\left(0,\frac{3}{2},1\right)\,,\left(0,0,\frac{7}{3}\right)$ *si possono costruire* 3! basi *dello spazio* R_A *delle righe.*

A questo punto un *metodo*, alternativo a *quello degli scarti successivi*, che volevamo costruire, è pronto. Ad esso si dà il nome di *metodo di riduzione per righe o per colonne.*

Ecco il metodo!

3.14 Metodo di riduzione per righe o per colonne

Dato un *sottospazio* $L\{\underline{v}_1, \underline{v}_2, \ldots, \underline{v}_m\}$ di $\mathbb{R}^n$, per trovarne la *dimensione* ed una *base* si può procedere così:

1. A partire dagli *m generatori* $\underline{v}_1, \underline{v}_2, \ldots, \underline{v}_m$ del *sottospazio* si costruisce una *matrice A* scrivendo i *generatori* come *vettori-riga* oppure come *vettori-colonna.*

2. Se la *matrice A* è stata costruita scrivendo i *generatori* come *vettori-riga*, possono accadere due cose:

   – o la *matrice A è già ridotta per righe*
   – o la *matrice A non è ridotta per righe.*

Nel *primo caso*, il *teorema* 3.11 risolve il problema posto: i *vettori-riga non nulli*, considerati ad esempio nell'ordine in cui sono stati scritti, costituiscono una *base* del *sottospazio* assegnato ed il *numero di essi* ci dà la *dimensione* del *sottospazio.*

Nel *secondo caso*, operando sui *vettori-riga* della *matrice A* con le *trasformazioni elementari*, si ottiene una *matrice B ridotta per righe* e poi si conclude come nel *primo caso.*

Osserviamo che, mentre usando il *metodo degli scarti successivi*, i *vettori* della *base* del *sottospazio* sono scelti tra i *generatori di esso*, usando il *metodo di riduzione*, in generale sono dedotti dai *generatori* per mezzo dei *teoremi* 3.6, 3.7 e 3.8 che stanno appunto alla *base* del *metodo* stesso.

Se invece di scrivere gli *m generatori* $\underline{v}_1, \underline{v}_2, \ldots, \underline{v}_m$ del *sottospazio* come *vettori-riga*, li avessimo scritti come *vettori-colonna*, avremmo ottenuto la *matrice* A^T, *trasposta* dalla *matrice A.*

Se la *matrice* A^T è già *ridotta per colonne*, il *teorema* 3.12 risolve il problema posto; se invece la *matrice* A^T *non è ridotta per colonne*, operando sui *vettori-colonna* con le *trasformazioni elementari*, si ottiene una *matrice* B' *ridotta per colonne* e poi si conclude come nel caso anteriore.

Riassumendo:

- Il *metodo di riduzione per righe e per colonne* serve:

  a. per calcolare il *rango* $\rho(A)$ di una *matrice* A *non ridotta né per righe né per colonne* ed è alternativo all'uso della *definizione di rango* di una *matrice*, data nel *paragrafo* 1.20.

  b. per trovare la *dimensione* ed una *base* del *sottospazio* $L\{\underline{v}_1, \underline{v}_2, \ldots, \underline{v}_m\}$ di $\mathbb{R}^n$ ed è alternativo al *metodo degli scarti successivi*.

* * *

Circa i *sottospazi* di $\mathbb{R}^n$, oltre alle 5 *domande* che ci siamo posti nel *paragrafo* 3.9, ne vengono naturali altre *due*.

Vediamo quali !

3.15 Ancora due domande sui sottospazi di $\mathbb{R}^n$

Circa i *sottospazi* dello *spazio vettoriale numerico* $\mathbb{R}^n$, vengono naturali queste altre due *domande*:

6. Oltre che fissando un *sistema di vettori* $\underline{v}_1, \underline{v}_2, \ldots, \underline{v}_m$ in $\mathbb{R}^n$, vi è qualche altro modo per assegnare un *sottospazio* di esso?

7. Assegnati due *sottospazi* V' e V'' di $\mathbb{R}^n$, come si possono costruire i *sottospazi* $V' \cap V''$ e $V' + V''$?

Rispondiamo a tali domande nell'ordine in cui ce le siamo poste.

3.16 Rappresentazione implicita di un sottospazio di $\mathbb{R}^n$

La risposta alla *domanda* 6. ce la dà il seguente *teorema*:

Teorema 3.13 *Dato un* sistema lineare ed omogeneo *di* m equazioni *in* n incognite, *l'insieme* V' *delle sue* soluzioni *è un* sottospazio *di* $\mathbb{R}^n$.

Dimostrazione
Sicuramente il *sistema* ammette la *soluzione* data da $(0, 0, \ldots, 0)$; se tale n*-upla* è la sua *unica soluzione*, cioè se l'*insieme* V' delle *soluzioni* è $V' = \{(0, 0, \ldots, 0)\}$, essendo quest'ultimo un *sottospazio* di $\mathbb{R}^n$, il *teorema* è dimostrato.

Se invece il *sistema* ammette, oltre alla *soluzione* $(0, 0, \ldots, 0)$, anche altre *soluzioni*, per dimostrare il *teorema*, dobbiamo provare che l'*insieme* V' verifica la *definizione* di *sottospazio* data nel *paragrafo* 2.15.

Dobbiamo quindi verificare che:

1. se $(x'_1, x'_2, \ldots, x'_n)$ e $(x''_1, x''_2, \ldots, x''_n) \in V'$ allora $(x'_1 + x''_1, x'_2 + x''_2, \ldots, x'_n + x''_n) \in V'$
2. se $\lambda \in \mathbb{R}$ e $(x'_1, x'_2, \ldots, x'_n) \in V'$, allora $(\lambda x'_1, \lambda x'_2, \ldots, \lambda x'_n) \in V'$.

Per fare tale verifica, scriviamo il *sistema assegnato* con la *notazione matriciale* introdotta nel *paragrafo* 1.22:

$$AX = 0 \quad (0 \text{ è la matrice nulla}) \quad \in \mathbb{R}^{m,1}.$$

Se denotiamo le *soluzioni* $(x'_1, x'_2, \ldots, x'_n)$ e $(x''_1, x''_2, \ldots, x''_n)$ rispettivamente con le *matrici*

$$X' = \begin{pmatrix} x'_1 \\ x'_2 \\ \vdots \\ x'_n \end{pmatrix} \qquad \text{e } X'' = \begin{pmatrix} x''_1 \\ x''_2 \\ \vdots \\ x''_n \end{pmatrix}$$

si ha che

$$AX' = 0 \quad \text{e} \quad AX'' = 0. \tag{3.36}$$

Poiché

$$A(X' + X'') = AX' + AX'' = \text{ per le (3.36) } = 0 + 0 = 0$$

la 1. è verificata.

Poichè

$$A(\lambda X') = \lambda(AX') = \text{ per la prima delle (3.36) } = \lambda 0 = 0$$

è verificata anche la *seconda condizione* quindi il *teorema* è dimostrato.

c.v.d.

Il *teorema* che abbiamo ora dimostrato, ci consente di affermare che un *sottospazio* V' di $\mathbb{R}^n$ può essere assegnato in *due* modi:

1° modo Fissando un *sistema di vettori* $\underline{v}_1, \underline{v}_2, \ldots, \underline{v}_h$ di $\mathbb{R}^n$ e prendendo in considerazione solo l'*insieme* di *vettori* di $\mathbb{R}^n$ che sono *combinazioni lineari* di essi.

2° modo Fissando un *sistema lineare ed omogeneo* di *m equazioni* in *n incognite* $x_1, x_2, \ldots, x_n$ e prendendo in considerazione solo l'*insieme dei vettori* di $\mathbb{R}^n$ (cioè delle n-uple) che sono *soluzioni* di esso.

Un *sottospazio* V', assegnato nel 1° modo, si denota con una di queste "scritture":

$$\begin{aligned} V' &= L\{\underline{v}_1, \underline{v}_2, \ldots, \underline{v}_h\} \\ V' &= < \underline{v}_1, \underline{v}_2, \ldots, \underline{v}_h > \\ V' &= \{\underline{v} \in \mathbb{R}^n : \underline{v} = \lambda_1 \underline{v}_1 + \lambda_2 \underline{v}_2 + \cdots + \lambda_h \underline{v}_h \;\text{ con } \lambda_1, \lambda_2, \ldots, \lambda_h \in \mathbb{R}\}. \end{aligned} \tag{3.37}$$

L'*insieme* dei *vettori* $\{\underline{v}_1, \underline{v}_2, \ldots, \underline{v}_h\}$ prende il nome di *sistema di generatori* del *sottospazio*, l'uguaglianza

$$\underline{v} = \lambda_1 \underline{v}_1 + \lambda_2 \underline{v}_2 + \cdots + \lambda_h \underline{v}_h \quad \text{con} \quad \lambda_1, \lambda_2, \ldots, \lambda_h \in \mathbb{R}$$

che compare nell'ultima "scrittura", *rappresentazione parametrica del sottospazio* mentre $\lambda_1, \lambda_2, \ldots, \lambda_h$ prendono il nome di *parametri.*

Un *sottospazio* V', assegnato nel 2° *modo*, si denota scrivendo:

$$V' = \{\underline{v} \in \mathbb{R}^n : \text{ equazioni del sistema}\} \tag{3.38}$$

e si dice che le *equazioni del sistema* costituiscono una *rappresentazione implicita* del *sottospazio*[7].

[7] I due modi di assegnare un *sottospazio* V' d $\mathbb{R}^n$ corrispondono ai due modi di assegnare un insieme non vuoto:

Per fissare le idee diamo due esempi di *sottospazi* assegnati nel *due modi* sopra detti.

Esempio 3.5

$$V' = L\{(1,-1,0,1),(0,1,-1,2),(2,-3,1,0)\}$$

è un sottospazio *di* $\mathbb{R}^4$ *assegnato nel* 1° modo. *Un* sistema di generatori *di esso è costituito dai* vettori

$$\underline{v}_1 = (1,-1,0,1), \underline{v}_2 = (1,1,-1,2), \underline{v}_3 = (2,-3,1,0).$$

Esempio 3.6

$$V' = \{\underline{v} = (x_1,x_2,x_3,x_4) \in \mathbb{R}^4 : x_1 - x_2 + 2x_3 = 0,\ 2x_2 + 3x_3 = 0\}$$

è un sottospazio *di* $\mathbb{R}^4$ *assegnato nel* 2° modo. *Le due* equazioni del sistema

$$\begin{cases} x_1 - x_2 + 2x_3 = 0 \\ \qquad 2x_2 + 3x_3 = 0 \end{cases}$$

costituiscono una rappresentazione implicita del sottospazio.

Alcune volte, nelle applicazioni, serve conoscere una *rappresentazione implicita* di un *sottospazio*, assegnato per mezzo di un *sistema di generatori*.

Altre volte, invece, serve conoscere un *sistema di generatori* di un *sottospazio*, assegnato per mezzo di una *rappresentazione implicita*.

A questo punto sorge spontanea la domanda:

- Assegnato un *sottospazio* V' di $\mathbb{R}^n$ per mezzo di un *sistema di generatori*, come si fa a trovare una *rappresentazione implicita* di esso e viceversa?

In altre parole:

- Come si fa a passare dal 1° al 2° *modo* di assegnare un *sottospazio* e viceversa?

Illustriamo allora sui due *esempi* dati le tecniche che si usano per passare da un modo all'altro di assegnare un *sottospazio*.

- per estensione
- per comprensione.

L'unico *sottospazio* V' che non ammette rappresentazione implicita è $V' = \mathbb{R}^n$.

3.17 Tecniche di passaggio tra i due modi di assegnare un sottospazio di $\mathbb{R}^n$

Prendiamo in esame il *sottospazio* V' dell'*esempio* 3.5; di esso vogliamo trovare una *rappresentazione implicita* cioè vogliamo assegnarlo nel 2° *modo*.

A tal fine conviene procedere così:

a. Determinare la *dimensione* ed una *base* di esso.

Per fare ciò, trattandosi di un *sottospazio* di $\mathbb{R}^4$, seguiamo il metodo descritto nel *paragrafo* 3.14. Ecco i passi da fare:

1. Si costruisce la *matrice* A scrivendo i *generatori* del *sottospazio* come *vettori riga*:

$$A = \begin{pmatrix} 1 & -1 & 0 & 1 \\ 0 & 1 & -1 & 2 \\ 2 & -3 & 1 & 0 \end{pmatrix}$$

2. Si opera sulla *matrice* A con le *trasformazioni elementari* fino ad ottenere una *matrice* B *ridotta per righe*:

$$A = \begin{pmatrix} 1 & -1 & 0 & 1 \\ 0 & 1 & -1 & 2 \\ 2 & -3 & 1 & 0 \end{pmatrix} \underline{r}_3 \to \underline{r}_3 - 2\underline{r}_1 \begin{pmatrix} 1 & -1 & 0 & 1 \\ 0 & 1 & -1 & 2 \\ 0 & -1 & 1 & -2 \end{pmatrix}$$

$$\underline{r}_3 \to \underline{r}_3 + \underline{r}_2 \begin{pmatrix} 1 & -1 & 0 & 1 \\ 0 & 1 & -1 & 2 \\ 0 & 0 & 0 & 0 \end{pmatrix} = B(\text{matrice ridotta per righe})$$

I *vettori-riga* non nulli della *matrice* B sono *due* e pertanto il *sottospazio* V' ha *dimensione due* ed una *base* di esso è la *coppia ordinata* di *vettori*

$$((1, -1, 0, 1), (0, 1, -1, 2)).$$

Concludendo:

La *dimensione del sottospazio* V' è *due* ed una *base* di esso è:

$$((1,-1,0,1),(0,1,-1,2))^{8}.$$

b. Esprimere il *generico vettore* $\underline{v}=(x_1,x_2,x_3,x_4)$ di V' come *vettore combinazione lineare* dei *vettori* della *base* trovata:

$$(x_1,x_2,x_3,x_4)=\lambda_1(1,-1,0,1)+\lambda_2(0,1,-1,2).$$

Facendo i calcoli si ottiene:

$$(x_1,x_2,x_3,x_4)=(\lambda_1,\ -\lambda_1+\lambda_2,-\lambda_2,\ \lambda_1+2\lambda_2)$$

da cui si ottiene

$$\begin{cases} x_1 &= \lambda_1 \\ x_2 &= -\lambda_1+\lambda_2 \\ x_3 &= -\lambda_2 \\ x_4 &= \lambda_1+2\lambda_2 \end{cases} \tag{3.39}$$

c. Eliminare i *parametri* λ_1 e λ_2 che compaiono nelle *equazioni* del *sistema.*

Procediamo alla eliminazione!

Dalla *prima equazione* segue: $\lambda_1=x_1$.

Dalla *terza equazione* segue: $\lambda_2=-x_3$.

Sostituendo nella *seconda* e *quarta equazione* del *sistema* al posto di λ_1 e λ_2 rispettivamente x_1 e $-x_3$, otteniamo le *equazioni*

$$x_2=x_1-x_3 \quad \text{e} \quad x_4=x_1-2x_3$$

che possono essere scritte così:

$$x_1+x_2+x_3=0 \quad \text{e } x_1-2x_3-x_4=0.$$

[8]Si arriva allo stesso risultato se si costruisce la *matrice* A' scrivendo i *generatori* del *sottospazio* come *vettori-colonna* ed operando poi con le *trasformazioni elementari* sulle *colonne* di A' fino ad ottenere una *matrice* B', *ridotta per colonne*. Il numero di *vettori-colonna* non nulli dà la *dimensione* del *sottospazio* ed inoltre con tali *vettori* si possono costruire *basi* del *sottospazio*.

Queste ultime ci dicono qual è il legame tra i quattro numeri x_1, x_2, x_3, x_4 che costituiscono le *quaterne-vettore* (x_1, x_2, x_3, x_4) che appartengono al *sottospazio* V'.

Concludendo possiamo scrivere

$V' = \{(x_1, x_2, x_3, x_4 =\in \mathbb{R}^4 : x_1 + x_2 + x_3 = 0; x_1 - 2x_3 - x_4 = 0\}$

e quindi siamo riusciti a scrivere il *sottospazio* V' nel 2° *modo.*

Prima di illustrare con l'*esempio* 3.6 quale tecnica si usa per scrivere nel 1° *modo* un *sottospazio* assegnato nel 2° *modo*, vogliamo riflettere un momento sulla tecnica usata nell'*esempio* 3.5.

Nel *punto* a., a partire dal *sistema di generatori* mediante il quale è stato assegnato il *sottospazio*, abbiamo costruito una *base* di esso; abbiamo poi utilizzato tale base nel *punto* b. per rappresentare il *generico vettore* (x_1, x_2, x_3, x_4) del *sottospazio* come *vettore combinazione lineare* dei *vettori* di essa.

Se avessimo rappresentato il *generico vettore* (x_1, x_2, x_3, x_4) del *sottospazio*, come *vettore combinazione lineare* di tutti i *generatori*, cioè avessimo scritto:

$$(x_1, x_2, x_3, x_4) = \lambda_1(1, -1, 0, 1) + \lambda_2(0, 1, -1, 2) + \lambda_3(2, -3, 1, 0),$$

facendo gli stessi calcoli fatti nel *punto* b., avremmo ottenuto il sistema

$$\begin{cases} x_1 &= \lambda_1 + 2\lambda_3 \\ x_2 &= -\lambda_1 + \lambda_2 - 3\lambda_3 \\ x_3 &= -\lambda_2 + \lambda_3 \\ x_4 &= \lambda_1 + 2\lambda_2 \end{cases}.$$

Eliminando i parametri $\lambda_1, \lambda_2, \lambda_3$, saremmo arrivati alla stessa *conclusione*, ma con maggiore fatica.

Questa è la ragione per cui conviene procurarsi innanzitutto una *base* del *sottospazio.*

Prendiamo ora in esame il *sottospazio* V' dell'*esempio* 3.6; di esso vogliamo trovare un *sistema di generatori*, cioè vogliamo assegnarlo nel 1° *modo.*

A tal fine conviene procedere così:

a. Si risolve il *sistema di equazioni* che danno una *rappresentazione implicita* del *sottospazio* assegnato:

$$\begin{cases} x_1 - x_2 + 2x_3 = 0 \\ 2x_2 + 3x_3 = 0 \end{cases};$$

facendo i calcoli si ha:

$$\begin{cases} x_1 - x_2 + 2x_3 = 0 \\ 2x_2 + 3x_3 = 0 \end{cases} \Leftrightarrow \begin{cases} x_1 - (-\frac{3}{2}x_3) + 2x_3 = 0 \\ x_2 = -\frac{3}{2}x_3 \end{cases} \Leftrightarrow \begin{cases} x_1 = -\frac{7}{2}x_3 \\ x_2 = -\frac{3}{2}x_3 \end{cases}$$

Da cui segue che, ponendo $x_3 = \lambda_1$ e $x_4 = \lambda_2$, la *generica soluzione* del *sistema* è

$$(x_1, x_2, x_3, x_4) = \left(-\frac{7}{2}\lambda_1, -\frac{3}{2}\lambda_1, \lambda_1, \lambda_2\right).$$

Al variare di λ_1 e λ_2 si ottengono tutte le *soluzioni* del *sistema.*

b. Si scrive la *quaterna* $\left(-\frac{7}{2}\lambda_1, -\frac{3}{2}\lambda_1, \lambda_1, \lambda_2\right)$ come *somma di due quaterne* in una delle quali compare solo il *parametro* λ_1 e nell'altra solo il *parametro* λ_2:

$$\left(-\frac{7}{2}\lambda_1, -\frac{3}{2}\lambda_1, \lambda_1, \lambda_2\right) = \left(-\frac{7}{2}\lambda_1, -\frac{3}{2}\lambda_1, \lambda_1, 0\right) + (0, 0, 0, \lambda_2).$$

c. Si pone in evidenza rispettivamente λ_1 e λ_2 nelle due ultime *quaterne* scritte, ottenendo così:

$$(x_1, x_2, x_3, x_4) = \lambda_1 \left(-\frac{7}{2}, -\frac{3}{2}, 1, 0\right) + \lambda_2(0, 0, 0, 1).$$

L'ultima delle uguaglianze scritte ci dice che il *generico vettore* (x_1, x_2, x_3, x_4) del *sottospazio* V' è *vettore combinazione lineare* dei *vettori* $\underline{v}_1 = (-\frac{7}{2}, -\frac{3}{2}, 1, 0)$ e $\underline{v}_2 = (0, 0, 0, 1)$ e pertanto possiamo scrivere che

$$V' = L\{\underline{v}_1, \underline{v}_2\}.$$

L'insieme dei *vettori* $\{\underline{v}_1, \underline{v}_2\}$ quindi è un *sistema di generatori* del *sottospazio* V', anzi, essendo $\underline{v}_1$ e $\underline{v}_2$ *linearmente indipendenti*, a partire da essi si possono costruire le due *basi*: $(\underline{v}_1, \underline{v}_2)$, $(\underline{v}_2, \underline{v}_1)$.

Rispondiamo ora alla *domanda* 7.

3.18 Risposta alla domanda 7

Per quanto riguarda la risposta alla *domanda* 7, è facile convincersi che: assegnati due *sottospazi* V' e V'' di $\mathbb{R}^n$, per costruire il *sottospazio* $V' \cap V''$ conviene fare i seguenti passi:

1° **passo** rappresentare V' e V'' nel 2° *modo*

2° **passo** costruire il *sistema* costituito dalle *equazioni* che danno le *rappresentazioni implicite* di V' e V''.

Il *sottospazio* $V' \cap V''$ è costituito dalle *soluzioni* di quest'ultimo.

Se vogliamo invece costruire il *sottospazio* $V' + V''$ conviene fare questi altri passi:

1° **passo** rappresentare V' e V'' nel 1° *modo*

2° **passo** costruire l'*insieme unione* dei *sistemi di generatori* di V' e V''.

Quest'ultimo è un *sistema di generatori* del *sottospazio* $V' + V''$.

* * *

Per completare il discorso sugli *spazi vettoriali* V, manca di trasferire allo *spazio vettoriale* V il concetto di *spazio vettoriale orientato*; per ragioni di spazio, lasciamo questo compito allo Studente.

Diamo invece un cenno ai *sistemi lineari di equazioni vettoriali*, largamente usati nella pratica.

3.19 Sistemi lineari di equazioni vettoriali

Se osserviamo un *sistema lineare* di m *equazioni* in n *incognite*, notiamo che le uniche *operazioni* che compaiono nelle *equazioni* che lo costituiscono sono:

- l'*addizione* tra *monomi* di primo grado
- la *moltiplicazione* tra i *numeri* (coefficienti) e le *incognite* $x_1, x_2, \ldots, x_n$ che compaiono, una alla volta, nei monomi.

Poiché le operazioni che conferiscono ad un qualunque *insieme non vuoto* S la *struttura* di *spazio vettoriale* godono delle *stesse proprietà* di cui godono le *operazioni* che compaiono nelle *equazioni* che costituiscono il *sistema lineare*, viene naturale considerare *sistemi di equazioni* del tipo:

$$\begin{cases} a_{11}\underline{v}_1 + a_{12}\underline{v}_2 + \cdots + a_{1n}\underline{v}_n & = \underline{b}_1 \\ a_{21}\underline{v}_1 + a_{22}\underline{v}_2 + \cdots + a_{2n}\underline{v}_n & = \underline{b}_2 \\ \dots\dots\dots\dots\dots\dots\dots\dots & = \cdots \\ a_{m1}\underline{v}_1 + a_{m2}\underline{v}_2 + \cdots + a_{mn}\underline{v}_n & = \underline{b}_m \end{cases}$$

ove appunto

- i *coefficienti* $a_{11}, a_{12}, \dots, a_{mn}$ sono *numeri reali*, come nei *sistemi lineari*;
- la *incognite* e i *termini noti* sono invece *vettori* di uno *stesso spazio vettoriale* V.

Nel seguito chiameremo i *sistemi* così fatti, *sistemi lineari di equazioni vettoriali* ed utilizzeremo per essi la stessa terminologia usata per i *sistemi lineari*.

Chiameremo allora:

soluzione del sistema ogni *n-upla ordinata* $(\underline{v}_1^*, \underline{v}_2^*, \dots, \underline{v}_n^*)$ di *vettori* che, sostituiti nelle *equazioni del sistema* ai *vettori incogniti* $(\underline{v}_1, \underline{v}_2, \dots, \underline{v}_n)$, rendono i primi membri delle *equazioni* uguali ai secondi

sistemi compatibili quei *sistemi* che hanno *almeno* una *soluzione*

sistemi incompatibili quei *sistemi* che *non* hanno *soluzioni*

sistemi equivalenti quei *sistemi* che hanno le *stesse soluzioni*.

Nel *paragrafo* 1.23 abbiamo illustrato un *metodo di risoluzione* per i *sistemi lineari*: il *metodo di Gauss*.

Tale *metodo* può essere impiegato anche nella *risoluzione* dei *sistemi di equazioni vettoriali*.

L'unica differenza che si evidenzia nell'impiego di tale *metodo* nei due casi è questa:

- nel caso di un *sistema lineare*, la *matrice ampliata* $[A|B]$ ha come *elementi*, *numeri*: gli *elementi* di A sono infatti i *coefficienti* delle *equazioni* del *sistema* mentre gli *elementi* di B sono i *termini noti*;

– nel caso di un *sistema lineare di equazioni vettoriali*, la *matrice ampliata* $[A|B]$ non ha come *elementi* solo *numeri*; gli *elementi* di A sono i *coefficienti* delle *equazioni* del *sistema* e pertanto sono *numeri*, mentre gli *elementi* di B sono *vettori* (i *termini noti* delle *equazioni* del *sistema*).

Diamo un *esempio* di *sistema lineare di equazioni vettoriali* e risolviamolo con il *metodo di Gauss*.

Esempio 3.7 *Date le* matrici *(vettori):*

$$B_1 = \begin{pmatrix} 1 & 2 \\ -1 & 3 \end{pmatrix} \quad e \quad B_2 = \begin{pmatrix} 0 & 2 \\ 1 & -1 \end{pmatrix}$$

dello spazio vettoriale $\mathbb{R}^{2,2}$, *determinare le* matrici *(vettori)* X *e* Y *dello stesso* spazio vettoriale *tali che:*

$$\begin{cases} 3X + Y = B_1 \\ 2X - 3Y = B_2 \end{cases} . \tag{3.40}$$

Risoluzione

Risolviamo il *sistema vettoriale* (3.40) con il *metodo di Gauss*!

Scriviamo la *matrice ampliata* $[A|B]$ del *sistema vettoriale* (3.40) ed operiamo su di essa con le *trasformazioni elementari*.

$$[A|B] = \left(\begin{array}{cc|c} 3 & 1 & B_1 \\ 2 & -3 & B_2 \end{array}\right) r_2 \to r_2 - \frac{2}{3} r_1 \left(\begin{array}{cc|c} 3 & 1 & B_1 \\ 0 & -\frac{11}{3} & B_2 - \frac{2}{3}B_1 \end{array}\right)$$

$$r_2 \to -3r_2 \left(\begin{array}{cc|c} 3 & 1 & B_1 \\ 0 & 11 & -3B_2 + 2B_1 \end{array}\right) = [A'|B']$$

Scriviamo il *sistema equivalente* al *sistema* (3.40) avente come *matrice ampliata* $[A'|B']$:

$$\begin{cases} 3X + Y = B_1 \\ 11Y = 2B_1 - 3B_2 \end{cases} \tag{3.41}$$

e risolviamo quest'ultimo.

Dalla *seconda equazione* otteniamo la *matrice*

$$Y = \frac{1}{11}[2B_1 - 3B_2]. \tag{3.42}$$

Sostituendo il secondo membro della (3.42) nella *prima equazione* del *sistema* (3.41) otteniamo la *matrice* X:

$$X = \frac{1}{3}\left[B_1 - \frac{1}{11}(2B_1 - 3B_2)\right]. \tag{3.43}$$

Sostituendo nelle (3.43) e (3.42) a B_1 e B_2 le *matrici assegnate*, si ottengono le *matrici* che volevamo determinare:

$$X = \begin{pmatrix} \frac{3}{11} & \frac{8}{11} \\ -\frac{2}{11} & \frac{8}{11} \end{pmatrix} \quad \text{e} \quad Y = \begin{pmatrix} \frac{2}{11} & -\frac{2}{11} \\ -\frac{5}{11} & \frac{9}{11} \end{pmatrix}$$

* * *

Per terminare con gli *spazi vettoriali*, andiamo a definire l'*operazione di prodotto scalare* tra i *vettori* di uno *spazio vettoriale* V.

3.20 Come definire l'operazione di prodotto scalare tra i vettori di uno spazio vettoriale V

Nel *paragrafo* 2.10 abbiamo detto che si passa dallo *spazio vettoriale* $\mathcal{V}$ allo *spazio vettoriale euclideo* $\mathcal{E}$ dei *vettori geometrici*, aggiungendo alle *due operazioni*, che conferiscono al *sostegno* $\mathcal{S}$ di $\mathcal{V}$ la *struttura di spazio vettoriale*, l'*operazione di prodotto scalare.*

Vogliamo ora fare una cosa analoga per uno *spazio vettoriale reale* V, vogliamo cioè aggiungere alle due *operazioni* che conferiscono all'*insieme non vuoto* S, *sostegno* di V, la *struttura di spazio vettoriale*, l'*operazione di prodotto scalare.*

Con tale aggiunta, l'*insieme* S acquisterà la *struttura di spazio vettoriale euclideo* e l'*insieme* S con le *due operazioni* che gli conferiscono la *struttura di spazio vettoriale* più l'*operazione di prodotto scalare* si chiamerà *spazio vettoriale euclideo* e verrà denotato con il *simbolo* E.

Il *vettore nullo*, pensato come *vettore* di E, verrà denotato con il *simbolo* $\underline{0}_E$ mentre pensato come *vettore* di V, con il *simbolo* $\underline{0}_V$.

Come possiamo però definire l'*operazione di prodotto scalare* in uno *spazio vettoriale* $V \neq \mathcal{V}$?

Nello *spazio vettoriale* $\mathcal{V}$ *dei vettori geometrici* l'*operazione di prodotto scalare* è stata definita a partire dai concetti di:

– *modulo di un vettore* $\underline{v} \in \mathcal{V}$

– *angolo tra due vettori* $\underline{u}, \underline{v} \in \mathcal{V}$ distinti dal *vettore nullo* di $\mathcal{V}$:

$$(\underline{u}, \underline{v}) \longrightarrow \underline{u} \cdot \underline{v} = \|\underline{u}\| \|\underline{v}\| \cos \widehat{\underline{u}\,\underline{v}} \tag{3.44}$$

mentre in uno *spazio vettoriale reale* V qualsiasi per definire l'*operazione di prodotto scalare*, non possiamo utilizzare la (3.44) perché non sappiamo:

– né che è il *modulo di un vettore* $\underline{v} \in V$

– nè che è l'*angolo tra due vettori non nulli* $\underline{u}$ e $\underline{v}$ di esso.

Seguiamo allora la stessa via utilizzata per definire le *operazioni di addizione* e di *moltiplicazione per un numero* (scalare) di un *elemento* di un *insieme* $S \neq \emptyset$ che hanno convertito quest'ultimo in uno *spazio vettoriale reale* V.

Tale via, nota come *metodo assiomatico*, consiste nel definire l'*operazione di prodotto scalare* in modo da godere delle *stesse proprietà* di cui gode l'*operazione da prodotto scalare* definita nello *spazio vettoriale* $\mathcal{V}$ *dei vettori geometrici.*

Traduciamo in pratica ciò che abbiamo detto!

3.21 Operazione di prodotto scalare e spazio vettoriale euclideo

Dato uno *spazio vettoriale* V, l'*operazione di prodotto scalare* consiste nell'*associare* ad ogni *coppia ordinata* $(\underline{u}, \underline{v})$ di *vettori* di V, un *numero reale.*

Tale *numero* si denota con il simbolo $\underline{u} \cdot \underline{v}$, si chiama *prodotto scalare* di $\underline{u}$ per $\underline{v}$ (come l'operazione) ed è definito in modo tale da verificare le *seguenti condizioni* (assiomi):

1. $\forall \underline{u}, \underline{v} \in V \Rightarrow \underline{u} \cdot \underline{v} = \underline{v} \cdot \underline{u}$ (proprietà commutativa)
2. $\forall \underline{u} \in V \Rightarrow \underline{u} \cdot \underline{u} \geq 0$; è $\underline{u} \cdot \underline{u} = 0$ se e solo se è $\underline{u} = \underline{0}_V$
3. $\forall \underline{u}, \underline{v}, \underline{w} \in V \Rightarrow \underline{u} \cdot (\underline{v} + \underline{w}) = \underline{u} \cdot \underline{v} + \underline{u} \cdot \underline{w}$
4. $\forall \underline{u}, \underline{v} \in V$ e $\forall \alpha \in \mathbb{R} \Rightarrow (\alpha \underline{u}) \cdot \underline{v} = \underline{u} \cdot (\alpha \underline{v}) = \alpha(\underline{u} \cdot \underline{v})$.

Conseguenza immediata della *condizione* 4. è che:

$$\forall \underline{v} \in V \Rightarrow \underline{0}_V \cdot \underline{v} = 0.$$

Se scriviamo infatti $\underline{0}_V = 0\underline{u}$, dove $\underline{u}$ è un qualunque *vettore* di V, si ha:

$$\underline{0}_V \cdot \underline{v} = (0\underline{u}) \cdot \underline{v} = \text{ per la condizione 4. } = 0(\underline{u} \cdot \underline{v}) = 0.$$

Come abbiamo detto nel *paragrafo 3.20*, uno *spazio vettoriale* V, una volta definita in esso un'*operazione di prodotto scalare*, si chiama *spazio vettoriale euclideo* e si denota con il *simbolo* E.

Le *condizioni* 1., 2., 3., 4. non determinano univocamente l'*operazione di prodotto scalare* in uno *spazio vettoriale* V assegnato, cioè, si può definire in uno stesso *spazio vettoriale* V più di una *operazione* che verifichi le *condizioni* sopra dette.

È quanto ci mostra il seguente *esempio*!

Esempio 3.8 *Siano* $V = \mathbb{R}^3$ *e* $\underline{u} = (x_1, x_2, x_3)$, $\underline{v} = (y_1, y_2, y_3)$ *due* vettori generici *di esso.*

Ognuna delle seguenti operazioni, *come lo Studente può verificare, soddisfa le condizioni 1., 2., 3., 4. e pertanto è un'*operazione di prodotto scalare *in* $V = \mathbb{R}^3$*:*

$$(\underline{u}, \underline{v}) \longrightarrow \underline{u} \cdot \underline{v} = x_1y_1 + x_2y_2 + x_3y_3$$
$$(\underline{u}, \underline{v}) \longrightarrow \underline{u} \cdot \underline{v} = x_1y_1 - 2x_1y_2 - 2x_2y_1 + 6x_2y_2 + x_2y_3 + x_3y_2 + x_3y_3.$$

L'esempio dato ci permette di trarre la seguente conclusione:

- Uno *spazio vettoriale* V può essere convertito in uno *spazio vettoriale euclideo* E in più di una maniera; per questa ragione, se è necessario specificare quale *operazione di prodotto scalare* è stata definita in V, si scrive $E = (V, \cdot)$, dove appunto il *simbolo* $\cdot$ denota l'*operazione fissata.*

Per chiarire le idee, diamo alcuni esempi (o modelli concreti) di *spazi vettoriali euclidei.*

3.22 Esempi di spazi vettoriali euclidei

Esempio 3.9 *Siano* $V = \mathbb{R}^n$ *e* $\underline{u} = (x_1, x_2, \ldots, x_n)$, $\underline{v} = (y_1, y_2, \ldots, y_n)$ *due* vettori generici *di esso.*

L'operazione

$$(\underline{u}, \underline{v}) \longrightarrow \underline{u} \cdot \underline{v} = x_1 y_1 + x_2 y_2 + \ldots, x_n y_n$$

è una operazione di prodotto scalare.

Tale prodotto scalare *si chiama* prodotto scalare canonico.

Il primo dei due prodotti scalari *dati nell'*esempio anteriore *è pertanto il* prodotto scalare canonico *in* $V = \mathbb{R}^3$.

Esempio 3.10 *Siano* $V = \mathbb{R}^{m,n}$ *(spazio vettoriale delle matrici* $m \times n$*) e* $\underline{u} = A$, $\underline{v} = B$ *due* vettori generici *di esso (*matrici $m \times n$*).*

*L'*operazione

$$(\underline{u}, \underline{v}) \longrightarrow \underline{u} \cdot \underline{v} = traccia(AB^T)$$

*è un'*operazione di prodotto scalare.

Esempio 3.11 *Siano* $V = \mathbb{R}_3[x]$ *(spazio vettoriale dei polinomi di grado* ≤ 3*) e* $\underline{u} = p(x) = ax^3 + bx^2 + cx + d$, $\underline{v} = q(x) = a'x^3 + b'x^2 + c'x + d'$ *due* vettori generici *di esso.*

*L'*operazione

$$(\underline{u}, \underline{v}) \longrightarrow \underline{u} \cdot \underline{v} = \int_0^1 p(x) \cdot q(x) dx$$

è una operazione di prodotto scalare.

Vediamo ora come, l'*operazione di prodotto scalare* ci consente di definire in uno *spazio vettoriale euclideo* $E = (V, \cdot)$:

- il *modulo* di un *vettore* $\underline{u}$, che denoteremo con il *simbolo* $\|\underline{u}\|$ e chiameremo anche *norma* di $\underline{u}$
- l'*angolo tra due vettori* non nulli $\underline{u}$ e $\underline{v}$.

3.23 Norma di un vettore di uno spazio vettoriale euclideo

Nel *paragrafo* 2.5, dopo aver definito il *prodotto scalare tra due vettori geometrici* $\underline{u}$ e $\underline{v}$, abbiamo osservato che, servendoci del *prodotto scalare*, le *definizioni* di $\|\underline{u}\|$ e $\cos\widehat{\underline{u}\,\underline{v}}$ possono essere riformulate così:

$$\|\underline{u}\| = \sqrt{\underline{u}\cdot\underline{u}} \qquad (2.2)$$

$$\cos\widehat{\underline{u}\,\underline{v}} = \frac{\underline{u}\cdot\underline{v}}{\sqrt{\underline{u}\cdot\underline{u}}\cdot\sqrt{\underline{v}\cdot\underline{v}}} \qquad \text{con } \underline{u},\underline{v}\neq\underline{0}. \qquad (2.3)$$

Siccome in uno *spazio vettoriale euclideo* E abbiamo definito il *prodotto scalare tra due vettori* $\underline{u}$ e $\underline{v}$, verrebbe allora naturale assumere come *definizioni* di:

- *norma* (modulo) di un *vettore* $\underline{u}\in E$
- *coseno dell'angolo* $\widehat{\underline{u}\,\underline{v}}$ tra due *vettori* $\underline{u},\underline{v}\in E$ e distinti da $\underline{0}_E$,

rispettivamente la (2.2) e la (2.3)

Per quanto riguarda la (2.2), essa può essere senz'altro assunta come *definizione di norma* di un *vettore* poiché, per la *condizione* 2., risulta $\underline{u}\cdot\underline{u}\geq 0$.

Poniamo allora la seguente *definizione di norma* di un *vettore* $\underline{u}\in E$.

Definizione di norma di un vettore $\underline{u}\in E$
Si chiama *norma* di un *vettore* $\underline{u}\in E$ la *radice quadrata del prodotto scalare del vettore* $\underline{u}$ per se stesso:

$$\|\underline{u}\| \stackrel{def}{=} \sqrt{\underline{u}\cdot\underline{u}}$$

Per quanto riguarda invece la (2.3), essa può essere assunta come *definizione di coseno dell'angolo* $\widehat{\underline{u}\,\underline{v}}$ di *due vettori* $\underline{u}$, $\underline{v}$ di E distinti dal *vettore nullo* $\underline{0}_E$, solo dopo aver dimostrato che risulta:

$$-1\leq\frac{\underline{u}\cdot\underline{v}}{\sqrt{\underline{u}\cdot\underline{u}}\cdot\sqrt{\underline{v}\cdot\underline{v}}}\leq 1. \qquad (3.45)$$

Poichè la (3.45) può essere scritta cosí:

$$|\underline{u} \cdot \underline{v}| \leq ||\underline{u}|| \, ||\underline{v}|| \tag{3.46}$$

ci accorgiamo che essa non è altro che la *disuguaglianza di Schwartz* che abbiamo dimostrato essere valida nello *spazio vettoriale euclideo* $\mathcal{E}$ dei *vettori geometrici*.

Se mostriamo che la (3.46) sussiste in *ogni spazio vettoriale euclideo* E allora possiamo senz'altro assumere la (2.3) come *definizione* del $\cos \widehat{\underline{u}\,\underline{v}}$.

3.24 Dimostrazione della disuguaglianza di Schwartz e definizione di angolo tra due vettori

Sebbene ci interessi dimostrare la *disuguaglianza di Schwartz* quando entrambi i *vettori* $\underline{u}$ e $\underline{v}$ sono diversi da $\underline{0}_E$, proviamola anche nel caso che *almeno* uno dei due *vettori* $\underline{u}$ e $\underline{v}$ coincida con il *vettore* $\underline{0}_E$.

Distinguiamo allora i due casi:

1° **caso** Per lo meno uno dei *vettori* $\underline{u}$ e $\underline{v}$ sia il *vettore nullo* $\underline{0}_E$

2° **caso** Entrambi i *vettori* $\underline{u}$ e $\underline{v}$ siano $\neq \underline{0}_E$

Nel 1° **caso**, supponiamo che sia $\underline{u} = \underline{0}_E$; tenendo presente che il *vettore nullo* $\underline{0}_E$ può essere ottenuto moltiplicando per $\lambda = 0$ qualunque vettore $\underline{w} \in E$, possiamo scrivere:

$$\underline{u} = 0\underline{w} = \underline{0}_E$$

Il primo membro della *disuguaglianza di Schwartz* vale:

$$|\underline{u} \cdot \underline{v}| = |(0\underline{w}) \cdot \underline{v}| = \text{ per la } \textit{condizione } 4. = |0(\underline{w} \cdot \underline{v})| = 0|\underline{w} \cdot \underline{v}| = 0$$

Il secondo membro:

$$||\underline{u}|| \, ||\underline{v}|| = ||\underline{0}_E|| \, ||\underline{v}|| = 0||\underline{v}|| = 0$$

e quindi la (3.46) è dimostrata.

Nel 2° **caso**, costruiamo il *vettore* $\underline{u} - \lambda\underline{v}$ dove λ è un numero reale arbitrario e consideriamo il *prodotto scalare*

$$(\underline{u} - \lambda\underline{v}) \cdot (\underline{u} - \lambda\underline{v})$$

il cui valore dipende da λ; per la condizione 2., qualunque sia λ risulta

$$(\underline{u} - \lambda\underline{v}) \cdot (\underline{u} - \lambda\underline{v}) \geq 0. \tag{3.47}$$

Calcolando il *prodotto scalare* che compare nel primo membro della (3.47), otteniamo:

$$\begin{aligned}
(\underline{u} - \lambda\underline{v}) \cdot (\underline{u} - \lambda\underline{v}) &= \underline{u} \cdot \underline{u} - \underline{u} \cdot (\lambda\underline{v}) - (\lambda\underline{v}) \cdot \underline{u} + (\lambda\underline{v}) \cdot (\lambda\underline{v}) = \\
&= \text{per la } \textit{condizione } 4. = \\
&= \underline{u} \cdot \underline{u} - \lambda(\underline{u} \cdot \underline{v}) - \lambda(\underline{v} \cdot \underline{u}) + \lambda^2(\underline{v} \cdot \underline{v}) = \\
&= \text{per la } \textit{condizione } 1. = \\
&= \underline{u} \cdot \underline{u} - \lambda(\underline{u} \cdot \underline{v}) - \lambda(\underline{u} \cdot \underline{v}) + \lambda^2(\underline{v} \cdot \underline{v}) = \\
&= (\underline{v} \cdot \underline{v})\lambda^2 - 2\lambda(\underline{u} \cdot \underline{v}) + \underline{u} \cdot \underline{u}
\end{aligned}$$

Poiché è per ipotesi $\underline{v} \neq \underline{0}_E$, per la *condizione* 2. risulta $\underline{v} \cdot \underline{v} > 0$ e quindi il primo membro della (3.47) è un *trinomio di 2° grado* nella variabile λ; di conseguenza la (3.47) è una *disequazione di 2° grado* nella variabile λ:

$$(\underline{v} \cdot \underline{v})\lambda^2 - 2\lambda(\underline{u} \cdot \underline{v}) + \underline{u} \cdot \underline{u} \geq 0 \tag{3.48}$$

Poiché, per la *condizione* 2., la (3.48) è verificata qualunque sia λ, il suo discriminante

$$\begin{aligned}
\Delta &= [-2(\underline{u} \cdot \underline{v})]^2 - 4(\underline{v} \cdot \underline{v})(\underline{u} \cdot \underline{u}) = \\
&= 4(\underline{u} \cdot \underline{v})^2 - 4(\underline{u} \cdot \underline{u})(\underline{v} \cdot \underline{v}) \\
&= 4[(\underline{u} \cdot \underline{v})^2 - (\underline{u} \cdot \underline{u})(\underline{v} \cdot \underline{v})]
\end{aligned}$$

risulta ≤ 0, cioè

$$(\underline{u} \cdot \underline{v})^2 - (\underline{u} \cdot \underline{u})(\underline{v} \cdot \underline{v}) \leq 0$$

da cui

$$(\underline{u} \cdot \underline{v})^2 \leq (\underline{u} \cdot \underline{u})(\underline{v} \cdot \underline{v}) \tag{3.49}$$

Estraendo la radice quadrata di ambo i membri della (3.49), otteniamo:

$$|\underline{u} \cdot \underline{v}| \leq \sqrt{\underline{u} \cdot \underline{u}}\sqrt{\underline{v} \cdot \underline{v}}$$

cioè

$$|\underline{u} \cdot \underline{v}| \leq \|\underline{u}\|\|\underline{v}\|$$

che è appunto la *disuguaglianza di Schwartz* di cui volevamo provare la validità.

Lasciamo provare come esercizio allo Studente che nella *disuguaglianza di Schwartz* vale il segno $=$ *se e solo se* i due *vettori* $\underline{u}$, e $\underline{v}$ sono *linearmente dipendenti*, cioè se risulta $\underline{v} = \alpha\underline{u}$.

c.v.d.

Ora che abbiamo dimostrato la *disuguaglianza di Schwartz* possiamo senz'altro assumere la (2.3) come definizione di *coseno dell'angolo tra due vettori non nulli* $\underline{u}$ e $\underline{v}$ di E.

Definizione di coseno dell'angolo tra due vettori di E
Dati due *vettori* $\underline{u}$ e $\underline{v}$ distinti da $\underline{0}_E$ di uno *spazio vettoriale euclideo* E, si definisce come *coseno dell'angolo* $\widehat{\underline{u}\,\underline{v}}$:

$$\cos\widehat{\underline{u}\,\underline{v}} \stackrel{def}{=} \frac{\underline{u} \cdot \underline{v}}{\sqrt{\underline{u} \cdot \underline{u}}\sqrt{\underline{v} \cdot \underline{v}}}$$

da cui segue

$$\widehat{\underline{u}\,\underline{v}} = \arccos\frac{\underline{u} \cdot \underline{v}}{\sqrt{\underline{u} \cdot \underline{u}}\sqrt{\underline{v} \cdot \underline{v}}}.$$

Oltre alla *disuguaglianza di Schwartz* la *norma* di un vettore gode di altre *proprietà*.

Vediamo quali!

3.25 Altre proprietà della norma di un vettore

Le altre *proprietà* della *norma* di un *vettore* sono:

a) $\forall \underline{u} \in E \Longrightarrow \|\underline{u}\| \geq 0$; è $\|\underline{u}\| = 0$ se e solo se è $\underline{u} = \underline{0}_E$

b) $\forall \underline{u} \in E$ e $\forall \lambda \in \mathbb{R} \Longrightarrow \|\lambda \underline{u}\| = |\lambda| \|\underline{u}\|$

c) $\forall \underline{u}, \underline{v} \in E \Longrightarrow \|\underline{u} + \underline{v}\| \leq \|\underline{u}\| + \|\underline{v}\|$ (disuguaglianza di Minkowski).

Dimostriamole!

Dimostrazione della proprietà a)

Se è $\underline{u} = \underline{0}_E$ essendo, per la *condizione* 2., $\underline{0}_E \cdot \underline{0}_E = 0$, segue che:

$$\|\underline{0}_E\| = \sqrt{\underline{0}_E \cdot \underline{0}_E} = \sqrt{0} = 0$$

Se è $\underline{u} \neq \underline{0}_E$, essendo, per la *condizione* 2., $\underline{u} \cdot \underline{u} > 0$ segue che:

$$\|\underline{u}\| = \sqrt{\underline{u} \cdot \underline{u}} > 0$$

c.v.d.

Dimostrazione della proprietà b)

$$\begin{aligned} \|\lambda \underline{u}\| &= \sqrt{(\lambda \underline{u}) \cdot (\lambda \underline{u})} = \text{per la } \textit{condizione } 4. = \\ &= \sqrt{\lambda^2 (\underline{u} \cdot \underline{u})} = \sqrt{\lambda^2} \sqrt{(\underline{u} \cdot \underline{u})} = |\lambda| \|\underline{u}\| \end{aligned}$$

c.v.d.

Dimostrazione della proprietà c)

La proprietà c) è conseguenza della disuguaglianza di Schwartz; si ha infatti:

$$\begin{aligned} \|\underline{u} + \underline{v}\|^2 &= (\underline{u} + \underline{v}) \cdot (\underline{u} + \underline{v}) = \underline{u} \cdot \underline{u} + \underline{u} \cdot \underline{v} + \underline{v} \cdot \underline{u} + \underline{v} \cdot \underline{v} = \\ &= \|\underline{u}\|^2 + 2\underline{u} \cdot \underline{v} + \|\underline{v}\|^2 \leq \|\underline{u}\|^2 + 2|\underline{u} \cdot \underline{v}| + \|\underline{v}\|^2 \leq \\ &\leq \text{per la disuguaglianza di Schwartz} = \\ &= \|\underline{u}\|^2 + 2\|\underline{u}\| \|\underline{v}\| + \|\underline{v}\|^2 = (\|\underline{u}\| + \|\underline{v}\|)^2 \end{aligned}$$

quindi risulta

$$\|\underline{u} + \underline{v}\|^2 \leq (\|\underline{u}\| + \|\underline{v}\|)^2. \tag{3.50}$$

Estraendo la radice quadrata di ambo i membri della (3.50) segue la *disuguaglianza di Minkowski.*

c.v.d.

Con le *definizioni* date di *norma* (modulo) di un *vettore* ed *angolo tra due vettori non nulli*, in un qualunque *spazio vettoriale euclideo E* abbiamo i tre *concetti* di:

– *prodotto scalare tra due vettori*

– *norma* (modulo) *di un vettore*

– *angolo tra due vettori non nulli*

i quali godono delle stesse *proprietà* dei *concetti omonimi* definiti nello *spazio vettoriale euclideo* $\mathcal{E}$ dei *vettori geometrici.*

Questo fatto ci consente di concludere che:

– lo *spazio vettoriale euclideo dei vettori geometrici* $\mathcal{E}$ è un esempio (modello concreto) di *spazio vettoriale euclideo* e pertanto tutti i *concetti*, che abbiamo in esso definiti per mezzo delle *operazioni* che ne strutturano il *sostegno* $\mathcal{S}$, sussistono in un qualsiasi *spazio vettoriale euclideo E.*

Per brevità non vogliamo fare qui una rassegna dettagliata di tali *concetti*, che lasciamo come esercizio allo Studente, ma vogliamo solo aggiungere due parole sul *prodotto scalare* tra due *vettori* $\underline{u}$ e $\underline{v}$ di $\mathcal{E}$ e sulle *matrici* $\mathcal{G}$ (matrice di Gram) che servono per calcolarlo.

3.26 Prodotto scalare tra due vettori e matrice di Gram

Nel *paragrafo* 2.27, dopo aver fissato una *base* $B = (\underline{v}_1, \underline{v}_2, \underline{v}_3)$ in $\mathcal{E}$, abbiamo stabilito la *formula*

$$\underline{u} \cdot \underline{v} = X^T \mathcal{G} Y \qquad 2.60$$

che ci permette di calcolare il *prodotto scalare tra due vettori* $\underline{u}$ e $\underline{v}$ di esso servendoci delle loro *coordinate* rispetto alla *base* B fissata.

In uno *spazio vettoriale euclideo* E qualsiasi, ripetendo gli stessi ragionamenti si arriva a stabilire la stessa *formula.*

L'unica differenza è che qui le *matrici* X e Y sono *matrici* $n \times 1$ anziché 3×1, perché n è la *dimensione* di E e quindi n sono le *coordinate* dei *vettori* di esso e che la *matrice* $\mathcal{G}$ è una *matrice quadrata* di *ordine* n anziché di *ordine* 3.

Al sussistere la *formula* (2.60), sussistono le *formule*

$$\|\underline{u}\| = \sqrt{\underline{u} \cdot \underline{u}} = \sqrt{X^T \; \mathcal{G} \; X} \tag{2.61}$$

e

$$\cos \widehat{\underline{u}\,\underline{v}} = \frac{\underline{u} \cdot \underline{v}}{\|\underline{u}\| \|\underline{v}\|} = \frac{X^T \; \mathcal{G} \; Y}{\sqrt{X^T \; \mathcal{G} \; X}\sqrt{Y^T \; \mathcal{G} \; Y}} \tag{2.62}$$

che da essa discendono. A proposito della *matrice* $\mathcal{G}$ (matrice di Gram) possiamo ripetere gli stessi commenti scritti nel *paragrafo* 2.28, cioè che:

1. varia al variare della *base* B_E fissata in E, secondo la relazione

$$\mathcal{G}' = P^T \mathcal{G} P \tag{2.34}$$

2. è una *matrice simmetrica*

3. ha *rango* n.

Nello *spazio vettoriale euclideo* $\mathcal{E}$ ci siamo resi conto che le *basi ortonormali* sono le più comode ed abbiamo illustrato il *metodo di Gram-Schmidt* per costruire una *base ortonormale* a partire da una *qualsiasi base* di $\mathcal{E}$.

In uno *spazio vettoriale euclideo* E qualsiasi, circa il *metodo di Gram-Schmidt*, si possono ripetere le stesse cose.

L'unica cosa nuova che vogliamo dire è questa.

Se in uno *spazio vettoriale euclideo* E di *dimensione* n si fissa una *base ortonormale* $B_O = (\underline{e}_1, \underline{e}_2, \ldots, \underline{e}_n)$[9], si ha che le *coordinate* $x_1, x_2, \ldots, x_n$ di ciascun *vettore* $\underline{v} \in E$, rispetto alla *base* B_O fissata, possono essere scritte così:

$$x_1 = \underline{v} \cdot \underline{e}_1 \quad , \quad x_2 = \underline{v} \cdot \underline{e}_2 \quad , \quad \cdots \quad , \quad x_n = \underline{v} \cdot \underline{e}_n$$

e quindi, per rappresentare il *vettore* $\underline{v}$ come *combinazione lineare* dei *vettori* della *base* fissata, si può scrivere:

$$\underline{v} = (\underline{v} \cdot \underline{e}_1)\underline{e}_1 + (\underline{v} \cdot \underline{e}_2)\underline{e}_2 + \cdots + (\underline{v} \cdot \underline{e}_n)\underline{e}_n \tag{3.51}$$

invece di

$$\underline{v} = x_1\underline{e}_1 + x_2\underline{e}_2 + \cdots + x_n\underline{e}_n.$$

Della (3.51) faremo uso in seguito.

Passiamo ora ad esporre la *teoria delle applicazioni lineari.*

---

[9]Nel *paragrafo* 3.11 abbiamo denotato con $\underline{e}_1, \underline{e}_2, \ldots, \underline{e}_n$ rispettivamente i *vettori*: $(1,0,0,\ldots,0)$, $(0,1,0,\ldots,0)$, $\ldots$, $(0,0,0,\ldots,1)$ che costituiscono la *base canonica* dello *spazio vettoriale numerico* $\mathbb{R}^n$. Se quest'ultimo si fa diventare *spazio vettoriale euclideo*, definendo in $\mathbb{R}^n$ l'*operazione di prodotto scalare canonico* (vedere *paragrafo* 3.22, *esempio* 3.9), la *base* $(\underline{e}_1, \underline{e}_2, \ldots, \underline{e}_n)$ è *ortonormale*.

È consuetudine, qualunque sia la natura dei *vettori* di uno *spazio vettoriale euclideo* E, denotare la sua *generica base ortonormale* con $B_O = (\underline{e}_1, \underline{e}_2, \ldots, \underline{e}_n)$.

Capitolo 4

Applicazioni lineari

In questo Capitolo vogliamo esporre la *teoria delle applicazioni lineari*, argomento centrale dell'*algebra lineare.*

4.1 Concetto di applicazione lineare

Cominciamo dalla definizione!

Definizione

Si chiama *applicazione lineare* [1] ogni funzione

$$f : A \longrightarrow B$$

tale che

- **il suo *dominio* A è uno *spazio vettoriale* V**
- **il suo *insieme d'arrivo* B è uno *spazio vettoriale* W**
- **la sua *legge d'associazione* f verifica le seguenti *condizioni*:**

  1. $\forall \underline{v}_1, \underline{v}_2 \in V \Longrightarrow f(\underline{v}_1 + \underline{v}_2) = f(\underline{v}_1) + f(\underline{v}_2)$ [2]

  2. $\forall \underline{v} \in V$ **e** $\forall \lambda \in \mathbb{R} \Longrightarrow f(\lambda \underline{v}) = \lambda f(\underline{v})$ [3]

---

[1] Le *applicazioni lineari* sono anche chiamate: *trasformazioni lineari*, *operatori lineari*, *omomorfismi.*

[2] Il segno + che compare nel primo membro di tale uguaglianza denota la *somma* tra i *vettori* $\underline{v}_1$ e $\underline{v}_2$ di V, mentre quello che compare nel secondo membro, la *somma* tra i vettori $f(\underline{v}_1)$ e $f(\underline{v}_2)$ di W.

[3] Nel primo membro di tale uguaglianza compare il *prodotto* tra lo *scalare* λ ed il *vettore* $\underline{v}$ di V, mentre nel secondo membro compare il *prodotto* tra lo (stesso) *scalare* λ ed il vettore $f(\underline{v})$ di W. Affinché la *condizione* 2. possa quindi essere enunciata, i due *spazi vettoriali* V e W debbono essere costruiti sullo stesso *corpo*, che nel nostro caso è $\mathbb{R}$.

È consuetudine denotare il *codominio* di una *applicazione lineare* con Imf anziché con $f(V)$ e chiamarlo *insieme immagine* anziché *codominio.*

Utilizzando i diagrammi di Venn, un'*applicazione lineare* può essere visualizzata così:

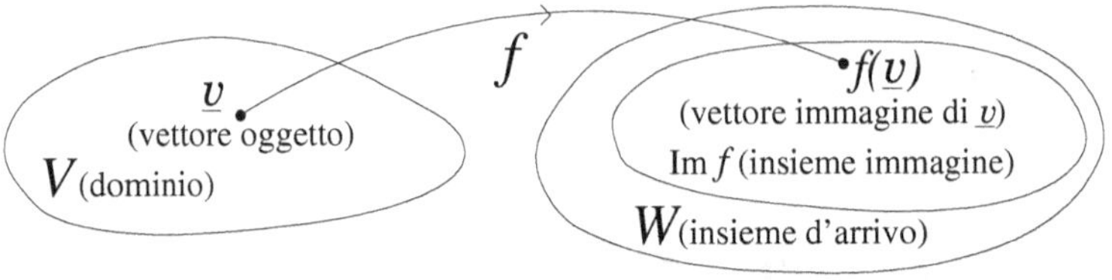

Figura 4.1

In casi particolari un'*applicazione lineare* prende nomi differenti. Vediamo quali sono questi nomi!

4.2 Nomenclatura in uso

- Se è $W = \mathbb{R}$ (pensato come spazio vettoriale), l'applicazione lineare si chiama *forma lineare.*
- Se è $W = V$, l'applicazione lineare si chiama *endomorfismo.*
- Come una qualsiasi altra funzione, un'*applicazione lineare* può essere:

  a) *iniettiva*

  b) *suriettiva*

  c) *iniettiva* e *suriettiva* allo stesso tempo, cioè *biiettiva*
- Un'*applicazione lineare biiettiva* si chiama anche *isomorfismo* e, in particolare, se è $W = V$, *automorfismo.*

Gli *isomorfismi* sono le uniche *applicazioni lineari invertibili* cioè dotate di *applicazione inversa.*

Se

$$f : V \longrightarrow W$$

è un *isomorfismo*, la sua *applicazione inversa*, che è anche essa un *isomorfismo*, si denota così:

$$f^{-1} : W \longrightarrow V.$$

Nel seguito ci occuperemo esclusivamente delle *applicazioni lineari* che hanno come *dominio* V ed *insieme di arrivo* W, *spazi vettoriali* di *dimensione finita.*

Per fissare le idee, diamo ora alcuni *esempi* di *applicazioni lineari.*

4.3 Esempi di applicazioni lineari

Invitiamo lo Studente a comprovare che le seguenti *applicazioni* sono *lineari*:

a) $f : V \longrightarrow W$
dove:
   - V e W sono due *spazi vettoriali* qualsiasi
   - $\underline{v}$ è il *generico vettore* di V
   - f è la *legge d'associazione* così definita: $\underline{v} \longrightarrow f(\underline{v}) = \underline{0}_W$ (vettore nullo di W)

   Tale applicazione lineare si chiama *applicazione identicamente nulla* e, nel caso particolare che sia $W = V$, *endomorfismo identicamente nullo.*

b) $i : V \longrightarrow V$
dove:
   - V è uno *spazio vettoriale* qualsiasi
   - $\underline{v}$ è il *generico vettore* di V
   - i è la *legge d'associazione* così definita: $\underline{v} \longrightarrow i(\underline{v}) = \underline{v}$

   Tale applicazione lineare, che è un *endomorfismo*, si chiama *endomorfismo identico.*

c) $f : V \longrightarrow W$
dove:

- $V = \mathbb{R}^3$, $W = \mathbb{R}^2$
- $\underline{v} = (x_1, x_2, x_3)$ è il *generico vettore* di V
- f è la *legge d'associazione* così definita:
$\underline{v} = (x_1, x_2, x_3) \longrightarrow f(\underline{v}) = f(x_1, x_2, x_3) = (x_1, x_2)$ [4]

d) $f : V \longrightarrow W$
dove:
- $V = \mathbb{R}^{2,2}$ (spazio vettoriale delle matrici quadrate di ordine 2 ad elementi reali)
- $W = \mathbb{R}^3$
- $\underline{v} = \begin{pmatrix} a & b \\ c & d \end{pmatrix}$ è il *generico vettore* di V
- f è la *legge d'associazione* così definita:

$$\underline{v} = \begin{pmatrix} a & b \\ c & d \end{pmatrix} \longrightarrow f(\underline{v}) = f\left(\begin{pmatrix} a & b \\ c & d \end{pmatrix}\right) = (a+b+c,\ a-b+d,\ 2a+c+d)$$

Andiamo ora a vedere quali sono le *proprietà* delle *applicazioni lineari.*

4.4 Proprietà delle applicazioni lineari

Proprietà 1 *Data una qualunque applicazione lineare*

$$f : V \longrightarrow W$$

il vettore nullo $\underline{0}_V$ *di* V *ha come* vettore immagine $f(\underline{0}_V)$ *il* vettore nullo $\underline{0}_W$ *di* W. *In simboli:*

$$f(\underline{0}_V) = \underline{0}_W \tag{4.1}$$

Dimostrazione
Poiché $\underline{0}_V = 0\ \underline{v}$, $\forall \underline{v} \in V$, abbiamo:

$$\begin{aligned} f(\underline{0}_V) &= f(0\ \underline{v}) = \text{ per la condizione 2), a cui deve soddisfare } f = \\ &= 0\ f(\underline{v}) = \underline{0}_W \end{aligned}$$

c.v.d.

[4] A rigore bisognerebbe scrivere $f((x_1, x_2, x_3))$ però, per non appesantire la notazione, si usa scrivere $f(x_1, x_2, x_3)$.

Proprietà 2 *Data una qualunque applicazione lineare*

$$f : V \longrightarrow W$$

il sottoinsieme *di* V, *costituito da tutti e soli i vettori* $\underline{v}$ *di* V *che hanno come* vettore immagine $\underline{0}_W$, *è un* sottospazio *di* V. *Tale* sottospazio *si denota con* Ker$f$ *e si chiama* nucleo dell'applicazione lineare. *In simboli:*

$$\text{Ker}f = \{\underline{v} \in V : f(\underline{v}) = \underline{o}_W\}$$

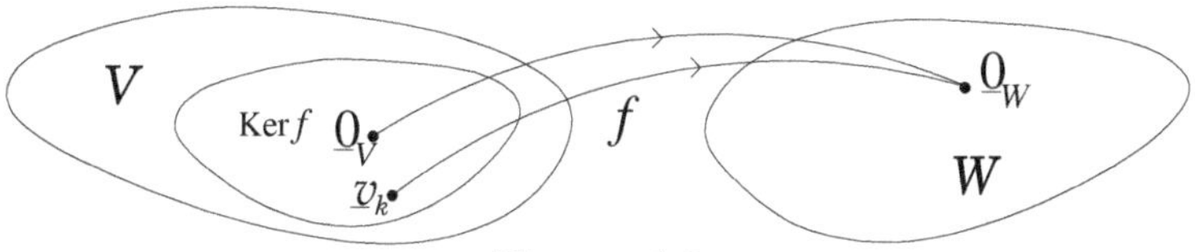

Figura 4.2

Dimostrazione

Sicuramente Ker$f$ non è vuoto, perché per la *proprietà* 1. ad esso appartiene *per lo meno* il vettore $\underline{0}_V$. Se risulta Ker$f = \{\underline{0}_V\}$, la *proprietà* 2. è dimostrata poiché $\{\underline{0}_V\}$ è un *sottospazio* di V.

Se invece a Ker$f$ appartengono altri vettori $\underline{v}$ di V oltre a $\underline{0}_V$, per provare che Ker$f$ è un *sottospazio* di V dobbiamo dimostrare che:

a) se $\underline{v}_1, \underline{v}_2 \in \text{Ker}f \Longrightarrow \underline{v}_1 + \underline{v}_2 \in \text{Ker}f$

b) se $\underline{v} \in \text{Ker}f$ e $\lambda \in \mathbb{R} \Longrightarrow \lambda\underline{v} \in \text{Ker}f$

Dimostriamo a)!

Provare che $\underline{v}_1 + \underline{v}_2 \in \text{Ker}f$ significa provare che $f(\underline{v}_1 + \underline{v}_2) = \underline{0}_W$. Da $f(\underline{v}_1) = \underline{0}_W$, $f(\underline{v}_2) = \underline{0}_W$ e dalla *condizione* 1. a cui deve soddisfare f, segue:

$$f(\underline{v}_1 + \underline{v}_2) = f(\underline{v}_1) + f(\underline{v}_2) = \underline{0}_W + \underline{0}_W = \underline{0}_W \quad .$$

Dimostriamo b)!

Provare che $\lambda\underline{v} \in \text{Ker}f$ significa provare che $f(\lambda\underline{v}) = \underline{0}_W$.

Da $f(\underline{v}) = \underline{0}_W$, dalla *condizione* 2. a cui deve soddisfare f, segue:

$$f(\lambda\underline{v}) = \lambda f(\underline{v}) = \lambda\ \underline{0}_W = \underline{0}_W.$$

c.v.d.

Poiché Ker$f$ è un *sottospazio* di V, possiamo concludere che:

$$0 \leq \dim(\text{Ker}f) \leq \dim V. \tag{4.2}$$

Perché abbiamo introdotto il concetto di *nucleo di una applicazione lineare*?

La *proprietà* 3 ci darà la risposta!

Proprietà 3 *Data una qualunque applicazione lineare*

$$f : V \longrightarrow W$$

se $\underline{w}^*$ *è un* vettore *del suo* insieme immagine Imf *e* $\underline{v}^*$ *è un* vettore *di* V *(dominio) che ha come* immagine $\underline{w}^*$, *allora ogni vettore* $\underline{v} \in V$ *(dominio) che è somma di* $\underline{v}^*$ *e di un vettore* $\underline{v}_k$ *del nucleo* Ker$f$, *ha anche esso come immagine* $\underline{w}^*$.

In simboli:

$$f(\underline{v}^* + \underline{v}_k) = \underline{w}^* \qquad , \forall \underline{v}_k \in \text{Ker}f$$

Dimostrazione

$$f(\underline{v}^* + \underline{v}_k) = f(\underline{v}^*) + f(\underline{v}_k) = \underline{w}^* + \underline{0}_W = \underline{w}^*$$

c.v.d.

La *proprietà* 3 ci dice:

- Se è Ker$f = \{\underline{0}_V\}$, ogni *vettore* $\underline{w} \in$ Imf è *immagine* di un solo *vettore* $\underline{v} \in V$ (dominio dell'applicazione lineare) e pertanto *vettori distinti* di V hanno *immagini distinte* e quindi l'*applicazione lineare è iniettiva.*

  In altre parole: il fatto che sia Ker$f = \{\underline{0}_V\}$ costituisce una *condizione sufficiente* affinché un'applicazione lineare sia *iniettiva.*

È immediato rendersi conto che tale *condizione* è anche *necessaria* e quindi possiamo concludere:

- *Condizione necessaria e sufficiente* affinché una applicazione lineare sia *iniettiva* è che risulti Ker$f = \{\underline{0}_V\}$.

Ha capito perché abbiamo introdotto il concetto di *nucleo di una applicazione lineare*?

Proprietà 4 *Data una qualunque applicazione lineare*

$$f : V \longrightarrow W$$

il suo insieme immagine Imf *è un* sottospazio *di* W.

Dimostrazione

Per provare che Imf è un *sottospazio* di W dobbiamo dimostrare che:

a) se $\underline{w}_1, \underline{w}_2 \in \mathrm{Im}f \Longrightarrow \underline{w}_1 + \underline{w}_2 \in \mathrm{Im}f$

b) se $\underline{w} \in \mathrm{Im}f$ e $\lambda \in \mathbb{R} \Longrightarrow \lambda\underline{w} \in \mathrm{Im}f$

Dimostriamo a)!

Se $\underline{w}_1$ e $\underline{w}_2 \in \mathrm{Im}f$, esistono in V (dominio dell'applicazione lineare) per lo meno due vettori $\underline{v}_1$ e $\underline{v}_2$ tali che:

$$f(\underline{v}_1) = \underline{w}_1 \quad \text{e} \quad f(\underline{v}_2) = \underline{w}_2 \quad .$$

Essendo V uno spazio vettoriale, dal fatto che $\underline{v}_1$ e $\underline{v}_2$ appartengono a V segue che anche $\underline{v}_1 + \underline{v}_2$ appartiene a V e la sua *immagine* è:

$$f(\underline{v}_1 + \underline{v}_2) = f(\underline{v}_1) + f(\underline{v}_2) = \underline{w}_1 + \underline{w}_2$$

e quindi

$$\underline{w}_1 + \underline{w}_2 \in \mathrm{Im}f$$

perché *immagine* di un vettore di V: il vettore $\underline{v}_1 + \underline{v}_2$.

Ragionando allo stesso modo si dimostra b).

c.v.d.

Siccome Imf è un *sottospazio* di W, possiamo concludere che:

$$0 \leq \dim(\mathrm{Im}f) \leq \dim W \quad . \tag{4.3}$$

Proprietà 5 *La* legge d'associazione f *di una* applicazione lineare *è nota se sono noti i* vettori immagine *dei vettori di una* base $B_V = (\underline{v}_1, \underline{v}_2, \ldots, \underline{v}_n)$ *di* V *(dominio dell'applicazione lineare).*

Dimostrazione

Sia $B_V = (\underline{v}_1, \underline{v}_2, \ldots, \underline{v}_n)$ una *base* di V (dominio) e siano rispettivamente:

$$\underline{w}_1, \underline{w}_2, \ldots, \underline{w}_n$$

i *vettori* di W (insieme d'arrivo), *immagini* dei vettori di essa.

Siccome ogni vettore $\underline{v}$ di V può essere espresso così:

$$\underline{v} = x_1\underline{v}_1 + x_2\underline{v}_2 + \cdots + x_2\underline{v}_n$$

abbiamo:

$$\begin{aligned} f(\underline{v}) &= f(x_1\underline{v}_1 + x_2\underline{v}_2 + \cdots + x_n\underline{v}_n) = \\ &= f(x_1\underline{v}_1) + f(x_2\underline{v}_2) + \cdots + f(x_n\underline{v}_n) = \\ &= x_1 f(\underline{v}_1) + x_2 f(\underline{v}_2) + \cdots + x_n f(\underline{v}_n) = \\ &= x_1\underline{w}_1 + x_2\underline{w}_2 + \cdots + x_n\underline{w}_n \end{aligned}$$

e pertanto il suo *vettore immagine* $f(\underline{v})$ è noto.

Essendo $\underline{v}$ il *generico vettore* di V ed essendo noto il suo *vettore immagine* $f(\underline{v})$, è nota la *legge d'associazione dell'applicazione lineare.*

c.v.d.

La *proprietà* 5 ci dice:

- I vettori $f(\underline{v}_1)$, $f(\underline{v}_2)$, …, $f(\underline{v}_n)$ sono *generatori* dell'*insieme immagine* Imf dell'applicazione lineare.

  In simboli:

  $$\text{Im} f = L\{f(\underline{v}_1), f(\underline{v}_2), \ldots, f(\underline{v}_n)\}$$

Se gli n *vettori* $f(\underline{v}_1)$, $f(\underline{v}_2)$, …, $f(\underline{v}_n)$ sono *linearmente indipendenti*, la *n-pla ordinata* $(f(\underline{v}_1), f(\underline{v}_2), \ldots, f(\underline{v}_n))$ è una *base* di Imf.

Da qui segue:

$$0 \leq \dim(\text{Im} f) \leq \dim V \tag{4.4}$$

La *dimensione* di Imf si chiama *rango* dell'applicazione lineare e si denota con p.

La (4.3) e la (4.4) ci permettono di concludere:

– Il *rango* p di una applicazione lineare è un *numero intero positivo* o *nullo*, *minore* o *uguale* del *minimo* tra $\dim V$ e $\dim W$:

$$0 \leq p = \dim(\mathrm{Im} f) \leq \min\{\dim V, \dim W\} \tag{4.5}$$

Risulta $p = 0$ se e solo è $\mathrm{Im} f = \{\underline{0}_W\}$.

Proprietà 6 *Data una qualunque applicazione lineare*

$$f : V \longrightarrow W$$

il suo rango p *è dato dalla* differenza *tra la* dimensione *di* V *(dominio) e* quella *del* Ker$f$*:*

$$p = \dim(\mathrm{Im} f) = \dim V - \dim(\mathrm{Ker} f) \tag{4.6}$$

Di tale proprietà non diamo la dimostrazione; lo Studente interessato può trovarla in qualunque libro di Algebra lineare.

Prima di continuare con le *proprietà*, vogliamo segnalare *quattro conseguenze* delle relazioni (4.5), (4.6) e del fatto che l'essere Ker$f = \{\underline{0}_V\}$ costituisce una *condizione necessaria e sufficiente* affinché una applicazione lineare sia *iniettiva.*

4.5 Conseguenze delle relazioni (4.5), (4.6) e dell'essere Ker$f = \{\underline{0}_V\}$

Conseguenza 1 *Data una applicazione lineare*

$$f : V \longrightarrow W$$

se è:

$$\dim V < \dim W$$

allora l'applicazione lineare non può *essere* suriettiva.

Dimostrazione
Dalla (4.6) risulta:

$$p = \dim(\mathrm{Im} f) \leq \dim V \qquad .$$

Siccome è per ipotesi $\dim V < \dim W$, dalla (4.5) segue che è:

$$p = \dim(\mathrm{Im} f) < \dim W$$

e quindi $\mathrm{Im} f \subset W$.
L'*applicazione lineare* non è quindi *suriettiva*.

c.v.d.

Conseguenza 2 *Data una applicazione lineare*

$$f : V \longrightarrow W$$

se è:

$$\dim V > \dim W$$

allora l'applicazione lineare non può *essere* iniettiva.

Dimostrazione
Se l'applicazione lineare fosse iniettiva, risulterebbe $\dim(\mathrm{Ker} f) = 0$ e quindi per la (4.6) si avrebbe:

$$p = \dim(\mathrm{Im} f) = \dim V.$$

Siccome per ipotesi si ha $\dim V > \dim W$, questo fatto è in disaccordo con la (4.5).
L'*applicazione lineare non* è quindi *iniettiva.*

c.v.d.

Conseguenza 3 *Data una applicazione lineare*

$$f : V \longrightarrow W$$

se è:
- suriettiva
- $\dim V = \dim W$

allora l'applicazione lineare è anche iniettiva, *e quindi è un* isomorfismo.

Dimostrazione
Dalle ipotesi fatte segue che:

$$p = \dim(\text{Im}f) = \dim W = \dim V \quad .$$

Essendo quindi $p = \dim(\text{Im}f) = \dim V$, la (4.6) ci garantisce che è $\dim(\text{Ker}f) = 0$ quindi $\text{Ker}f = \{\underline{0}_V\}$ e pertanto l'applicazione lineare è anche *iniettiva*, quindi è un *isomorfismo*.

c.v.d.

Conseguenza 4 *Data una applicazione lineare*

$$f : V \longrightarrow W$$

se è:
- iniettiva

- $\dim V = \dim W$

allora l'applicazione lineare è anche suriettiva, *e quindi è un* isomorfismo.

Dimostrazione
Dalla (4.6) e dall'ipotesi che l'applicazione lineare sia iniettiva, segue che:

$$p = \dim(\text{Im}f) = \dim V \quad .$$

Dalla (4.5) e dall'ipotesi che $\dim V = \dim W$ segue infine che:

$$p = \dim(\text{Im}f) = \dim W$$

quindi $\text{Im}f = W$.

L'applicazione lineare è anche *suriettiva* e quindi è un *isomorfismo*.

c.v.d.

Completiamo ora l'elenco delle *proprietà* delle applicazioni lineari.

4.6 Altre proprietà delle applicazioni lineari

Proprietà 7 *Data una qualunque applicazione lineare*

$$f : V \longrightarrow W$$

siano $\underline{v}_1$, $\underline{v}_2$, ..., $\underline{v}_h$ *h* vettori *del* dominio *scelti ad arbitrio e* $f(\underline{v}_1)$, $f(\underline{v}_2)$, ..., $f(\underline{v}_h)$ *i loro* vettori immagine.

a) Se $\underline{v}_1, \underline{v}_2, \ldots, \underline{v}_h$ *sono* vettori linearmente dipendenti *allora*

$f(\underline{v}_1), f(\underline{v}_2), \ldots, f(\underline{v}_h)$ *sono* vettori linearmente dipendenti

b) Se $\underline{v}_1, \underline{v}_2, \ldots, \underline{v}_h$ *sono* vettori linearmente indipendenti *allora*

$f(\underline{v}_1), f(\underline{v}_2), \ldots, f(\underline{v}_h)$ *sono* vettori linearmente indipendenti

se e solo se *è* $\mathrm{Ker} f = \{\underline{0}_V\}$ *cioè se l'*applicazione lineare *è* iniettiva.

c) Se $f(\underline{v}_1), f(\underline{v}_2), \ldots, f(\underline{v}_h)$ *sono* vettori linearmente indipendenti *allora*

$\underline{v}_1, \underline{v}_2, \ldots, \underline{v}_h$ *sono* vettori linearmente indipendenti

Dimostrazione

Dal fatto che $f : V \longrightarrow W$ sia un'applicazione lineare, comunque si scelgano i *vettori* $\underline{v}_1, \underline{v}_2, \ldots, \underline{v}_h$ in V (dominio) ed i *numeri* $\lambda_1, \lambda_2, \ldots, \lambda_h$, risulta:

$$f(\lambda_1\underline{v}_1+\lambda_2\underline{v}_2+\cdots+\lambda_h\underline{v}_h) = \lambda_1 f(\underline{v}_1)+\lambda_2 f(\underline{v}_2)+\cdots+\lambda_h f(\underline{v}_h) \quad . \tag{4.7}$$

A partire dalla (4.7) proviamo le *affermazioni* a), b) e c). Andiamo in ordine!

a) Essendo $\underline{v}_1$, $\underline{v}_2$, ..., $\underline{v}_h$ *vettori linearmente dipendenti*, esistono h *numeri* $\overline{\lambda}_1, \overline{\lambda}_2, \ldots, \overline{\lambda}_h$ *non tutti nulli* tali da risultare:

$$\overline{\lambda}_1\underline{v}_1 + \overline{\lambda}_2\underline{v}_2 + \cdots + \overline{\lambda}_h\underline{v}_h = \underline{0}_V$$

Poiché $f(\underline{0}_V) = \underline{0}_W$ (proprietà 1), abbiamo:

$$f(\overline{\lambda}_1\underline{v}_1 + \overline{\lambda}_2\underline{v}_2 + \cdots + \overline{\lambda}_h\underline{v}_h) = \underline{0}_W. \tag{4.8}$$

Da (4.7) e (4.8) segue che:

$$\overline{\lambda}_1 f(\underline{v}_1) + \overline{\lambda}_2 f(\underline{v}_2) + \cdots + \overline{\lambda}_h f(\underline{v}_h) = \underline{0}_W. \tag{4.9}$$

Essendo $\overline{\lambda}_1, \overline{\lambda}_2, \ldots, \overline{\lambda}_h$ *non tutti nulli*, la (4.9) ci dice che i *vettori* $f(\underline{v}_1), f(\underline{v}_2), \ldots, f(\underline{v}_h)$ sono *linearmente dipendenti.*

b) Se fossero $f(\underline{v}_1)$, $f(\underline{v}_2)$, $\ldots$, $f(\underline{v}_h)$ *linearmente dipendenti*, esisterebbero h *numeri* $\overline{\lambda}_1, \overline{\lambda}_2, \ldots, \overline{\lambda}_h$ *non tutti nulli* tali da risultare:

$$\overline{\lambda}_1 f(\underline{v}_1) + \overline{\lambda}_2 f(\underline{v}_2) + \cdots + \overline{\lambda}_h f(\underline{v}_h) = \underline{0}_W. \tag{4.10}$$

Da (4.7) e (4.10) seguirebbe che:

$$f(\overline{\lambda}_1 \underline{v}_1 + \overline{\lambda}_2 \underline{v}_2 + \cdots + \overline{\lambda}_h \underline{v}_h) = \underline{0}_W$$

e pertanto il *vettore* $\overline{\lambda}_1 \underline{v}_1 + \overline{\lambda}_2 \underline{v}_2 + \cdots + \overline{\lambda}_h \underline{v}_h$ che è *distinto* da $\underline{0}_V$ perché, *per ipotesi*, i *vettori*

$$\underline{v}_1, \underline{v}_2, \ldots, \underline{v}_h$$

sono *linearmente indipendenti*, apparterrebbe al $\mathrm{Ker} f$.

Questo fatto è però in contraddizione con l'*ipotesi* che $\mathrm{Ker} f = \{\underline{0}_V\}$.

c) Se fossero $\underline{v}_1$, $\underline{v}_2$, $\ldots$, $\underline{v}_h$ *linearmente dipendenti*, esisterebbero h *numeri* $\overline{\lambda}_1, \overline{\lambda}_2, \ldots, \overline{\lambda}_h$ *non tutti nulli* tali da risultare:

$$\overline{\lambda}_1 \underline{v}_1 + \overline{\lambda}_2 \underline{v}_2 + \cdots + \overline{\lambda}_h \underline{v}_h = \underline{0}_V$$

e quindi si avrebbe

$$f(\overline{\lambda}_1 \underline{v}_1 + \overline{\lambda}_2 \underline{v}_2 + \cdots + \overline{\lambda}_h \underline{v}_h) = \underline{0}_W. \tag{4.11}$$

Da (4.7) e (4.11) seguirebbe infine:

$$\overline{\lambda}_1 f(\underline{v}_1) + \overline{\lambda}_2 f(\underline{v}_2) + \cdots + \overline{\lambda}_h f(\underline{v}_h) = \underline{0}_W$$

cioè che i *vettori* $f(\underline{v}_1)$, $\ldots$, $f(\underline{v}_h)$ sono *linearmente dipendenti.*

Questo fatto è però *in contraddizione* con l'*ipotesi* che $f(\underline{v}_1), \ldots, f(\underline{v}_h)$ sono *vettori linearmente indipendenti.*

c.v.d.

Per terminare enunciamo altre due *proprietà* che ci mostrano che le *applicazioni* "costruite" a partire da *applicazioni lineari* sono anche esse *lineari.*

Proprietà 8 *Date due* applicazioni lineari *aventi lo stesso* dominio V *e lo stesso* insieme d'arrivo W*:*

$$f : V \longrightarrow W \qquad e \qquad g : V \longrightarrow W$$

sia $\underline{v}$ *il* generico vettore *di* V *e* λ *un* numero reale arbitrario.

Le applicazioni

$$s : V \longrightarrow W \quad donde\ s(\underline{v}) = f(\underline{v}) + g(\underline{v})$$

e

$$p : V \longrightarrow W \quad donde\ p(\underline{v}) = \lambda f(\underline{v})$$

che prendono rispettivamente il nome di applicazione somma *ed* applicazione prodotto per uno scalare, *sono anche esse* lineari.

La *dimostrazione* di tale *proprietà* viene lasciata come esercizio allo Studente.

Quello che invece vogliamo sottolineare è che tale *proprietà* consente di trarre la seguente *conclusione*:

- L'*insieme di tutte le applicazioni lineari* aventi lo stesso *dominio* V e lo stesso *insieme d'arrivo* W, con le *operazioni* mediante le quali abbiamo costruito le *applicazioni somma* e *prodotto per uno scalare*, è uno *spazio vettoriale* e si denota con il *simbolo* $\mathcal{L}(V, W)$.

Proprietà 9 *Date due* applicazioni lineari*:*

$$f : U \longrightarrow V \qquad e \qquad g : V \longrightarrow W$$

*l'*applicazione composta

$$g \circ f : U \longrightarrow W$$

è anche essa lineare *ed è un* isomorfismo se e solo se f *e* g *sono* isomorfismi.

Anche la dimostrazione di tale proprietà viene lasciata come esercizio allo Studente.

* * *

Ora che abbiamo esaminato le *proprietà* delle *applicazioni lineari* vogliamo costruire un *metodo* per studiarle.

Studiare una *applicazione lineare*

$$f : V \longrightarrow W$$

significa risolvere i *seguenti problemi*:

1. trovare la *dimensione* del suo *insieme immagine* $\mathrm{Im}f$, cioè il suo *rango* p, ed una *base* di esso

2. trovare la *dimensione* del suo *nucleo* $\mathrm{Ker}f$ ed una *base* di esso

3. decidere se l'*applicazione lineare* è *iniettiva, suriettiva, biiettiva* cioè un *isomorfismo*

4. nel caso in cui l'*applicazione lineare* sia un *isomorfismo*, costruire l'*isomorfismo inverso.*

Cominciamo con alcune *riflessioni* sopra gli *isomorfismi.* Da essi scaturiranno:

1. un *metodo* per trovare la *dimensione* ed una *base* di uno *spazio vettoriale* assegnato, quindi di risolvere il *problema* posto alla fine del *paragrafo* 3.10

2. il *metodo* per studiare le *applicazioni lineari* che vogliamo appunto costruire.

4.7 Isomorfismi e spazi vettoriali isomorfi

Partiamo da una definizione!

Definizione di spazi vettoriali isomorfi
Si dice che due *spazi vettoriali* V e W sono *isomorfi* se esiste un *isomorfismo*:

$$\varphi : V \longrightarrow W. \tag{4.12}$$

Da tale definizione segue il *teorema*:

Teorema 4.1 *Se due* spazi vettoriali *sono* isomorfi, *allora hanno la* stessa dimensione.

Dimostrazione
Essendo l'*applicazione lineare* (4.12) un *isomorfismo*, cioè una *applicazione lineare iniettiva* e *suriettiva*, si ha:

- $\text{Ker}\varphi = \{\underline{0}_V\}$ e pertanto $\dim(\text{Ker}\varphi) = 0$ perché l'applicazione lineare è *iniettiva*

- $\text{Im}\varphi = W$ e pertanto $\dim(\text{Im}\varphi) = \dim W$ perché l'applicazione lineare è *suriettiva*.

Dalla (4.6) segue allora che:

$$\dim W = \dim(\text{Im}\varphi) = \dim V - \dim(\text{Ker}\varphi) = \dim V - 0 = \dim V$$

c.v.d.

Il viceversa è certo? Cioè se due *spazi vettoriali* V e W hanno la *stessa dimensione*, sono essi *isomorfi*?

Prima di rispondere a tale domanda, utilizziamo il *concetto di spazi vettoriali isomorfi* per risolvere il *problema* di trovare la *dimensione* ed una *base* di uno *spazio vettoriale* V assegnato; risolviamo cioè il *problema* 1. posto nel *paragrafo* 4.6.

4.8 Un metodo per trovare la dimensione ed una base di uno spazio vettoriale V assegnato

Dato uno *spazio vettoriale* V, il problema di trovare la sua *dimensione* ed una *base* per esso è risolto, se riusciamo a stabilire un *isomorfismo*:

$$\varphi : \mathbb{R}^n \longrightarrow V \tag{4.13}$$

Infatti:

1. la *dimensione* di V è la *stessa* di $\mathbb{R}^n$ cioè n, perché, come ci assicura il *Teorema* 4.1, spazi *vettoriali isomorfi* hanno la *stessa dimensione.*

2. poiché, per la *proprietà* 7, l'*isomorfismo* (4.13) associa a *vettori linearmente indipendenti* di $\mathbb{R}^n$, *vettori linearmente indipendenti* di V, i *vettori immagine* dei *vettori* di una *base* di $\mathbb{R}^n$ (ad esempio quella *canonica*), costituiscono una *base* di V.

Come è facile immaginare, la difficoltà dell'impiego di tale *metodo* sta nello stabilire un *isomorfismo* tra gli *spazi vettoriali* $\mathbb{R}^n$ e V.

Sperimentiamo l'efficacia del *metodo* trovato, su due esempi.

Esempio 4.1 *Sia* $V = \mathbb{R}^{2,2}$ *cioè lo* spazio vettoriale delle matrici quadrate di ordine 2 *e sia*

$$M = \begin{pmatrix} a & b \\ c & d \end{pmatrix}$$

il generico vettore *di* V.

La matrice M *è nota quando si conosce la* quaterna (a, b, c, d) *dei suoi elementi. Siccome tale* quaterna *può essere riguardata come un* vettore $\underline{x} = (a, b, c, d)$ *di* $\mathbb{R}^4$, *se consideriamo l'*applicazione *di* dominio $\mathbb{R}^4$, insieme d'arrivo $\mathbb{R}^{2,2}$ *e* legge d'associazione

$$\varphi : \underline{x} = (a, b, c, d) \longrightarrow \varphi(\underline{x}) = \begin{pmatrix} a & b \\ c & d \end{pmatrix}$$

è immediato rendersi conto che tale applicazione *è* lineare, *anzi è un* isomorfismo.

Dal fatto che sia un isomorfismo *segue allora:*

1. che lo spazio vettoriale $\mathbb{R}^{2,2}$ *ha la* stessa dimensione *di* $\mathbb{R}^4$, *che è quattro*

2. che, fissata una base $(\underline{x}_1, \underline{x}_2, \underline{x}_3, \underline{x}_4)$ *di* $\mathbb{R}^4$, *la* quaterna ordinata di vettori $(\varphi(\underline{x}_1), \varphi(\underline{x}_2), \varphi(\underline{x}_3), \varphi(\underline{x}_4))$ *costituisce una* base *di* $\mathbb{R}^{2,2}$.

   Se come base *di* $\mathbb{R}^4$ *fissiamo la* base canonica, *cioè*

   $$(\underline{e}_1 = (1, 0, 0, 0), \underline{e}_2 = (0, 1, 0, 0), \underline{e}_3 = (0, 0, 1, 0), \underline{e}_4 = (0, 0, 0, 1))$$

   una base di $\mathbb{R}^{2,2}$ *è:*

$$(\varphi(\underline{e}_1), \varphi(\underline{e}_2), \varphi(\underline{e}_3), \varphi(\underline{e}_4)) = \left(\begin{pmatrix} 1 & 0 \\ 0 & 0 \end{pmatrix}, \begin{pmatrix} 0 & 1 \\ 0 & 0 \end{pmatrix}, \begin{pmatrix} 0 & 0 \\ 1 & 0 \end{pmatrix}, \begin{pmatrix} 0 & 0 \\ 0 & 1 \end{pmatrix} \right)$$

Esempio 4.2 *Sia* $V = \mathbb{R}_3[x]$, *cioè lo* spazio vettoriale dei polinomi di grado ≤ 3 *più il polinomio identicamente nullo e sia*

$$p(x) = ax^3 + bx^2 + cx + d$$

il generico vettore *di* V.

Il polinomio $p(x)$ *è noto quando si conosce la* quaterna (a, b, c, d) *dei suoi coefficienti. Siccome tale* quaterna *può essere riguardata come un* vettore $\underline{x} = (a, b, c, d)$ *di* $\mathbb{R}^4$, *se consideriamo* l'applicazione di dominio $\mathbb{R}^4$, insieme d'arrivo $\mathbb{R}_3[x]$ *e* legge d'associazione

$$\varphi : \underline{x} = (a, b, c, d) \longrightarrow \varphi(\underline{x}) = ax^3 + bx^2 + cx + d$$

è immediato rendersi conto che tale applicazione *è* lineare, *anzi è un* isomorfismo.

Dal fatto che sia un isomorfismo *segue allora:*

1. *che lo* spazio vettoriale $\mathbb{R}_3[x]$ *ha la stessa* dimensione *di* $\mathbb{R}^4$, *che è* quattro

2. *che,* fissata una base $(\underline{x}_1, \underline{x}_2, \underline{x}_3, \underline{x}_4)$ *di* $\mathbb{R}^4$, *la* quaterna ordinata dei vettori $(\varphi(\underline{x}_1), \varphi(\underline{x}_2), \varphi(\underline{x}_3), \varphi(\underline{x}_4))$ *costituisce una* base *di* $\mathbb{R}_3[x]$.

Se come base *di* $\mathbb{R}^4$ *fissiamo la* base canonica, *cioè:*

$$(\underline{e}_1 = (1, 0, 0, 0), \underline{e}_2 = (0, 1, 0, 0), \underline{e}_3 = (0, 0, 1, 0), \underline{e}_4 = (0, 0, 0, 1))$$

una base *di* $\mathbb{R}_3[x]$ *è:*

$$(\varphi(\underline{e}_1), \varphi(\underline{e}_2), \varphi(\underline{e}_3), \varphi(\underline{e}_4)) = \left(x^3, x^2, x, 1\right).$$

Torniamo ora a parlare degli *spazi vettoriali isomorfi* per dare una risposta alla domanda che ci siamo posti alla fine del *paragrafo* 4.7.

4.9 Quali sono gli spazi vettoriali isomorfi

Alla fine del *paragrafo* 4.7 abbiamo lasciato senza risposta la domanda:

- Se due *spazi vettoriali* V e W hanno la *stessa dimensione*, sono essi *isomorfi*?

Per rispondere a tale *domanda*, cominciamo con il dimostrare il seguente *teorema*:

Teorema 4.2 *Ogni* spazio vettoriale V *di* dimensione n *è* isomorfo *a* $\mathbb{R}^n$.

Dimostrazione
Dato uno *spazio vettoriale* V di *dimensione* n, se fissiamo in esso una *base* $B_V = (\underline{v}_1, \underline{v}_2, \ldots, \underline{v}_n)$, sappiamo che ogni *vettore* $\underline{v} \in V$ può essere rappresentato così:

$$\underline{v} = x_1\underline{v}_1 + x_2\underline{v}_2 + \cdots + x_n\underline{v}_n \tag{4.14}$$

e che la n-pla $(x_1, x_2, \ldots, x_n)$ delle sue *coordinate* è *unica*.

Se riguardiamo tale n-pla come un *vettore* $\underline{x} \in \mathbb{R}^n$, possiamo concludere:

- Ogni volta che in uno *spazio vettoriale* V di *dimensione* n, fissiamo una base B_V, resta determinata l'applicazione:

  $$\varphi : V \longrightarrow \mathbb{R}^n \quad \text{dove} \quad \underline{v} \longrightarrow \varphi(\underline{v}) = (x_1, x_2, \ldots, x_n) \tag{4.15}$$

  essendo $(x_1, x_2, \ldots, x_n)$ la n-pla di *coordinate* di $\underline{v}$ nella *base* B_V fissata.

È immediato convincersi che tale *applicazione* è *lineare*; per la *unicità* della rappresentazione (4.14) di $\underline{v}$, a *vettori distinti* di V corrispondono *vettori distinti* di $\mathbb{R}^n$ e pertanto è *iniettiva*.

Essendo *iniettiva* e avendo V la stessa *dimensione* di $\mathbb{R}^n$, la *conseguenza* 4. (*paragrafo* 4.5), ci assicura che essa è anche *suriettiva*, quindi è *biiettiva* e pertanto è un *isomorfismo* di *dominio* V ed *insieme d'arrivo* $\mathbb{R}^n$.

Conclusione:

– Gli *spazi vettoriali* V di *dimensione* n sono *isomorfi* a $\mathbb{R}^n$. Per ogni scelta di una *base* B_V in V si ottiene un *isomorfismo differente*; ai *vettori della base* B_V scelta, corrispondono i *vettori della base canonica* di $\mathbb{R}^n$.

c.v.d.

Il *teorema* 4.2 ci permette di dimostrare quest'altro *teorema* che dà una risposta affermativa alla domanda posta:

Teorema 4.3 *Due* spazi vettoriali V *e* W *che hanno la* stessa dimensione n *sono isomorfi.*

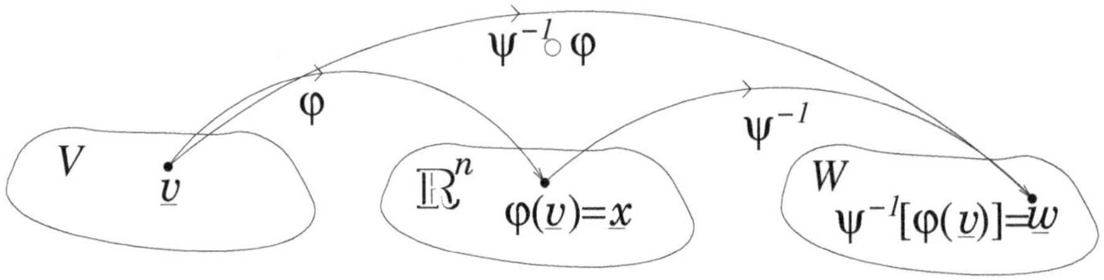

Figura 4.3

Dimostrazione

Per il fatto che quando si fissa una *base* in uno *spazio vettoriale* V di dimensione n resta determinato un *isomorfismo* tra tale spazio e $\mathbb{R}^n$, se fissiamo una *base* $B_V = (\underline{v}_1, \ldots, \underline{v}_n)$ in V ed una *base* $B_W = (\underline{w}_1, \ldots, \underline{w}_n)$ in W, restano determinati due isomorfismi:

$$\varphi : V \longrightarrow \mathbb{R}^n \quad \text{e} \quad \psi : W \longrightarrow \mathbb{R}^n$$

Poiché l'*applicazione inversa* di un *isomorfismo* è un *isomorfismo* e la *applicazione composta* di *due isomorfismi* è un *isomorfismo*, se costruiamo l'*applicazione*

$$\psi^{-1} : \mathbb{R}^n \longrightarrow W$$

e poi l'*applicazione composta*

$$\psi^{-1} \circ \varphi : V \longrightarrow W$$

essendo questa ultima un *isomorfismo*, concludiamo che gli *spazi vettoriali* V e W sono *isomorfi*. **c.v.d.**

Il *teorema* 4.3 ci dice che sono *isomorfi* tutti gli *spazi vettoriali* che hanno la *stessa dimensione* n e tra essi vi è naturalmente $\mathbb{R}^n$ che gioca un "ruolo importante" nella *famiglia* degli *spazi vettoriali di dimensione* n.

Andiamo a vedere quale è questo "ruolo"!

4.10 Lo spazio vettoriale $\mathbb{R}^n$ come strumento di calcolo

Il concetto di *spazi vettoriali isomorfi* ci permette di costruire un *metodo* per risolvere i problemi, quando:

- i *dati del problema* sono *vettori* di uno *spazio vettoriale* V qualsiasi, di *dimensione* n
- le *operazioni* che si debbono effettuare sui *dati del problema* sono unicamente l'*addizione* e la *moltiplicazione di uno scalare per un vettore*, cioè le *operazioni* che conferiscono al *sostegno* S di V la *struttura di spazio vettoriale.*

Il metodo anzidetto, che chiamiamo *metodo algebrico*, consiste nel compiere i seguenti *passi*:

1. Si fissa nello *spazio vettoriale* V, al quale appartengono i *dati del problema*, una *base* $B_V = (\underline{v}_1, \underline{v}_2, \ldots, \underline{v}_n)$.

   Con questo, come ci ha mostrato il *teorema* 4.2, resta determinato l'*isomorfismo* (4.15) che associa ad ogni *vettore* $\underline{v}$ di V il *vettore* $\underline{x} \in \mathbb{R}^n$ costituito dalla n-pla $(x_1, x_2, \ldots, x_n)$ delle *sue coordinate.*

2. Si trovano i *vettori* di $\mathbb{R}^n$ che sono *immagini dei vettori*, dati del problema.

3. Si effettuano sui *vettori* di $\mathbb{R}^n$, trovati nel passo 2., le *operazioni* che hanno lo stesso nome di quelle con le quali si dovrebbe operare, nello *spazio vettoriale* V, sui *dati* del problema posto.

Se, come risultato di tali operazioni, si ottiene un *vettore*

$$\underline{x}^0 = (x_1^0, x_2^0, \ldots, x_n^0) \in \mathbb{R}^n$$

il *vettore*

$$\underline{v}^0 = x_1^0 \underline{v}_1 + x_2^0 \underline{v}_2 \cdots + x_n^0 \underline{v}_n$$

è la *soluzione del problema* inizialmente proposto.

In modo poco preciso, ma forse più espressivo, possiamo dire che il *metodo algebrico* consiste:

1. nel "trasportare" il problema proposto dallo *spazio vettoriale* V di *dimensione* n allo *spazio vettoriale* $\mathbb{R}^n$ mediante l'*isomorfismo*:

$$\varphi : V \longrightarrow \mathbb{R}^n$$

   determinato dal fissare una *base* B_V in V;

2. nel risolvere il problema "trasportato" in $\mathbb{R}^n$;

3. nel "trasportare" la *soluzione del problema*, nel caso che esista, dallo *spazio vettoriale* $\mathbb{R}^n$ allo *spazio vettoriale* V mediante l'*isomorfismo*

$$\varphi^{-1} : \mathbb{R}^n \longrightarrow V$$

   inverso dell'*isomorfismo* (4.15).

Concludendo possiamo dire:

– lo *spazio vettoriale* $\mathbb{R}^n$ gioca il ruolo di lavagna nella *famiglia* degli *spazi vettoriali di dimensione n*.

Tenendo presente questo fatto, come ci siamo proposti alla fine del *paragrafo* 4.6, andiamo a costruire un *metodo* per studiare le *applicazioni lineari*.

Cominciamo con il vedere come, data una applicazione lineare

$$f : V \longrightarrow W \qquad ,$$

la sua *legge d'associazione* f possa essere rappresentata per mezzo di una *matrice*, una volta fissata una *base* B_V nel suo *dominio* V ed una *base* B_W nel suo *insieme d'arrivo* W.

4.11 Rappresentazione della legge d'associazione di una applicazione lineare per mezzo di matrici

Data una *applicazione lineare*

$$f : V \longrightarrow W$$

sia n la *dimensione* di V e m quella di W.

Sappiamo che al fissare una *base* $B_V = (\underline{v}_1, \underline{v}_2, \ldots, \underline{v}_n)$ nel *dominio* V, il *generico vettore* $\underline{v} \in V$ resta espresso, in una unica maniera, come *combinazione lineare* dei *vettori* di B_V:

$$\underline{v} = x_1\underline{v}_1 + x_2\underline{v}_2 \cdots + x_n\underline{v}_n$$

ed il suo *vettore immagine* $f(\underline{v})$, come *combinazione lineare* dei *vettori* $f(\underline{v}_1), f(\underline{v}_2), \ldots, f(\underline{v}_n)$:

$$f(\underline{v}) = x_1 f(\underline{v}_1) + x_2 f(\underline{v}_2) \cdots + x_n f(\underline{v}_n) \tag{4.16}$$

Se anche in W fissiamo una *base* $B_W = (\underline{w}_1, \underline{w}_2, \ldots, \underline{w}_m)$, possiamo rappresentare ciascuno dei vettori

$$f(\underline{v}_1), f(\underline{v}_2), \ldots, f(\underline{v}_n)$$

come *combinazione lineare* dei *vettori* di B_W, ottenendo così:

$$\begin{array}{rcl} f(\underline{v}_1) & = & a_{11}\underline{w}_1 + a_{21}\underline{w}_2 + \cdots + a_{m1}\underline{w}_m \\ f(\underline{v}_2) & = & a_{12}\underline{w}_1 + a_{22}\underline{w}_2 + \cdots + a_{m2}\underline{w}_m \\ \ldots\ldots & = & \ldots\ldots\ldots\ldots\ldots\ldots\ldots\ldots\ldots \\ f(\underline{v}_n) & = & a_{1n}\underline{w}_1 + a_{2n}\underline{w}_2 + \cdots + a_{mn}\underline{w}_m. \end{array} \tag{4.17}$$

Sostituendo le (4.17) nella (4.16) otteniamo:

$$\begin{array}{rcl} f(\underline{v}) & = & x_1(a_{11}\underline{w}_1 + a_{21}\underline{w}_2 + \cdots + a_{m1}\underline{w}_m) + \\ & + & x_2(a_{12}\underline{w}_1 + a_{22}\underline{w}_2 + \cdots + a_{m2}\underline{w}_m) + \\ & + & \ldots\ldots\ldots\ldots\ldots\ldots\ldots\ldots\ldots \\ & + & x_n(a_{1n}\underline{w}_1 + a_{2n}\underline{w}_2 + \cdots + a_{mn}\underline{w}_m) = \\ & = & (a_{11}x_1 + a_{12}x_2 + \cdots + a_{1n}x_n)\underline{w}_1 + \\ & + & (a_{21}x_1 + a_{22}x_2 + \cdots + a_{2n}x_n)\underline{w}_2 + \\ & + & \ldots\ldots\ldots\ldots\ldots\ldots\ldots\ldots\ldots \\ & + & (a_{m1}x_1 + a_{m2}x_2 + \cdots + a_{mn}x_n)\underline{w}_m \end{array} \tag{4.18}$$

Osservando la (4.18) possiamo concludere che le *coordinate del vettore* $f(\underline{v})$, secondo la base B_W, sono date dalle "formule":

$$\begin{aligned} y_1 &= a_{11}x_1 + a_{12}x_2 + \cdots + a_{1n}x_n \\ y_2 &= a_{21}x_1 + a_{22}x_2 + \cdots + a_{2n}x_n \\ .. &= \ldots\ldots\ldots\ldots\ldots\ldots\ldots \\ y_m &= a_{m1}x_1 + a_{m2}x_2 + \cdots + a_{mn}x_n \end{aligned} \tag{4.19}$$

che prendono il nome di *equazioni dell'applicazione lineare.*

Se introduciamo le *matrici*

$$Y = \begin{pmatrix} y_1 \\ y_2 \\ \ldots \\ y_m \end{pmatrix}, X = \begin{pmatrix} x_1 \\ x_2 \\ \ldots \\ x_n \end{pmatrix}, A = \begin{pmatrix} a_{11} & a_{12} & \cdots & a_{1n} \\ a_{21} & a_{22} & \cdots & a_{2n} \\ \ldots & \ldots & \ldots & \ldots \\ a_{m1} & a_{m2} & \cdots & a_{mn} \end{pmatrix}$$

e teniamo presente il *prodotto riga per colonna tra matrici*, le (4.19) possono essere scritte così:

$$\begin{pmatrix} y_1 \\ y_2 \\ \ldots \\ y_m \end{pmatrix} = \begin{pmatrix} a_{11} & a_{12} & \cdots & a_{1n} \\ a_{21} & a_{22} & \cdots & a_{2n} \\ \ldots & \ldots & \ldots & \ldots \\ a_{m1} & a_{m2} & \cdots & a_{mn} \end{pmatrix} \begin{pmatrix} x_1 \\ x_2 \\ \ldots \\ x_n \end{pmatrix} \tag{4.20}$$

o, in modo più compatto:

$$Y = AX \tag{4.21}$$

Leggiamo quanto abbiamo scritto!

- Gli n elementi della *matrice* X sono le *coordinate* del *vettore* $\underline{v} \in V$ secondo la *base* B_V fissata in V.

- Gli m elementi della *matrice* Y sono le *coordinate* del *vettore* $f(\underline{v}) \in W$ secondo la *base* B_W fissata in W.

- Gli m elementi di ogni *colonna* della *matrice* A sono rispettivamente le *coordinate* dei *vettori*

  $$f(\underline{v}_1), f(\underline{v}_2), \ldots, f(\underline{v}_n)$$

  sempre secondo la *base* B_W fissata in W.

La *matrice* A si chiama *matrice associata all'applicazione lineare* rispetto alle *basi* B_V e B_W. Essa permette di calcolare le *coordinate* $(y_1, y_2, \dots, y_m)$, rispetto alla *base* B_W, del vettore $f(\underline{v})$ di W, note che siano le coordinate $(x_1, \dots, x_n)$, rispetto alla *base* B_V, del *vettore* $\underline{v}$ di V.

Per questa ragione si dice anche che la *matrice* A rappresenta la *legge d'associazione* f dell'*applicazione lineare* rispetto alle basi B_V e B_W fissate.

La (4.21) permette di studiare la *applicazione lineare* ma, prima di vedere come, facciamo alcune *riflessioni* sopra la *matrice* A.

4.12 Riflessioni sopra la matrice A

1. La *matrice* A dipende:

   (a) dalla *legge d'associazione* f dell'applicazione lineare perché gli *elementi* delle sue *colonne* sono le *coordinate* dei *vettori*: $f(\underline{v}_1), f(\underline{v}_2), \dots, f(\underline{v}_n)$ e questi ultimi dipendono dalla *legge d'associazione* f;

   (b) dalla *base* $B_V = (\underline{v}_1, \underline{v}_2, \dots, \underline{v}_n)$ scelta nel *dominio* V, perché è dei vettori $\underline{v}_1, \underline{v}_2, \dots, \underline{v}_n$ che si calcolano le *immagini* $f(\underline{v}_1), f(\underline{v}_2), \dots, f(\underline{v}_n)$;

   (c) dalla *base* $B_W = (\underline{w}_1, \underline{w}_2, \dots, \underline{w}_m)$ scelta nell'*insieme d'arrivo* W, perché è da essa che dipendono le *coordinate* dei *vettori* $f(\underline{v}_1), f(\underline{v}_2), \dots, f(\underline{v}_n)$ che costituiscono le *colonne* di A.

2. Per ogni *coppia* di *basi* (B_V, B_W) che si fissi, la *matrice* A è *unica*, perché sono *uniche* le *rappresentazioni dei vettori* $f(\underline{v}_1), \dots, f(\underline{v}_n)$ come *combinazioni lineari* dei *vettori* $\underline{w}_1, \underline{w}_2, \dots, \underline{w}_m$ della base B_W fissata in W.

3. La matrice A varia al variare della *coppia* di *basi* (B_V, B_W). Siccome vi sono *infinite basi* tanto in V quanto in W, la stessa *legge d'associazione* f può essere rappresentata mediante *infinite matrici*. Queste ultime sono dette *matrici simili*.

4. Data una *applicazione lineare* $f : V \longrightarrow W$, scelte le *basi* $B_V = (\underline{v}_1, \underline{v}_2, \ldots, \underline{v}_n)$, $B_W = (\underline{w}_1, \underline{w}_2, \ldots, \underline{w}_m)$ e costruita la *matrice* A (che ne rappresenta la *legge d'associazione* f), risulta che:

   - se due *generatori* di $\mathrm{Im} f$, per esempio $f(\underline{v}_1)$ e $f(\underline{v}_2)$ sono *linearmente indipendenti*, i *vettori* di $\mathbb{R}^m$ costituiti dalle m-ple di numeri della *prima* e della *seconda colonna* della *matrice* A sono anche essi *linearmente indipendenti* per via dell'*isomorfismo* che si è stabilito tra lo *spazio vettoriale* W (insieme d'arrivo dell'applicazione lineare) e $\mathbb{R}^m$ al fissare la *base* B_W in W.

   Da quest'ultima riflessione segue:

   - il *rango* p di una *applicazione lineare*, cioè la *dimensione* del suo *insieme immagine* $\mathrm{Im} f$, è uguale al *rango* $\rho(A)$ *della matrice* A che ne rappresenta la *legge d'associazione.*

5. Data una *matrice* A di m *righe* ed n *colonne* e due *spazi vettoriali* V e W qualsiasi, tali però che risulti $\dim V = n$ e $\dim W = m$, se fissiamo una *base* B_V in V ed una *base* B_W in W, esiste *una e una sola applicazione lineare*:

$$f : V \longrightarrow W$$

   la cui *legge d'associazione* f sia rappresentata, rispetto alle *basi fissate*, dalla *matrice* A.

   Fissando altre basi in V e W, la *stessa matrice* A rappresenta la *legge d'associazione* di *un'altra applicazione lineare*, sempre di *dominio* V ed *insieme d'arrivo* W. Essendo *infinite le basi* che si possono fissare in V e W, una *stessa matrice* A rappresenta le *leggi d'associazione* di *infinite applicazioni lineari*; tutte hanno:

   - per *dominio*, lo *spazio vettoriale* V (lo stesso per tutte)
   - per *insieme d'arrivo*, lo *spazio vettoriale* W (lo stesso per tutte)
   - gli *insiemi immagine* sono tutti *sottospazi* di W ed hanno la *stessa dimensione* p (uguale al *rango* $\rho(A)$ *della matrice* A)

- dalla *proprietà* 6 del *paragrafo* 4.4 segue che anche i *nuclei*, che sono tutti *sottospazi* di V, hanno la *stessa dimensione* $n - p$.

Le *riflessioni* fatte ci suggeriscono varie *domande*: vediamo quali!
La riflessione 2 ci suggerisce la *domanda*:

- Dati due *spazi vettoriali* V e W di *dimensioni* rispettivamente n e m, siano B_V e B_W due *basi* di essi. Che *relazione* c'è tra lo *spazio vettoriale* $\mathcal{L}(V, W)$[5] e lo *spazio vettoriale delle matrici* $\mathbb{R}^{m,n}$ che rappresentano, rispetto alle *basi* fissate, le *leggi d'associazione* delle *applicazioni lineari* di $\mathcal{L}(V, W)$?

La riflessione 3 ci suggerisce addirittura due *domande*:

a) Data una *applicazione lineare* $f : V \longrightarrow W$, che *relazione* c'è tra *due matrici* che rappresentano la *legge d'associazione* f rispetto a *due coppie di basi* (B_V, B_W) e (B'_V, B'_W) tra loro *distinte*? In altre parole, che *relazione* c'è tra due *matrici simili*?

b) Se l'*applicazione lineare* data è un *endomorfismo*:

$$f : V \longrightarrow V$$

tra le *matrici simili* (che rappresentano la legge d'associazione f) ne esiste qualcuna "privilegiata" nel senso che ci faciliti nei calcoli?

La riflessione 5 infine suggerisce quest'ultima *domanda*:

- Dato un *sistema lineare* di m *equazioni* in n *incognite*, è possibile dare di esso una lettura in termini di *applicazioni lineari*?

Prima di rispondere a tali domande, vediamo come la (4.21) ci permette di studiare l'*applicazione lineare* a partire dalla quale è stata costruita.

---

[5]Lo spazio vettoriale $\mathcal{L}(V, W)$ è stato introdotto nel paragrafo 4.6 a conclusione della *proprietà 8*.

4.13 Un metodo per studiare le applicazioni lineari

Nel paragrafo 4.11 abbiamo visto come, data un'*applicazione lineare*

$$f : V \longrightarrow W$$

e fissata una *base* B_V in V ed una *base* B_W in W, si può costruire la (4.21).

A partire dalla (4.21), per studiare l'*applicazione lineare*, basta fare due cose:

1. trovare il *rango* $\rho(A)$ di A

2. risolvere il *sistema lineare* ed *omogeneo*:

$$AX = 0 \quad . \tag{4.22}$$

Una volta trovato il *rango* $\rho(A)$ di A, i numeri che appartengono alle *colonne* di A, che ci hanno permesso di dire che il suo *rango* è $\rho(A)$, sono le *coordinate*, rispetto alla *base* B_W, dei *vettori* di una *base* di $\mathrm{Im} f$ e pertanto $\mathrm{Im} f$ è noto.

Analogamente, una volta risolto il *sistema* (4.22), i numeri di ciascuna n-pla (soluzione del sistema) sono le *coordinate*, rispetto alla *base* B_V, di un *vettore* del $\mathrm{Ker} f$ e pertanto il $\mathrm{Ker} f$ è noto.
Questo è il metodo che ci eravamo proposti di costruire nel paragrafo 4.10.

Sperimentiamolo su un esempio!

Esempio 4.3 *Studiare l'applicazione lineare*

$$f : \mathbb{R}_2[x] \longrightarrow \mathbb{R}^{2,2}$$

la cui legge d'associazione f *è:*

$$p(x) = ax^2 + bx + c \longrightarrow f(p(x)) = \begin{pmatrix} a+b & c-a \\ b+c & a+2b+c \end{pmatrix} .$$

Seguiamo il metodo!
Qui è:

$$V = \mathbb{R}_2[x] \qquad e \qquad W = \mathbb{R}^{2,2}$$

Fissiamo arbitrariamente una base B_V *in* V *e una* B_W *in* W.

Essendo $\dim \mathbb{R}_2[x] = 3$ *e* $\dim \mathbb{R}^{2,2} = 4$ *qualunque sia la base che si sceglie in* $\mathbb{R}_2[x]$, *essa è costituita da* tre vettori, *e qualunque sia la base che si sceglie in* $\mathbb{R}^{2,2}$, *da* quattro vettori.

Scegliamo per esempio:

- *in* $V = \mathbb{R}_2[x]$ *la base* $B_V = (\underline{v}_1 = p_1(x) = x^2, \underline{v}_2 = p_2(x) = x, \underline{v}_3 = p_3(x) = 1)$
- *in* $W = \mathbb{R}^{2,2}$ *la base* [6] $B_W = \left(\underline{w}_1 = \begin{pmatrix} 1 & 0 \\ 0 & 0 \end{pmatrix}, \underline{w}_2 = \begin{pmatrix} 0 & 1 \\ 0 & 0 \end{pmatrix}, \underline{w}_3 = \begin{pmatrix} 0 & 0 \\ 1 & 0 \end{pmatrix}, \underline{w}_4 = \begin{pmatrix} 0 & 0 \\ 0 & 1 \end{pmatrix}\right)$

e costruiamo la matrice A *dell'*applicazione lineare *rispetto alle basi* B_V *e* B_W *scelte.*

Abbiamo allora:

$$\underline{v}_1 = \quad p_1(\underline{x}) = x^2 = 1 \cdot p_1(x) + 0 \cdot p_2(x) + 0 \cdot p_3(x)$$

$$\downarrow$$

$$f(\underline{v}_1) = \quad f(p_1(\underline{x})) = \begin{pmatrix} 1+0 & 0-1 \\ 0+0 & 1+2{\cdot}0+0 \end{pmatrix} = \begin{pmatrix} 1 & -1 \\ 0 & 1 \end{pmatrix} =$$

$$= 1\begin{pmatrix} 1 & 0 \\ 0 & 0 \end{pmatrix} - 1\begin{pmatrix} 0 & 1 \\ 0 & 0 \end{pmatrix} + 0\begin{pmatrix} 0 & 0 \\ 1 & 0 \end{pmatrix} + 1\begin{pmatrix} 0 & 0 \\ 0 & 1 \end{pmatrix} =$$

$$= 1\underline{w}_1 - 1\underline{w}_2 + 0\underline{w}_3 + 1\underline{w}_4$$

$$\underline{v}_2 = \quad p_2(\underline{x}) = x = 0 \cdot p_1(x) + 1 \cdot p_2(x) + 0 \cdot p_3(x)$$

$$\downarrow$$

$$f(\underline{v}_2) = \quad f(p_2(\underline{x})) = \begin{pmatrix} 0+1 & 0-0 \\ 1+0 & 0+2{\cdot}1+0 \end{pmatrix} = \begin{pmatrix} 1 & 0 \\ 1 & 2 \end{pmatrix} =$$

$$= 1\begin{pmatrix} 1 & 0 \\ 0 & 0 \end{pmatrix} + 0\begin{pmatrix} 0 & 1 \\ 0 & 0 \end{pmatrix} + 1\begin{pmatrix} 0 & 0 \\ 1 & 0 \end{pmatrix} + 2\begin{pmatrix} 0 & 0 \\ 0 & 1 \end{pmatrix} =$$

$$= 1\underline{w}_1 + 0\underline{w}_2 + 1\underline{w}_3 + 2\underline{w}_4$$

---

[6] La *base* B_W è stata trovata nell'*Esempio* 4.1, mentre la *base* B_V si trova con un ragionamento analogo a quello fatto nell'*Esempio* 4.2.

$$\begin{array}{ll} \underline{v}_3 = & p_3(\underline{x}) = 1 = 0p_1(x) + 0p_2(x) + 1p_3(x) \\ \downarrow & \\ f(\underline{v}_3) = & f(p_3(\underline{x})) = \begin{pmatrix} 0+0 & 1-0 \\ 0+1 & 0+2\cdot 0+1 \end{pmatrix} = \begin{pmatrix} 0 & 1 \\ 1 & 1 \end{pmatrix} = \\ & = 0\begin{pmatrix} 1 & 0 \\ 0 & 0 \end{pmatrix} + 1\begin{pmatrix} 0 & 1 \\ 0 & 0 \end{pmatrix} + 1\begin{pmatrix} 0 & 0 \\ 1 & 0 \end{pmatrix} + 1\begin{pmatrix} 0 & 0 \\ 0 & 1 \end{pmatrix} = \\ & = 0\underline{w}_1 + 1\underline{w}_2 + 1\underline{w}_3 + 1\underline{w}_4 \end{array}$$

Dai calcoli fatti segue che le quaterne *di* coordinate *dei vettori* $f(\underline{v}_1)$, $f(\underline{v}_2)$ *e* $f(\underline{v}_3)$ *nella base* B_W *scelta, sono:*

$$(1,-1,0,1);\ (1,0,1,2);\ (0,1,1,1)$$

e pertanto la matrice A *che compare nella (4.21), nel nostro caso, è:*

$$A = \begin{pmatrix} 1 & 1 & 0 \\ -1 & 0 & 1 \\ 0 & 1 & 1 \\ 1 & 2 & 1 \end{pmatrix} \quad ;$$

il suo rango $\rho(A)$ *ci dà la* dimensione *di* Imf.

Calcoliamo il rango!

Siccome i primi due vettori colonna *sono* linearmente indipendenti *ed il* terzo *è la* differenza *tra il* secondo *ed il* primo *e quindi* linearmente dipendente da essi, *concludiamo che ci sono* solo due vettori colonna linearmente indipendenti *ed allora risulta* $p = \rho(A) = 2$ *e quindi*

$$\dim(\mathrm{Im}f) = 2 \quad .$$

Essendo

$$\dim(\mathrm{Im}f) < \dim \mathbb{R}^{2,2} \quad ,$$

*l'*applicazione lineare *data* non è suriettiva *e pertanto* non è un isomorfismo *tra* $\mathbb{R}_2[x]$ *e* $\mathbb{R}^{2,2}$. [7]

[7] Alla stessa conclusione si può arrivare, senza fare calcoli; avendo $\mathbb{R}_2[x]$ e $\mathbb{R}^{2,2}$ *dimensioni diverse* non sono *isomorfi* e quindi *non esiste* alcuna *applicazione lineare* di *dominio* $\mathbb{R}_2[x]$ ed *insieme d'arrivo* $\mathbb{R}^{2,2}$ che sia un *isomorfismo.*

Una base *per* Imf *è allora:*

$$f(\underline{v}_1) = f(x^2) = 1\begin{pmatrix}1 & 0\\0 & 0\end{pmatrix} - 1\begin{pmatrix}0 & 1\\0 & 0\end{pmatrix} + 0\begin{pmatrix}0 & 0\\1 & 0\end{pmatrix} + 1\begin{pmatrix}0 & 0\\0 & 1\end{pmatrix} = \begin{pmatrix}1 & -1\\0 & 1\end{pmatrix}$$

e

$$f(\underline{v}_2) = f(x) = 1\begin{pmatrix}1 & 0\\0 & 0\end{pmatrix} + 0\begin{pmatrix}0 & 1\\0 & 0\end{pmatrix} + 1\begin{pmatrix}0 & 0\\1 & 0\end{pmatrix} + 2\begin{pmatrix}0 & 0\\0 & 1\end{pmatrix} = \begin{pmatrix}1 & 0\\1 & 2\end{pmatrix}$$

Per la proprietà *6 delle* applicazioni lineari, *risulta:*

$$\dim(\mathrm{Ker}f) = \dim \mathbb{R}_2[x] - \dim(\mathrm{Im}f) = 3 - 2 = 1$$

*e pertanto l'*applicazione lineare *data* non è iniettiva.

Per trovare il Ker$f$ *basta risolvere il* sistema lineare *(4.22) che nel nostro caso è:*

$$\begin{pmatrix}1 & 1 & 0\\-1 & 0 & 1\\0 & 1 & 1\\1 & 2 & 1\end{pmatrix}\begin{pmatrix}a\\b\\c\end{pmatrix} = \begin{pmatrix}0\\0\\0\\0\end{pmatrix}$$

Per risolvere tale sistema, utilizziamo il metodo di Gauss. *Otteniamo:*

$$\left(\begin{array}{ccc|c}1 & 1 & 0 & 0\\-1 & 0 & 1 & 0\\0 & 1 & 1 & 0\\1 & 2 & 1 & 0\end{array}\right)_{\substack{r_2\to r_2+r_1\\ r_4\to r_4-r_1}} \left(\begin{array}{ccc|c}1 & 1 & 0 & 0\\0 & 1 & 1 & 0\\0 & 1 & 1 & 0\\0 & 1 & 1 & 0\end{array}\right)_{\substack{r_3\to r_3-r_2\\ r_4\to r_4-r_2}} \left(\begin{array}{ccc|c}1 & 1 & 0 & 0\\0 & 1 & 1 & 0\\0 & 0 & 0 & 0\\0 & 0 & 0 & 0\end{array}\right)$$

e pertanto, il sistema *dato è* equivalente *al sistema*

$$\begin{cases} a + b = 0 \\ b + c = 0 \end{cases}$$

che ha le infinite soluzioni $(-b, b, -b)$ *con* $b \in \mathbb{R}$.

Il generico vettore *del* Ker$f$ *è quindi:*

$$p(x) = -bx^2 + bx + (-b)1 \qquad , con\ b \in \mathbb{R}.$$

Poiché il generico vettore del Ker$f$ *si può scrivere come:*

$$p(x) = -b(x^2 - x + 1) \qquad , con\ b \in \mathbb{R}$$

cioè moltiplicando il vettore *(*polinomio*)*

$$\widetilde{p}(x) = x^2 - x + 1 \qquad per\ lo\ scalare\ b \in \mathbb{R} \tag{4.23}$$

concludiamo che una base *di* Ker$f$ *è appunto costituita dal* polinomio (4.23).

Rispondiamo ora alle domande che ci siamo posti alla fine del *paragrafo* 4.12.

Data la loro importanza, ripetiamole e dedichiamo ad ogni risposta un *paragrafo distinto* il cui titolo esprime il contenuto della domanda stessa.

Domanda 1 *Che relazione c'è tra lo* spazio vettoriale $\mathcal{L}(V, W)$ *delle* applicazioni lineari *di* dominio V *ed* insieme d'arrivo W *e lo* spazio vettoriale $\mathbb{R}^{m,n}$ *delle matrici che rappresentano le loro* leggi d'associazione *rispetto alle* basi B_V *e* B_W *fissate rispettivamente in* V *e* W*?*

Domanda 2 *Data un'*applicazione lineare $f : V \longrightarrow W$, *che* relazione *c'è tra due* matrici simili*, cioè tra due* matrici *che rappresentano la* legge d'associazione f *rispetto a due* coppie di basi (B_V, B_W) *e* (B'_V, B'_W) *tra loro distinte?*

Domanda 3 *Dato un* endomorfismo $f : V \longrightarrow V$, *tra le* matrici simili, *che ne rappresentano la* legge d'associazione f, *esiste qualche* matrice *"privilegiata" nel senso che ci faciliti nei calcoli?*

Domanda 4 *Dato un* sistema lineare *di* m equazioni *in* n incognite, *è possibile dare di esso una lettura in termini di* applicazioni lineari*?*

Cominciamo con il rispondere alla *domanda* 4; nel rispondere alle altre *domande*, seguiremo poi l'ordine nel quale ce le siamo poste.

4.14 Riflessioni sopra i sistemi lineari

Dato un *sistema lineare* di m *equazioni* in n *incognite*:

$$\begin{cases} a_{11}x_1 + a_{12}x_2 + \ldots + a_{1n}x_2 & = & b_1 \\ a_{21}x_1 + a_{22}x_2 + \ldots + a_{2n}x_n & = & b_2 \\ \ldots\ldots\ldots\ldots\ldots\ldots\ldots\ldots & = & .. \\ a_{m1}x_1 + a_{m2}x_2 + \ldots + a_{mn} & = & b_m \end{cases} \tag{4.24}$$

sappiamo che *ogni soluzione* di esso è una n-pla ordinata $(x_1, x_2, \ldots, x_n)$ di numeri reali che verificano le sue *equazioni*. Tale n-pla può essere riguardata come un *vettore* $\underline{x} \in \mathbb{R}^n$, che chiamiamo *vettore soluzione*.

Allo stesso modo la m-pla dei *termini noti* $(b_1, b_2, \ldots, b_m)$ può essere riguardata come un *vettore* $\underline{b} \in \mathbb{R}^m$ che chiamiamo *vettore termine noto*.

Se introduciamo le *matrici*

$$X = \begin{pmatrix} x_1 \\ x_2 \\ \ldots \\ x_n \end{pmatrix} \quad , \quad A = \begin{pmatrix} a_{11} & a_{12} & \ldots & a_{1n} \\ a_{21} & a_{22} & \ldots & a_{2n} \\ \ldots & \ldots & \ldots & \ldots \\ a_{m1} & a_{m2} & \ldots & a_{mn} \end{pmatrix} \quad , \quad B = \begin{pmatrix} b_1 \\ b_2 \\ \ldots \\ b_m \end{pmatrix}$$

e teniamo presente il *prodotto riga per colonna* tra matrici, il *sistema* (4.24) può essere scritto così:

$$AX = B \tag{4.25}$$

Per quanto abbiamo detto nella riflessione 5. fatta nel paragrafo 4.12, se fissiamo negli *spazi vettoriali* $V = \mathbb{R}^n$ e $W = \mathbb{R}^m$ due *basi* B_V e B_W, esiste una ed una sola *applicazione lineare*

$$f : \mathbb{R}^n \longrightarrow \mathbb{R}^m \tag{4.26}$$

la cui *legge d'associazione* f, rispetto alle basi B_V e B_W fissate, è rappresentata dalla *matrice* A dei *coefficienti* del sistema (4.24).

Se scegliamo come *basi* B_V e B_W le *basi canoniche* di $\mathbb{R}^n$ e $\mathbb{R}^m$, ogni *vettore* $\underline{x}$ di $\mathbb{R}^n$ si identifica con la n-pla delle *sue coordinate* le quali costituiscono la *matrice* X; il suo *vettore immagine* $f(\underline{x})$ con la m-pla delle *sue coordinate* che costituiscono la *matrice* Y ed infine, il *vettore termine noto* $\underline{b}$, con la m-pla delle *sue coordinate* che costituiscono la *matrice* B.

Questa identificazione ci permette di esprimere la *legge d'associazione* dell'*applicazione lineare* (4.26) così:

$$f : \underline{x} = X \longrightarrow f(\underline{x}) = f(X) = AX \tag{4.27}$$

La (4.27) pone in evidenza che *risolvere il sistema* (4.24) significa *trovare tutti i vettori* $\underline{x} \in \mathbb{R}^n$ che hanno come *immagine* $f(\underline{x})$ il *vettore termine noto* $\underline{b}$.

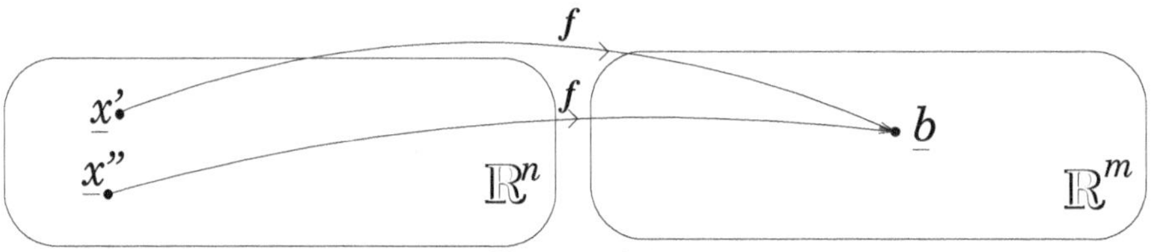

Figura 4.4

Questa è la lettura del *sistema lineare* in termini di *applicazioni lineari* alla quale volevamo arrivare!

Impostato così il *problema della risoluzione di un sistema*, possiamo concludere:

1. se $\underline{b} \notin \mathrm{Im}f$, il sistema (4.24) *non ha soluzioni*, cioè è *incompatibile*
2. se $\underline{b} \in \mathrm{Im}f$, il sistema (4.24) ha *almeno una soluzione* cioè è *compatibile*

   Se il sistema è *compatibile*, possono succedere due cose:

   - ha una *sola soluzione*, cioè è *determinato*, se l'*applicazione lineare* è *iniettiva*: $\dim(\mathrm{Ker}f) = 0$
   - ha *infinite soluzioni*, cioè è *indeterminato*, se $\dim(\mathrm{Ker}f) > 0$.

Però, come facciamo a sapere se il *vettore termine noto* $\underline{b}$ appartiene o no all'*insieme immagine* $\mathrm{Im}f$?

Ricordando che le *colonne* della *matrice* A sono i *vettori generatori* di $\mathrm{Im}f$, e che il *rango* $\rho(A)$ della *matrice* A ci dà la *dimensione* p di $\mathrm{Im}f$, si comincia con il *calcolo* di $\rho(A)$.

Se risulta:

$$\rho(A) = m \quad \Rightarrow \dim(\mathrm{Im}f) = m \quad \Rightarrow \mathrm{Im}f = \mathbb{R}^m \quad \Rightarrow \underline{b} \in \mathrm{Im}f$$

ed il sistema ha *almeno una soluzione*, cioè è *compatibile.*

Ha una *sola soluzione*, cioè è *determinato*, se

$$\dim(\mathrm{Ker}f) = n - p = 0 \quad .$$

Ha *infinite soluzioni*, cioè è *indeterminato*, se

$$\dim(\mathrm{Ker}f) = n - p > 0 \quad .$$

Se risulta:

$$p < m \quad \Rightarrow \dim(\mathrm{Im}f) = p < m \quad \Rightarrow \mathrm{Im}f \subset \mathbb{R}^m \quad ,$$

in quest'ultimo caso, $\underline{b} \in \mathrm{Im}f$, cioè il sistema è *compatibile*, se il *vettore* $\underline{b}$ può essere espresso come *combinazione lineare* dei *vettori* di una *base* di $\mathrm{Im}f$ cioè dei *vettori colonna* della *matrice* A che hanno permesso di dire che il *rango* di A è p.

Nel caso in cui il *sistema* sia *compatibile*, la *dimensione* di $\mathrm{Ker}f$ ci dice se è *determinato* o *indeterminato.*

Rispondiamo ora alla *domanda* 1!

4.15 Isomorfismo tra gli spazi $\mathcal{L}(V,W)$ e $\mathbb{R}^{m,n}$

Tenendo presente la *riflessione* 2 del *paragrafo* 4.12, possiamo trarre una *prima conclusione* che è questa:

- una volta fissate le *basi* B_V e B_W rispettivamente in V e W, c'è una *corrispondenza biunivoca* tra lo *spazio vettoriale* $\mathcal{L}(V,W)$ e lo *spazio vettoriale* $\mathbb{R}^{m,n}$.

Possiamo dire qualcosa di più?

Osserviamo che:

1. Data una *applicazione lineare*

$$f : V \longrightarrow W$$

se A è la *matrice* ad essa *associata* rispetto alle basi B_V e B_W, allora cA è la *matrice associata*, rispetto alle *stesse basi*, alla *applicazione lineare*

$$p : V \longrightarrow W$$

dove

$$p(\underline{v}) = cf(\underline{v})$$

essendo $\underline{v}$ il *generico vettore* di V e c un *numero reale arbitrario.*

2. Date le *applicazioni lineari*

$$f : V \longrightarrow W \quad \text{e} \quad g : V \longrightarrow W$$

se A e B sono le *matrici* ad esse *associate* rispetto alle *basi* B_V e B_W allora

$A + B$ è la *matrice associata*, rispetto alle *stesse basi*, alla *applicazione lineare*

$$s : V \longrightarrow W$$

dove

$$s(\underline{v}) = f(\underline{v}) + g(\underline{v})$$

essendo $\underline{v}$ il *generico vettore* di V.

Le *osservazioni* 1. e 2. ci permettono di concludere:

- Gli *spazi vettoriali* $\mathcal{L}(V, W)$ e $\mathbb{R}^{m,n}$ sono *isomorfi* e pertanto hanno la *stessa dimensione* $m \times n$.

Rispondiamo alla *domanda* 2!

4.16 Relazione tra matrici simili

Nel *paragrafo* 4.11 abbiamo visto come, data una *applicazione lineare*

$$f : V \longrightarrow W$$

e fissate in V e W rispettivamente le *basi* B_V e B_W, ad essa resta associata la “formula”:

$$Y = AX \tag{4.21}$$

Se in V e W fissiamo *altre basi* B'_V e B'_W, alla *stessa applicazione lineare* resta associata una “formula” analoga:

$$Y' = A'X' \tag{4.28}$$

dove X', Y' e A' sono *matrici* che hanno lo stesso significato delle *matrici* X, Y e A.

Se teniamo presente che:

a)

$$Y = QY' \qquad ^{8} \tag{4.29}$$

dove Q è la *matrice di passaggio* dalla *base* B_W alla base B'_W di $\mathbb{R}^m$

b)

$$X = PX' \tag{4.30}$$

dove P è la *matrice di passaggio* dalla *base* B_V alla base B'_V di $\mathbb{R}^n$

e sostituiamo la (4.29) e la (4.30) nella (4.21), quest'ultima si trasforma in:

$$QY' = A(PX')$$

che, per quanto sappiamo sulla *moltiplicazione tra matrici*, può anche essere scritta così:

$$QY' = APX' \tag{4.31}$$

Moltiplicando a sinistra ambo i membri della (4.31) per Q^{-1}, otteniamo

$$Q^{-1}(QY') = Q^{-1}(APX') \quad . \tag{4.32}$$

Per il fatto che

$$Q^{-1}(QY') = (Q^{-1}Q)Y' = IY' = Y'$$

(dove I è la *matrice identità di ordine* m) e

$$Q^{-1}(APX') = (Q^{-1}AP)X' \qquad ,$$

la (4.32) può essere scritta così:

$$Y' = (Q^{-1}AP)X' \tag{4.33}$$

[8] Q è una matrice mxm le cui colonne sono costituite dalle coordinate dei vettori della base B'_W rispetto alla base B_W.

Confrontando la (4.33) con la (4.28), otteniamo la *relazione tra le matrici* A e A', della quale cercavamo l'esistenza:

$$A' = Q^{-1}AP \tag{4.34}$$

In particolare se l'*applicazione lineare* è un *endomorfismo*

$$f : V \longrightarrow V \quad ,$$

essendo il *dominio* e l'*insieme d'arrivo* lo *stesso spazio vettoriale*, per rappresentare la sua *legge d'associazione* f per mezzo di una *matrice*, basta fissare una sola *base* B_V in V.

In questo caso le *quattro basi* B_V, B'_V, B_W e B'_W, che abbiamo utilizzato per dedurre la (4.34), si riducono a *due*: B_V e B'_V e la (4.34) diventa:

$$A' = P^{-1}AP. \tag{4.35}$$

Le "formule" (4.34) e (4.35) sono la *risposta* alla *domanda* 2 che ci siamo posti nel paragrafo 4.13.

Prima di rispondere alla *domanda* 3 del paragrafo 4.13, vogliamo dare un *teorema* circa i determinanti delle *matrici simili* che rappresentano appunto la *legge d'associazione* f di un *endomorfismo*.

Teorema 4.4 *Dato un* endomorfismo $f : V \to V$, *sia* $\dim V = n$. *Tutte le* matrici *(simili) che ne rappresentano la* legge d'associazione f, *hanno lo stesso* determinante.

Dimostrazione

Dalla (4.35), per il *teorema di Binet* e per il fatto che $\det P^{-1} = \frac{1}{\det P}$, segue che:

$$\begin{aligned} \det A' &= \det(P^{-1}AP) = \det P^{-1} \cdot \det A \cdot \det P = \\ &= \frac{1}{\cancel{\det P}} \cdot \det A \cdot \cancel{\det P} = \det A \end{aligned}$$

c.v.d.

Poiché il *determinante* non dipende dalla *matrice* che rappresenta la *legge d'associazione* f ma esclusivamente dell'*endomorfismo*, si chiama *determinante dell'endomorfismo* e si denota con il *simbolo* $\det f$.

Risulta:

- $\det f = 0$, se l'*endomorfismo non è invertibile* perché le *matrici* (simili) che ne rappresentano la *legge d'associazione* f hanno *rango* $\rho(A) < n$ (dimensione di V).

- $\det f \neq 0$, se l'*endomorfismo è invertibile*, se cioè è un *automorfismo*.

Per terminare, rispondiamo alla *domanda* 3 fatta nel paragrafo 4.13.

4.17 Autovalori ed autovettori di un endomorfismo

Dato un *endomorfismo*

$$f : V \longrightarrow V$$

vogliamo vedere se è possibile trovare una *base* B_V di V tale che la *matrice* A, che rappresenta la sua *legge d'associazione* f rispetto ad essa, sia la più "semplice possibile", cioè la più "popolata di zeri".

La più semplice delle matrici è la *matrice diagonale* e pertanto la *domanda* che ci siamo posti può essere riformulata così:

- Dato un endomorfismo

  $$f : V \longrightarrow V \qquad ,$$

  tra le *matrici simili* che ne rappresentano la *legge di associazione*, c'é qualche *matrice diagonale*?

Affinché una tale *matrice* esista, deve esistere in V una *base* $B_V = (\underline{v}_1, \underline{v}_2, \ldots, \underline{v}_n)$ tale che i *vettori immagine*

$$f(\underline{v}_1), f(\underline{v}_2), \ldots f(\underline{v}_n)$$

siano del tipo

$$\begin{array}{rcl} f(\underline{v}_1) & = & \lambda_1 \underline{v}_1 \\ f(\underline{v}_2) & = & \lambda_2 \underline{v}_2 \\ \ldots\ldots & = & \ldots\ldots \\ f(\underline{v}_n) & = & \lambda_n \underline{v}_n \end{array}$$

dove:

$$\lambda_1, \lambda_2, \dots, \lambda_n \quad \text{sono numeri di } \mathbb{R}.$$

Infatti, tenendo presente che le *colonne* della matrice A sono costituite rispettivamente dalle *coordinate* di $f(\underline{v}_1), f(\underline{v}_2), \dots f(\underline{v}_n)$ rispetto alla base B_V fissata, essendo queste ultime:

$$(\lambda_1, 0, 0, \dots, 0)$$
$$(0, \lambda_2, 0, \dots, 0)$$
$$\dots\dots\dots\dots$$
$$(0, 0, 0, \dots, \lambda_n)$$

la *matrice* A è:

$$A = \begin{pmatrix} \lambda_1 & 0 & 0 & \dots & 0 \\ 0 & \lambda_2 & 0 & \dots & 0 \\ \vdots & \vdots & \vdots & \ddots & \vdots \\ 0 & 0 & 0 & \dots & \lambda_n \end{pmatrix}.$$

Per vedere se una *base* di tale tipo esiste, prendiamo in considerazione l'*equazione*:

$$f(\underline{v}) = \lambda \underline{v} \quad \text{dove } \lambda \text{ è un } \textit{parametro} \text{ reale} \tag{4.36}$$

e vediamo se esistono *valori del parametro* λ tali che la (4.36), oltre al *vettore nullo* $\underline{0}_V$, abbia altri *vettori soluzione.*

Se valori di λ di questo tipo *esistono*, si chiamano *autovalori dell'endomorfismo.*

Se λ^* è un *autovalore*, ogni *vettore soluzione* dell'equazione

$$f(\underline{v}) = \lambda^* \underline{v}$$

distinto dal *vettore nullo* $\underline{0}_V$, si chiama *autovettore relativo all'autovalore* λ^*.

Supponendo che un *endomorfismo* sia dotato di *autovalori*, andiamo a vedere:

1. che *proprietà* hanno gli *autovettori* relativi ad uno *stesso autovalore*;

2. che *relazione* c'è tra gli *autovettori* relativi ad *autovalori distinti.*

4.18 Definizione di autospazio e relazione tra autovettori appartenenti ad autospazi distinti

Circa le *proprietà* di cui godono gli *autovettori relativi ad uno stesso autovalore* λ^* di un endomorfismo

$$f : V \longrightarrow V$$

osserviamo che:

1. se λ^* è un *autovalore* dell'*endomorfismo* e $\underline{v}_1$, $\underline{v}_2$ sono due *autovettori* ad esso *relativi*, il *vettore* $\underline{v}_1 + \underline{v}_2$ è anche esso un *autovettore relativo* a λ^*.

   Abbiamo infatti

   $$f(\underline{v}_1 + \underline{v}_2) = f(\underline{v}_1) + f(\underline{v}_2) = \lambda^*\underline{v}_1 + \lambda^*\underline{v}_2 = \lambda^*(\underline{v}_1 + \underline{v}_2)$$

2. se λ^* è un *autovalore* dell'*endomorfismo* e $\underline{v}^*$ è un *autovettore* ad esso *relativo*, il vettore $\alpha\underline{v}^*$ con $(\alpha \neq 0)$ è anche esso un *autovettore relativo* a λ^*.

   Abbiamo infatti

   $$f(\alpha\underline{v}^*) = \alpha f(\underline{v}^*) = \alpha(\lambda^*\underline{v}^*) = (\alpha\lambda^*)\underline{v}^* = \lambda^*(\alpha\underline{v}^*)$$

Le *osservazioni* 1. e 2. ci permettono di concludere che il *sottoinsieme* di V costituito dagli *autovettori relativi ad uno stesso autovalore* λ^* più il *vettore nullo* $\underline{0}_V$ di V è un *sottospazio* di V che prende il nome di *autospazio relativo all'autovalore* λ^* e si denota con il simbolo V_{λ^*}.
Circa la *dimensione* di V_{λ^*}, per ora l'unica cosa che possiamo dire è che:

$$0 < \dim V_{\lambda^*} \leq \dim V \tag{4.37}$$

Per quanto riguarda la *relazione* che c'è tra *autovettori relativi* ad *autovalori distinti*, abbiamo il seguente *teorema*:

Teorema 4.5 *Se* $\underline{v}_1$, $\underline{v}_2$, ..., $\underline{v}_k$ *sono* k autovettori relativi *a* k autovalori distinti λ_1, λ_2, ..., λ_k, *allora*

$\underline{v}_1$, $\underline{v}_2$, ..., $\underline{v}_k$ *sono* vettori linearmente indipendenti.

Dimostrazione

Il *teorema* si dimostra per *induzione.*
Se è $k = 1$, *l'affermazione è vera* perché $\underline{v}_1 \neq \underline{0}_V$.
Se è $k > 1$, supponendo che gli *autovettori* $\underline{v}_1$, $\underline{v}_2$, ..., $\underline{v}_{k-1}$ siano *linearmente indipendenti*, dimostriamo che lo sono pure $\underline{v}_1$, $\underline{v}_2$, ..., $\underline{v}_{k-1}$, $\underline{v}_k$.

Ragioniamo *per assurdo*!

Se $\underline{v}_1$, $\underline{v}_2$, ..., $\underline{v}_{k-1}$, $\underline{v}_k$ fossero *linearmente dipendenti*, potremmo esprimere $\underline{v}_k$ come *combinazione lineare* di $\underline{v}_1$, $\underline{v}_2$, ..., $\underline{v}_{k-1}$ e scrivere

$$\underline{v}_k = \alpha_1\underline{v}_1 + \alpha_2\underline{v}_2 + \cdots + \alpha_{k-1}\underline{v}_{k-1}. \tag{4.38}$$

Dalla (4.38) seguirebbe:

$$f(\underline{v}_k) = \alpha_1 f(\underline{v}_1) + \alpha_2 f(\underline{v}_2) + \cdots + \alpha_{k-1} f(\underline{v}_{k-1}). \tag{4.39}$$

Siccome $\underline{v}_1$, $\underline{v}_2$, ..., $\underline{v}_{k-1}$, $\underline{v}_k$ sono *autovettori relativi agli autovalori* λ_1, λ_2, ..., λ_{k-1}, λ_k, la (4.39) puó essere scritta così:

$$\lambda_k\underline{v}_k = \alpha_1(\lambda_1\underline{v}_1) + \alpha_2(\lambda_2\underline{v}_2) + \cdots + \alpha_{k-1}(\lambda_{k-1}\underline{v}_{k-1}). \tag{4.40}$$

Tenendo conto della *rappresentazione* (4.38) di $\underline{v}_k$, la (4.40) si trasforma in

$$\lambda_k(\alpha_1\underline{v}_1+\alpha_2\underline{v}_2+\cdots+\alpha_{k-1}\underline{v}_{k-1}) = \alpha_1(\lambda_1\underline{v}_1)+\alpha_2(\lambda_2\underline{v}_2)+\cdots+\alpha_{k-1}(\lambda_{k-1}\underline{v}_{k-1})$$

che può essere scritta così:

$$\alpha_1(\lambda_k - \lambda_1)\underline{v}_1 + \alpha_2(\lambda_k - \lambda_2)\underline{v}_2 + \cdots \alpha_{k-1}(\lambda_k - \lambda_{k-1})\underline{v}_{k-1} = \underline{0}_V. \tag{4.41}$$

Siccome *per ipotesi*, gli *autovettori* $\underline{v}_1$, $\underline{v}_2$, ..., $\underline{v}_{k-1}$ sono *linearmente indipendenti* e gli *autovalori* λ_1, λ_2, ..., λ_{k-1}, λ_k sono *distinti*, la (4.41) è verificata solo per:

$$\alpha_1 = \alpha_2 = \ldots = \alpha_{k-1} = 0$$

e pertanto, per la (4.38), il *vettore* $\underline{v}_k$ risulterebbe *nullo*, contrariamente all'*ipotesi* che $\underline{v}_k$ è un *autovettore.*

Conclusione:

- gli *autovettori relativi* ad *autovalori distinti* sono *linearmente indipendenti.*

c.v.d.

Da tale *teorema* segue:

- Dato un endomorfismo $f : V \longrightarrow V$, se V ha *dimensione* n e l'*endomorfismo* ha n *autovalori distinti*:
$$\lambda_1, \lambda_2, \ldots, \lambda_n$$
allora detti
$$V_{\lambda_1}, V_{\lambda_2}, \ldots, V_{\lambda_n}$$
i corrispondenti *autospazi*, indipendentemente da quali siamo gli *autovettori* $\underline{v}_1 \in V_{\lambda_1}, \underline{v}_2 \in V_{\lambda_2}, \ldots, \underline{v}_n \in V_{\lambda_n}$ che si scelgono, $\underline{v}_1, \underline{v}_2, \ldots, \underline{v}_n$ sono *linearmente indipendenti* e di conseguenza la n*−pla ordinata* $(\underline{v}_1, \underline{v}_2, \ldots, \underline{v}_n)$ è una *base* B_V di V costituita da *autovettori* e la *matrice*, che rappresenta la *legge d'associazione* f dell'*endomorfismo* rispetto a tale *base*, è
$$\begin{pmatrix} \lambda_1 & 0 & \ldots & 0 \\ 0 & \lambda_2 & \ldots & 0 \\ \vdots & \vdots & \ddots & \vdots \\ 0 & 0 & \ldots & \lambda_n \end{pmatrix} \quad ;$$
gli *autovalori* sono gli *elementi* della sua *diagonale principale.*

  In questo caso, tra le *matrici simili*, che rappresentano la *legge d'associazione* f dell'*endomorfismo*, ve ne è una *diagonale.*

Sorge ora naturale la *domanda*:

- se l'*endomorfismo non ha n autovalori distinti*, non è possibile rappresentare la *sua legge d'associazione* f per mezzo di una *matrice diagonale*?

Risponderemo a tale domanda dopo aver imparato a *calcolare* gli *autovalori* di un *endomorfismo* (che li ha) ed a trovare i *corrispondenti autospazi.*

4.19 Come si calcolano gli autovalori e si trovano gli autospazi di un endomorfismo

Affrontiamo ora il problema del *calcolo degli autovalori* e della *ricerca degli autovettori* di un *endomorfismo assegnato*:

$$f : V \longrightarrow V \quad .$$

Consideriamo l'equazione (4.36):

$$f(\underline{v}) = \lambda\underline{v} \tag{4.36}$$

e scriviamola nella forma

$$f(\underline{v}) - \lambda\underline{v} = \underline{0}_V$$

o, meglio ancora, così:

$$f(\underline{v}) - \lambda i(\underline{v}) = \underline{0}_V \quad {}^{9} \tag{4.42}$$

Risolvere la (4.42) significa trovare il *nucleo* dell'*endomorfismo*

$$S_\lambda : V \longrightarrow V \tag{4.43}$$

la cui *legge d'associazione* S_λ è:

$$\underline{v} \longrightarrow S_\lambda(\underline{v}) = f(\underline{v}) - \lambda i(\underline{v}) \quad , \quad \text{essendo } \lambda \in \mathbb{R} \quad .$$

L'*endomorfismo* (4.43) è la *somma di due endomorfismi*:

$$f : V \longrightarrow V (\text{endomorfismo assegnato}) \tag{4.44}$$

e

$$-\lambda i : V \longrightarrow V. \tag{4.45}$$

Se fissiamo in V una *base* B_V, la *legge d'associazione* f dell'*endomorfismo* (4.44) è rappresentata da una *matrice*:

$$A = \begin{pmatrix} a_{11} & a_{12} & \dots & a_{1n} \\ a_{21} & a_{22} & \dots & a_{2n} \\ \vdots & \vdots & \ddots & \vdots \\ a_{n1} & a_{n2} & \dots & a_{nn} \end{pmatrix} \tag{4.46}$$

---

[9] $i(\underline{v})$ è l'*immagine* del *vettore* $\underline{v} \in V$ secondo l'*endomorfismo identico* introdotto nel paragrafo 4.3.

che dipende dalla *base* B_V *scelta* in V, mentre la *legge d'associazione* $-\lambda i$ dell'*endomorfismo* (4.45), dalla *matrice*

$$-\lambda I = \begin{pmatrix} -\lambda & 0 & \dots & 0 \\ 0 & -\lambda & \dots & 0 \\ \vdots & \vdots & \ddots & \vdots \\ 0 & 0 & \dots & -\lambda \end{pmatrix} \quad , I \text{ denota la } \textit{matrice identità} \qquad (4.47)$$

che *non dipende* dalla *base* B_V scelta [10].
Infine, per quanto abbiamo detto nel *paragrafo* 4.15, la *legge d'associazione* dell'*endomorfismo* (4.43) è rappresentata, rispetto alla *base* B_V, dalla *matrice* $A + (-\lambda I) = A - \lambda I$, che è *somma* delle *matrici* (4.46) e (4.47):

$$A - \lambda I = \begin{pmatrix} a_{11} - \lambda & a_{12} & \dots & a_{1n} \\ a_{21} & a_{22} - \lambda & \dots & a_{2n} \\ \vdots & \vdots & \ddots & \vdots \\ a_{n1} & a_{n2} & \dots & a_{nn} - \lambda \end{pmatrix}.$$

Ricordando quanto abbiamo detto nel *paragrafo* 4.13 circa lo studio delle *applicazioni lineari*, possiamo affermare che gli *autovalori* dell'*endomorfismo* assegnato, sono i *valori reali* del *parametro* λ che danno luogo ad *endomorfismi* (4.43) i cui *nuclei* $\mathrm{Ker}S_\lambda$ non sono costituiti solamente dal *vettore nullo* $\underline{0}_V$ di V, ma sono *sottospazi* di V di *dimensione maggiore* di *zero*:

$$\dim(\mathrm{Ker}S_\lambda) > 0 \quad . \qquad (4.48)$$

Per la *proprietà* 6 delle *applicazioni lineari* (*paragrafo* 4.4), si ha:

$$\dim(\mathrm{Ker}S_\lambda) = \dim V - \dim(\mathrm{Im}S_\lambda) \, .$$

---

[10] Gli *unici endomorfismi* $f : V \to V$ la cui *legge d'associazione* f è rappresentata da una *matrice* che *non dipende* dalla *base* B_V scelta in V sono:
- l'endomorfismo identicamente nullo; la sua legge d'associazione è: $f(\underline{v}) = \underline{0}_V, \forall \underline{v} \in V$
- l'endomorfismo identico; la sua legge d'associazione è: $f(\underline{v}) = \underline{v}$, $\forall \underline{v} \in V$
- ogni endomorfismo la cui legge d'associazione è: $f(\underline{v}) = \lambda \underline{v}$, $\forall \underline{v} \in V$ con λ reale arbitrario.

Essendo $\dim V = n$ e $\dim(\text{Im}S_\lambda) = p$, tale uguaglianza può essere scritta così:

$$\dim(\text{Ker}S_\lambda) = n - p \quad . \tag{4.49}$$

Dalla (4.49) segue che la (4.48) è verificata *se e solo se* risulta:

$$p < n \quad .$$

Siccome, per la *riflessione* 4. fatta nel *paragrafo* 4.12, è:

$$p = \rho(A - \lambda I) \qquad (\textit{rango} \text{ della } \textit{matrice } A - \lambda I),$$

concludiamo che il *rango* $\rho(A-\lambda I)$ della *matrice* $A-\lambda I$, che rappresenta la *legge d'associazione* S_λ dell'*endomorfismo* (4.43) rispetto alla *base* B_V fissata, deve risultare minore di n:

$$\rho(A - \lambda I) < n \quad .$$

Poiché la *matrice* $A - \lambda I$ è una *matrice quadrata* di *ordine* n, ciò accade se risulta:

$$\det(A - \lambda I) = 0 \tag{4.50}$$

Il primo membro della (4.50) è un *polinomio a coefficienti reali*, di *grado* n nella variabile λ.

A semplice vista tale *polinomio* sembra dipendere dalla *matrice* A, che a sua volta dipende dalla *base* B_V scelta in V e pertanto viene il sospetto che gli *autovalori*, che sono le *soluzioni* in $\mathbb{R}$ dell'*equazione* (4.50)[11], dipendano dalla *base* B_V fissata.

Se così fosse, il *metodo* che stiamo costruendo per il *calcolo degli autovalori* non sarebbe valido perché gli *autovalori* di un *endomorfismo* debbono dipendere unicamente dall'*endomorfismo* e non dalla *base* scelta per rappresentarne la *legge d'associazione.*

---

[11]L'*equazione* (4.50) è un'*equazione algebrica* di *grado* $n \geq 1$ nella *variabile* λ.

Il *teorema fondamentale dell'algebra* afferma che ogni *equazione algebrica* di *grado* $n \geq 1$ ammette almeno una soluzione in $\mathbb{C}$ (insieme dei numeri complessi).

Come conseguenza di tale *teorema*, l'*equazione* ammette n *soluzioni* in $\mathbb{C}$ se si fa la convenzione di contare *ogni soluzione* tante volte quant'è il suo *ordine di molteplicità*.

Si dice che una *soluzione* α ha *ordine di molteplicità* ν quando il *polinomio*, che costituisce il primo membro di essa, è *divisibile* per $(\lambda - \alpha)^\nu$ ma non per $(\lambda - \alpha)^{(\nu+1)}$.

Poiché è $\mathbb{R} \subset \mathbb{C}$, le *soluzioni reali* dell'*equazione* sono quelle che appartengono a $\mathbb{R}$, *complesse*, quelle che appartengono a $\mathbb{C} - \mathbb{R}$.

Andiamo a vedere che succede!

Se in V fissiamo un'altra *base* B'_V, la *legge d'associazione* S_λ dell'*endomorfismo* (4.43) viene rappresentata da una matrice $A' - \lambda I$ *simile* alla matrice $A - \lambda I$.

Per la (4.35), le due *matrici* $A' - \lambda I$ e $A - \lambda I$ sono così relazionate:

$$A' - \lambda I = P^{-1}(A - \lambda I)P \tag{4.51}$$

ove P è la *matrice di passaggio* dalla *base* B_V alla *base* B'_V e P^{-1} la sua *matrice inversa*.

Tenendo presente:

a) che $\det P^{-1} = \frac{1}{\det P}$

b) il teorema di Binet,

dalla (4.51) segue

$$\begin{aligned} \det(A' - \lambda I) &= \det(P^{-1}(A - \lambda I)P) = \det P^{-1} \cdot \det(A - \lambda I) \cdot \det P = \\ &= \frac{1}{\cancel{\det P}} \cdot \det(A - \lambda I) \cdot \cancel{\det P} = \det(A - \lambda I) \quad . \end{aligned}$$

Conclusione:

- Il *polinomio* $\det(A - \lambda I)$ *non dipende* dalla *base* scelta per rappresentare la *legge d'associazione* f dell'*endomorfismo* e pertanto le *soluzioni* reali dell'*equazione* (4.50) sono gli *autovalori* cercati.

  Il *polinomio* $\det(A - \lambda I)$ prende il nome di *polinomio caratteristico dell'endomorfismo* e l'equazione (4.50) *equazione caratteristica dell'endomorfismo.*

Da quanto abbiamo detto segue un *metodo* per il *calcolo degli autovalori* e la *ricerca* degli *autospazi* corrispondenti.

Il metodo è questo:

1. si fissa una *base* B_V nello *spazio vettoriale* V (dominio e insieme d'arrivo dell'endomorfismo).

2. si costruisce la *matrice*

$$A = \begin{pmatrix} a_{11} & a_{12} & \dots & a_{1n} \\ a_{21} & a_{22} & \dots & a_{2n} \\ \vdots & \vdots & \ddots & \vdots \\ a_{n1} & a_{n2} & \dots & a_{nn} \end{pmatrix}$$

che rappresenta la *legge d'associazione* f dell'*endomorfismo* rispetto alla *base scelta* in 1.

3. si risolve l'*equazione*:

$$\det(A - \lambda I) = \det \begin{pmatrix} a_{11} - \lambda & a_{12} & \dots & a_{1n} \\ a_{21} & a_{22} - \lambda & \dots & a_{2n} \\ \vdots & \vdots & \ddots & \vdots \\ a_{n1} & a_{n2} & \dots & a_{nn} - \lambda \end{pmatrix} = 0 \qquad ;$$

le sue *soluzioni* in $\mathbb{R}$ sono gli *autovalori* cercati.

4. se λ^* è un *autovalore* dell'*endomorfismo*, per trovare l'*autospazio* corrispondente V_{λ^*}, si risolve il *sistema lineare ed omogeneo*:

$$\begin{pmatrix} a_{11} - \lambda^* & a_{12} & \dots & a_{1n} \\ a_{21} & a_{22} - \lambda^* & \dots & a_{2n} \\ \vdots & \vdots & \ddots & \vdots \\ a_{n1} & a_{n2} & \dots & a_{nn} - \lambda^* \end{pmatrix} \begin{pmatrix} x_1 \\ x_2 \\ \dots \\ x_n \end{pmatrix} = \begin{pmatrix} 0 \\ 0 \\ \dots \\ 0 \end{pmatrix}$$

Le *soluzioni* di tale *sistema* sono le *coordinate*, nella base B_V fissata, degli *autovettori* che costituiscono l'*autospazio* V_{λ^*}.

Ora che abbiamo imparato a calcolare gli *autovalori* di un *endomorfismo* e a determinare gli *autospazi corrispondenti*, vediamo quando la *legge d'associazione* f di un *endomorfismo* può essere rappresentata per mezzo di una *matrice diagonale* o, come si dice anche, quando un *endomorfismo* è *diagonalizzabile*.

4.20 Quando un endomorfismo è diagonalizzabile

Nel *paragrafo* 4.18 siamo arrivati alla conclusione che sono *diagonalizzabili* gli *endomorfismi* che hanno *n autovalori distinti* e ci siamo chiesti se ci sono altri *endomorfismi*, oltre a questi, che sono *diagonalizzabili*.

Bene, tenendo presente che gli *autovalori* sono le *soluzioni reali* dell'*equazione* (4.50), dal seguente *teorema* dipende la risposta.

Teorema 4.6 *Dato un* endomorfismo

$$f : V \longrightarrow V$$

se λ_0 *è un* autovalore *il cui* ordine di molteplicità, *come* soluzione *dell'*equazione

$$\det(A - \lambda I) = 0 \quad ,$$

è

$$\nu > 1$$

allora la dimensione *dell'*autospazio V_{λ_0} *corrispondente è*

$$1 \leq \dim V_{\lambda_0} \leq \nu$$

Di tale teorema non diamo la dimostrazione; l'unica cosa che vogliamo porre in risalto è che da esso segue una *condizione necessaria e sufficiente* affinché un *endomorfismo* sia *diagonalizzabile*:

- *Condizione necessaria e sufficiente* affinché un *endomorfismo* $f : V \to V$ sia *diagonalizzabile* è che la *somma* delle *dimensioni* degli *autospazi*, relativi ai suoi *autovalori*, sia *uguale* alla *dimensione* n dello spazio V; se lo è, una *base* di *autovettori* si costruisce prendendo da ogni *autospazio* un numero di *autovettori* linearmente indipendenti, uguale alla *dimensione* dell'*autospazio* stesso e costruendo poi, con gli *autovettori* presi, una $n-$*pla ordinata* di *autovettori*; quest'ultima è una *base* B_V di V di cui si cercava l'esistenza.

Da tale condizione (necessaria e sufficiente) di diagonalizzabilità di un endomorfismo segue:

1. la conferma di quanto abbiamo asserito alla fine del *paragrafo* 4.18 circa la *diagonalizzabilità* degli *endomorfismi* aventi n *autovalori distinti.*

2. che la *non diagonalizzabilità* di un *endomorfismo* si può avere per due ragioni:

   – o perché l'*equazione caratteristica* dell'*endomorfismo*
   $$\det(A - \lambda I) = 0$$
   non ha tutte le *soluzioni* in $\mathbb{R}$.

   – o perché l'*equazione caratteristica*, pur avendo tutte le *soluzioni* in $\mathbb{R}$, ha qualche *soluzione* λ_0 (autovalore dell'endomorfismo) di *ordine di molteplicità* $\nu > 1$ il cui corrispondente *autospazio* V_{λ_0} ha *dimensione minore* di ν:
   $$1 \leq \dim V_{\lambda_0} < \nu \quad .$$

Con questo abbiamo terminato con gli *endomorfismi* $f : V \to V$; nel libro "Esercizi di Algebra lineare" di Mario Vallorani e Mariano Pierantozzi, edito da Amazon, lo Studente troverà molti esempi per cui siamo convinti che i concetti esposti verranno "metabolizzati".

* * *

Occupiamoci ora delle *applicazioni lineari* aventi per *dominio* e per *insieme d'arrivo*, *spazi vettoriali euclidei* E_1 ed E_2 di *dimensione finita* rispettivamente n ed m e vediamo se tra essi vi sono degli *endomorfismi*: $E_1 = E_2 = E$ *diagonalizzabili* con *basi ortonormali.*

Per gli *endomorfismi*
$$f : E \longrightarrow E \tag{4.52}$$
la *condizione di diagonalizzazione* rimane quella dianzi esposta come pure il *metodo* per trovare la *matrice diagonale*, che ne rappresenta la *legge di associazione* f, ed una *base di autovettori* corrispondente.

Se un *endomorfismo* del tipo (4.52) è *diagonalizzabile*, non è detto però che si possa costruire una *base* di E, costituita da *autovettori*, la quale sia *ortonormale.*

La ragione è questa:

– la *base* di ogni *autospazio* si può scegliere *ortonormale* però, quando si riuniscono i *vettori* di *tutte* le *basi* degli *autospazi* per ottenere una *base di autovettori* di E, non è detto che gli *autovettori* di quest'ultima, appartenenti ad *autospazi distinti*, siano tra loro *ortogonali*. Lo sono, *se e solo se* gli *autospazi* sono *a due a due ortogonali*.

Poiché le *basi ortonormali* di uno *spazio vettoriale euclideo* E sono le "più comode" da usare, ci poniamo il problema di individuare una *classe di endomorfismi* del tipo (4.52) che siano *diagonalizzabili* e che la *base* (di autovettori) nella quale si ha la *diagonalizzazione*, sia una *base ortonormale*.

Per fare ciò partiamo da lontano!

4.21 L'applicazione aggiunta di una applicazione lineare

Finora abbiamo studiato le *applicazioni lineari* aventi per *dominio* ed *insieme d'arrivo* due *spazi vettoriali* V e W di *dimensione* rispettivamente n ed m.

Vogliamo ora prendere in considerazione le *applicazioni lineari* aventi per *dominio* ed *insieme d'arrivo* due *spazi vettoriali euclidei* E_1 ed E_2, ottenuti da V e W rispettivamente, con l'introduzione in ciascuno di essi di un'*operazione di prodotto scalare*:

$$E_1 = (V, \cdot) \qquad ; \qquad E_2 = (W, \cdot) \text{ [12]} \quad .$$

Per tali *applicazioni lineari*

$$f : E_1 \longrightarrow E_2$$

vogliamo indagare se esiste qualche *relazione* tra la *legge d'associazione* f e le *operazioni di prodotto scalare* che hanno reso *euclidei* gli *spazi vettoriali* V e W.

Tale indagine ha senso perché:

---

[12] Il $\cdot$ che compare in $E_1 = (V, \cdot)$ non denota la stessa *operazione* di *prodotto scalare* di quello che compare in $E_2 = (W, \cdot)$. Il $\cdot$ che compare in $E_1 = (V, \cdot)$ denota l'*operazione di prodotto scalare* definita in V, mentre quello che compare in $E_2 = (W, \cdot)$ l'*operazione di prodotto scalare* definita in W.

– La *legge d'associazione* f è legata alle *operazioni* che conferiscono ai *sostegni* degli *spazi vettoriali euclidei* E_1 ed E_2 la *struttura* di *spazio vettoriale* (vedere *paragrafo* 4.1).

– Le *operazioni di prodotto scalare* sono anche esse legate alle stesse *operazioni* dagli *assiomi* 3. e 4. (vedere *paragrafo* 3.21).

Prima di enunciare il *teorema* che è la conclusione delle indagini fatte, fissiamo le notazioni.

Dovendo nel seguito utilizzare contemporaneamente *due operazioni di prodotto scalare*:
- quella definita nello *spazio vettoriale euclideo* E_1 di *dimensione* n
- quella definita nello *spazio vettoriale euclideo* E_2 di *dimensione* m,
per non creare confusione, denoteremo:
- il *prodotto scalare* tra *due vettori* $\underline{v}_1$ e $\underline{v}_2$ di E_1 con $(\underline{v}_1 \cdot \underline{v}_2)_{E_1}$ anziché con $\underline{v}_1 \cdot \underline{v}_2$
- il *prodotto scalare* tra *due vettori* $\underline{w}_1$ e $\underline{w}_2$ di E_2 con $(\underline{w}_1 \cdot \underline{w}_2)_{E_2}$ anziché con $\underline{w}_1 \cdot \underline{w}_2$.

Ciò premesso, enunciamo finalmente il *teorema*!

Teorema 4.7 *Data un'*applicazione lineare

$$f : E_1 \longrightarrow E_2 \tag{4.53}$$

*esiste ed è unica un'*applicazione lineare

$$f^* : E_2 \longrightarrow E_1 \tag{4.54}$$

tale che:

$$\forall \underline{v} \in E_1 \ e \ \forall \underline{w} \in E_2 \Longrightarrow \big(\underline{v} \cdot f^*(\underline{w})\big)_{E_1} = \big(f(\underline{v}) \cdot \underline{w}\big)_{E_2}.^{13} \tag{4.55}$$

Dimostrazione

Supponiamo che la (4.54) *esista*, facciamo vedere che è unica!

Detto $\underline{w}$ il generico *vettore* di E_2 sia $f^*(\underline{w})$ il suo *vettore immagine*.

[13] La dimostrazione di questo *teorema* è stata presa dal libro "Geometria" di Marco Abate, edito dalla McGraw-Hill.

Poiché $f^*(\underline{w}) \in E_1$, se fissiamo in E_1 una *base ortonormale* $B_0 = (\underline{e}_1, \underline{e}_2, \dots \underline{e}_n)$, tale *vettore* può essere espresso in modo unico come *vettore combinazione lineare* dei *vettori* della *base* fissata:

$$f^*(\underline{w}) = \left(f^*(\underline{w})\cdot\underline{e}_1\right)_{E_1}\underline{e}_1 + \left(f^*(\underline{w})\cdot\underline{e}_2\right)_{E_1}\underline{e}_2 + \dots + \left(f^*(\underline{w})\cdot\underline{e}_n\right)_{E_1}\underline{e}_n. \quad (4.56)$$

Poiché $f^*(\underline{w})$ verifica la (4.55), ciascuna delle sue *coordinate*:

$$\left(f^*(\underline{w})\cdot\underline{e}_1\right)_{E_1}, \left(f^*(\underline{w})\cdot\underline{e}_2\right)_{E_1}, \dots, \left(f^*(\underline{w})\cdot\underline{e}_n\right)_{E_1}$$

può essere scritta così:

$$\begin{array}{rcl} \left(f^*(\underline{w})\cdot\underline{e}_1\right)_{E_1} & = & \left(\underline{w}\cdot f(\underline{e}_1)\right)_{E_2} \\ \left(f^*(\underline{w})\cdot\underline{e}_2\right)_{E_1} & = & \left(\underline{w}\cdot f(\underline{e}_2)\right)_{E_2} \\ \dots\dots & \dots & \dots\dots \\ \left(f^*(\underline{w})\cdot\underline{e}_n\right)_{E_1} & = & \left(\underline{w}\cdot f(\underline{e}_n)\right)_{E_2}. \end{array} \quad (4.57)$$

Tenendo conto delle (4.57), la (4.56) diviene:

$$f^*(\underline{w}) = \left(\underline{w}\cdot f(\underline{e}_1)\right)_{E_2}\underline{e}_1 + \left(\underline{w}\cdot f(\underline{e}_2)\right)_{E_2}\underline{e}_2 + \dots + \left(\underline{w}\cdot f(\underline{e}_n)\right)_{E_2}\underline{e}_n \quad . \quad (4.58)$$

La (4.58) ci dice che se l'*applicazione* (4.54) esiste, è *lineare* ed *unica.*

La *linearità* è evidente dalla (4.58); l'*unicità* segue dal fatto che ciascun *vettore* di uno *spazio vettoriale* di *dimensione finita*, fissata una *base* dello *spazio*, può essere rappresentato da una sola *combinazione lineare* dei *vettori* della *base* fissata.

Per provare l'*esistenza* della (4.54), basta far vedere che la (4.58) verifica la (4.55).

Eseguiamo la verifica!

$$\left(\underline{v}\cdot f^*(\underline{w})\right)_{E_1} = \left(\underline{v}\cdot\left(\left(\underline{w}\cdot f(\underline{e}_1)\right)_{E_2}\underline{e}_1 + \left(\underline{w}\cdot f(\underline{e}_2)\right)_{E_2}\underline{e}_2 + \dots + \left(\underline{w}\cdot f(\underline{e}_n)\right)_{E_2}\underline{e}_n\right)\right)_{E_1} =$$

poichè per l'*assioma* 1. (vedere *paragrafo* 3.21)

$$\left(\underline{w}\cdot f(\underline{e}_1)\right)_{E_2} = \left(f(\underline{e}_1)\cdot\underline{w}\right)_{E_2}; \dots; \left(\underline{w}\cdot f(\underline{e}_n)\right)_{E_2} = \left(f(\underline{e}_n)\cdot\underline{w}\right)_{E_2}$$

$$= \left(\underline{v}\cdot\left(\left(f(\underline{e}_1)\cdot\underline{w}\right)_{E_2}\underline{e}_1 + \left(f(\underline{e}_2)\cdot\underline{w}\right)_{E_2}\underline{e}_2 + \dots + \left(f(\underline{e}_n)\cdot\underline{w}\right)_{E_2}\underline{e}_n\right)\right)_{E_1} =$$

per l'*assioma* 4. (vedere *paragrafo* 3.21)

$$=\left(f(\underline{e}_1)\cdot\underline{w}\right)_{E_2}(\underline{v}\cdot\underline{e}_1)_{E_1}+\left(f(\underline{e}_2)\cdot\underline{w}\right)_{E_2}(\underline{v}\cdot\underline{e}_2)_{E_1}+\cdot+\left(f(\underline{e}_n)\cdot\underline{w}\right)_{E_2}(\underline{v}\cdot\underline{e}_n)_{E_1}=$$
$$=(\underline{v}\cdot\underline{e}_1)_{E_1}\left(f(\underline{e}_1)\cdot\underline{w}\right)_{E_2}+(\underline{v}\cdot\underline{e}_2)_{E_1}\left(f(\underline{e}_2)\cdot\underline{w}\right)_{E_2}+\cdot+(\underline{v}\cdot\underline{e}_n)_{E_1}\left(f(\underline{e}_n)\cdot\underline{w}\right)_{E_2}=$$

sempre per l'*assioma* 4.

$$=\left(\left((\underline{v}\cdot\underline{e}_1)_{E_1}f(\underline{e}_1)\right)\cdot\underline{w}\right)_{E_2}+\left(\left((\underline{v}\cdot\underline{e}_2)_{E_1}f(\underline{e}_2)\right)\cdot\underline{w}\right)_{E_2}+\cdot+\left(\left((\underline{v}\cdot\underline{e}_n)_{E_1}f(\underline{e}_n)\right)\cdot\underline{w}\right)_{E_2}=$$

per l'*assioma* 3. del *paragrafo* 3.21

$$=\left(\left((\underline{v}\cdot\underline{e}_1)_{E_1}\ f(\underline{e}_1)+(\underline{v}\cdot\underline{e}_2)_{E_1}\ f(\underline{e}_2)+\cdots+(\underline{v}\cdot\underline{e}_n)_{E_1}\ f(\underline{e}_n)\right)\cdot\underline{w}\right)_{E_2}=$$

per la *condizione* 1. del *paragrafo* 4.1

$$=\left(f\left((\underline{v}\cdot\underline{e}_1)_{E_1}\ \underline{e}_1+(\underline{v}\cdot\underline{e}_2)_{E_1}\ \underline{e}_2+\cdots+(\underline{v}\cdot\underline{e}_n)_{E_1}\ \underline{e}_n\right)\cdot\underline{w}\right)_{E_2}=$$

poiché $(\underline{v}\cdot\underline{e}_1)_{E_1}\ \underline{e}_1+(\underline{v}\cdot\underline{e}_2)_{E_1}\ \underline{e}_2+\cdots+(\underline{v}\cdot\underline{e}_n)_{E_1}\ \underline{e}_n=\underline{v}$,

$$=\left(f(\underline{v})\cdot\underline{w}\right)_{E_2}.$$

c.v.d.

L'applicazione (4.54), di cui il *teorema* 4.7 assicura l'*esistenza* ed *unicità*, prende il nome di *applicazione aggiunta dell'applicazione* (4.53) mentre la *relazione* (4.55) è detta *formula di aggiunzione* ed è appunto la *relazione* tra i *prodotti scalari* di E_1, di E_2 e la *legge di associazione* f dell'*applicazione lineare* (4.53) di cui all'inizio del *paragrafo* cercavamo l'esistenza.

Traduciamola in *termini di matrici* !

4.22 Formula di aggiunzione in termini di matrici

Se fissiamo una *base* B_1 in E_1 ed una *base* B_2 in E_2 nascono *quattro matrici*:

- la *matrice di Gram* $\mathcal{G}_1$ relativa alla *base* B_1 di E_1
- la *matrice di Gram* $\mathcal{G}_2$ relativa alla *base* B_2 di E_2
- la *matrice* A che rappresenta la *legge d'associazione* f, relativa alla *coppia di basi* (B_1, B_2)
- la *matrice* A^* che rappresenta la *legge d'associazione* f^*, relativa alla *coppia di basi* (B_2, B_1).

La *formula di aggiunzione* in termini di *matrici* non è altro che la *relazione* tra le *quattro matrici* suddette che si deduce dalla (4.55).
Vediamo come!
Se denotiamo con:

X la *matrice* $n \times 1$ costituita dalle *coordinate* del *generico vettore* $\underline{v} \in E_1$ rispetto alla *base* B_1

AX la *matrice* $m \times 1$ costituita dalle *coordinate* del *vettore* $f(\underline{v}) \in E_2$ rispetto alla *base* B_2

Y la *matrice* $m \times 1$ costituita dalle *coordinate* del *generico vettore* $\underline{w} \in E_2$ rispetto alla *base* B_2

A^*Y la *matrice* $n \times 1$ costituita dalle *coordinate* del *vettore* $f^*(\underline{w}) \in E_1$ rispetto alla *base* B_1,

per la (2.60), la *formula di aggiunzione* (4.55) diviene:

$$X^T \mathcal{G}_1 (A^*Y) = (AX)^T \mathcal{G}_2 Y \quad . \tag{4.59}$$

Ricordando che $(AX)^T = X^T A^T$ ed utilizzando la *proprietà associativa* della *moltiplicazione tra matrici*, possiamo scrivere la (4.59) così:

$$X^T \mathcal{G}_1 A^* Y = X^T A^T \mathcal{G}_2 Y$$

da cui, sempre per la *proprietà associativa*, si ha:

$$X^T (\mathcal{G}_1 A^*) Y = X^T \left(A^T \mathcal{G}_2\right) Y \quad . \tag{4.60}$$

Dovendo la (4.60) essere verificata qualunque sia X (e quindi X^T) e qualunque sia Y, segue:

$$\mathcal{G}_1 A^* = A^T \mathcal{G}_2 \quad . \tag{4.61}$$

Moltiplicando a sinistra per $\mathcal{G}_1^{-1}$ ambo i membri della (4.61), si ha:

$$\mathcal{G}_1^{-1} (\mathcal{G}_1 A^*) = \mathcal{G}_1^{-1} \left(A^T \mathcal{G}_2\right) \quad . \tag{4.62}$$

Sempre per la *proprietà associativa*, la (4.62) può essere scritta:

$$\left(\mathcal{G}_1^{-1} \mathcal{G}_1\right) A^* = \mathcal{G}_1^{-1} A^T \mathcal{G}_2 \quad . \tag{4.63}$$

Poiché $\mathcal{G}_1^{-1}\mathcal{G}_1 = I_n$ ed $I_n A^* = A^*$, da (4.63) segue:

$$A^* = \mathcal{G}_1^{-1} A^T \mathcal{G}_2 \quad . \tag{4.64}$$

La (4.64) è la *formula di aggiunzione* (4.55) in termini di *matrici.*

Al variare delle *basi* B_1 e B_2 in E_1 ed E_2 rispettivamente, le *quattro matrici* $\mathcal{G}_1$, $\mathcal{G}_2$, A ed A^* cambiano, però il legame tra esse è sempre costituito dalla (4.64).

Se le *basi* B_1 e B_2 si scelgono *ortonormali*: $B_1 = B_{O1}$ e $B_2 = B_{O2}$, si ha:

$$\mathcal{G}_1 = I_n \quad \text{e} \quad \mathcal{G}_2 = I_m \quad ;$$

la *formula di aggiunzione* diviene allora:

$$A^* = A^T \tag{4.65}$$

cioè la *matrice* A^*, che rappresenta la *legge d'associazione* f^*, è la *trasposta* della *matrice* A, che rappresenta la *legge d'associazione* f, e quindi $A \in \mathbb{R}^{m,n}$ ed $A^* \in \mathbb{R}^{n,m}$.

Vediamo ora come l'*aggiunta* di un'*applicazione lineare* ci permette di individuare la *classe di endomorfismi* (4.52) che sono *diagonalizzabili* e che la *base*, nella quale si ha la *diagonalizzazione*, è una base *ortonormale* di *autovettori.*

4.23 Endomorfismi autoaggiunti

Se l'*applicazione lineare* (4.53) è un *endomorfismo*:

$$f : E \longrightarrow E \qquad \text{ove} \qquad E = E_1 = E_2$$

allora anche la sua *aggiunta* è un *endomorfismo*:

$$f^* : E \longrightarrow E$$

e prende il nome di *endomorfismo aggiunto.*

In particolare, se risulta $f = f^*$, si dice che l'*endomorfismo* (4.52) è un *endomorfismo autoaggiunto*[14] e la *formula di aggiunzione* (4.55) in questo caso diviene:

$$\forall \underline{v}, \underline{w} \in E \Longrightarrow \underline{v} \cdot f(\underline{w}) = f(\underline{v}) \cdot \underline{w} \qquad . \tag{4.66}$$

Nel caso degli *endomorfismi*, avendo a che fare con un solo *spazio vettoriale*: lo *spazio vettoriale euclideo* E, per rappresentare mediante *matrici* l'*operazione di prodotto scalare* e le *leggi d'associazione* f e f^*, basta fissare in E una sola *base* B.

Così facendo, risulta $\mathcal{G}_1 = \mathcal{G}_2 = \mathcal{G}$ e la *formula di aggiunzione* (in termini di matrici) (4.64) diviene:

$$A^* = \mathcal{G}^{-1} A^T \mathcal{G} \qquad ; \tag{4.67}$$

in particolare: se l'*endomorfismo* è *autoaggiunto*, cioè $f^* = f$, poichè risulta $A^* = A$, si ha:

$$A = \mathcal{G}^{-1} A^T \mathcal{G} \qquad . \tag{4.68}$$

Se la *base* B fissata in E si sceglie *ortonormale*: $B = B_0$, allora, poiché è:

$$\mathcal{G} = I_n \qquad \text{e} \qquad \mathcal{G}^{-1} = I_n \quad ,$$

la (4.68) si semplifica così:

$$A = A^T \qquad . \tag{4.69}$$

La (4.69) ci dice che la *matrice* A è una *matrice simmetrica* per cui possiamo concludere:

---

[14]Gli *endomorfismi autoaggiunti* sono anche chiamati *endomorfismi simmetrici.*

– Dato un *endomorfismo*

$$f : E \longrightarrow E \quad ,$$

se è *autoaggiunto*, cioè se:

$$\forall \underline{v}, \underline{w} \in E \Longrightarrow \underline{v} \cdot f(\underline{w}) = f(\underline{v}) \cdot \underline{w} \quad ,$$

la *matrice* A, che ne rappresenta la *legge d'applicazione* f rispetto ad una qualunque *base ortonormale* B_0 di E, è una *matrice simmetrica*[15].

Il viceversa vale?

Cioè se un *endomorfismo*

$$f : E \longrightarrow E \quad ,$$

ha la *legge d'associazione* f che, rispetto ad ogni *base ortonormale* B_0 di E, è rappresentata da una *matrice simmetrica* A, è *autoaggiunto*?

Per rispondere a tale domanda, cominciamo con il dimostrare il seguente *teorema*:

Teorema 4.8 *Dato un* endomorfismo

$$f : E \longrightarrow E \quad ,$$

se esiste in E una base ortonormale B_0 *rispetto alla quale la* matrice A, *che rappresenta la* legge d'associazione f, *è* simmetrica, *allora l'*endomorfismo *è* autoaggiunto.

Dimostrazione

Dobbiamo provare che

$$\forall \underline{v}, \underline{w} \in E \Rightarrow \underline{v} \cdot f(\underline{w}) = f(\underline{v}) \cdot \underline{w}.$$

Dette al solito X e Y le *matrici* $n \times 1$ aventi per *elementi* le *coordinate* di $\underline{v}$ e $\underline{w}$ nella *base* B_0, si ha:

$$\begin{aligned} \underline{v} \cdot f(\underline{w}) = &\ X^T(AY) = X^TAY \\ f(\underline{v}) \cdot \underline{w} = &\ (AX)^TY = X^TA^TY = \\ &\ \text{essendo } A \textit{ simmetrica} \\ = &\ X^TAY \end{aligned}$$

---

[15] Tale *matrice* ovviamente varia al variare della *base ortonormale* B_0 fissata in E.

quindi essendo

$$\begin{aligned} \underline{v} \cdot f(\underline{w}) &= X^T AY \\ f(\underline{v}) \cdot \underline{w} &= X^T AY \end{aligned}$$

segue che

$$\underline{v} \cdot f(\underline{w}) = f(\underline{v}) \cdot \underline{w}$$

e pertanto l'*endomorfismo* è *autoaggiunto.*

c.v.d.

Tale *teorema* ci consente di dare una risposta positiva alla domanda posta:

Il fatto che la *matrice*, che rappresenta la *legge d'associazione* f rispetto ad una *base ortonormale* B_0 di E, sia *simmetrica* assicura che l'*endomorfismo* è *autoaggiunto.*

Il fatto che l'*endomorfismo* sia *autoaggiunto* garantisce poi che, qualunque sia la *base ortonormale* fissata in E, la *matrice*, che rappresenta la *legge d'associazione* f rispetto ad essa, sia *simmetrica.*

Concludendo possiamo allora dire:

- *Condizione necessaria e sufficiente* affinché un *endomorfismo*

$$f : E \longrightarrow E$$

sia *autoaggiunto* è che, fissata una *base ortonormale* B_0 in E, la *matrice* A, che rappresenta la *legge d'associazione* f rispetto a tale *base*, sia una *matrice simmetrica.*

Per scoprire se un dato *endomorfismo* è oppure no *autoaggiunto*, possiamo allora procedere in *due modi*

1. modo Constatare se l'*endomorfismo* verifica oppure no la *definizione* (4.66) di *endomorfismo autoaggiunto.*

2. modo Costruire la *matrice* A, che rappresenta la *legge d'associazione* f rispetto ad una *base ortonormale* B_0 di E e constatare se è oppure no *simmetrica.*

Ora che abbiamo caratterizzato gli *endomorfismi autoaggiunti* per mezzo di *matrici*, andiamo a studiarli!

4.24 Diagonalizzabilità degli endomorfismi autoaggiunti

La conclusione a cui siamo giunti alla fine del *paragrafo precedente* ci fa porre la seguente domanda:

- Tra le infinite *matrici simmetriche*, che rappresentano la *legge d'associazione* f di un *endomorfismo autoaggiunto*, rispetto alle infinite *basi ortonormali* di E, ce n'è una *diagonale*?

  In altre parole:

- Tra le *infinite basi ortonormali* di E, ce n'è una tale che la *matrice simmetrica* A, che rappresenta la *legge d'associazione* f rispetto ad essa, sia *diagonale*?

Se una tale *base* esiste, è una *base di autovettori* e gli *elementi* della *diagonale principale* della *matrice* sono gli *autovalori* dell'*endomorfismo*, quindi l'*endomorfismo* è *diagonalizzabile* in *base ortonormale*.

Per dimostrare che gli *endomorfismi autoaggiunti* sono *diagonalizzabili* in una *base ortonormale*, dobbiamo provare che sono verificate le tre *esigenze*:

1. che l'*equazione caratteristica* ha tutte le *soluzioni* $\lambda_1, \lambda_2, \ldots, \lambda_p$ in $\mathbb{R}$
2. che la somma delle *dimensioni* degli *autospazi* è uguale alla *dimensione* n dello *spazio vettoriale euclideo* E, il che comporta
$$E = E_{\lambda_1} \oplus E_{\lambda_2} \oplus \cdots \oplus E_{\lambda_p}$$
3. che gli *autospazi* sono a due a due *ortogonali*.

Le *esigenze* 1. e 2. assicurano, per quanto abbiamo detto nel *paragrafo* 4.20, che l'*endomorfismo* è *diagonalizzabile*.

L'*esigenza* 3. assicura che si può costruire una *base ortonormale di autovettori* a partire da una qualunque *base* di essi.

Enunciamo ora quattro *teoremi* i quali assicurano che le esigenze richieste sono soddisfatte dagli *endomorfismi autoaggiunti*.

Teorema 4.9 *Siano* E *uno* spazio vettoriale euclideo *di* dimensione n *e* $f : E \to E$ *un* endomorfismo autoaggiunto.

Se:

- λ_1 *e* λ_2 *sono due* autovalori distinti *di esso:* $\lambda_1 \neq \lambda_2$
- $\underline{v}_1$ *e* $\underline{v}_2$ *due generici* autovettori *appartenenti rispettivamente agli* autospazi E_{λ_1} *ed* E_{λ_2}

allora

$$\underline{v}_1 \cdot \underline{v}_2 = 0 \quad . \tag{4.70}$$

Dimostrazione

Per *ipotesi* si ha che

$$\begin{aligned} f(\underline{v}_1) &= \lambda_1 \underline{v}_1 \\ f(\underline{v}_2) &= \lambda_2 \underline{v}_2 \end{aligned} \tag{4.71}$$

Moltiplicando scalarmente a destra la prima delle (4.71) per $\underline{v}_2$ ed a sinistra la seconda per $\underline{v}_1$, otteniamo:

$$\begin{aligned} f(\underline{v}_1) \cdot \underline{v}_2 &= (\lambda_1 \underline{v}_1) \cdot \underline{v}_2 = \lambda_1 (\underline{v}_1 \cdot \underline{v}_2) \\ \underline{v}_1 \cdot f(\underline{v}_2) &= \underline{v}_1 \cdot (\lambda_2 \underline{v}_2) = \lambda_2 (\underline{v}_1 \cdot \underline{v}_2) \end{aligned}$$

cioè

$$\begin{aligned} f(\underline{v}_1) \cdot \underline{v}_2 &= \lambda_1 (\underline{v}_1 \cdot \underline{v}_2) \\ \underline{v}_1 \cdot f(\underline{v}_2) &= \lambda_2 (\underline{v}_1 \cdot \underline{v}_2) \end{aligned} \tag{4.72}$$

Poiché l'*endomorfismo* è *autoaggiunto*, i primi membri delle (4.72) sono uguali e pertanto lo sono anche i secondi:

$$\lambda_1 (\underline{v}_1 \cdot \underline{v}_2) = \lambda_2 (\underline{v}_1 \cdot \underline{v}_2) \tag{4.73}$$

Se nella (4.73) trasportiamo tutto al primo membro e mettiamo in evidenza $\underline{v}_1 \cdot \underline{v}_2$, otteniamo:

$$(\lambda_1 - \lambda_2)(\underline{v}_1 \cdot \underline{v}_2) = 0 \quad . \tag{4.74}$$

Poiché per *ipotesi* è $\lambda_1 \neq \lambda_2$ e quindi $\lambda_1 - \lambda_2 \neq 0$, dalla (4.74) segue:

$$\underline{v}_1 \cdot \underline{v}_2 = 0$$

cioè i *vettori* $\underline{v}_1$ e $\underline{v}_2$ sono *ortogonali*. **c.v.d.**

Essendo $\underline{v}_1$ il *generico vettore* di E_{λ_1} e $\underline{v}_2$ il *generico vettore* di E_{λ_2}, concludiamo che gli *autospazi* E_{λ_1} e E_{λ_2} sono tra loro *ortogonali* quindi l'esigenza 3. è soddisfatta.

Occupiamoci dell'esigenza 1.!

Prima di enunciare il *teorema* il quale ci assicura che l'esigenza 1. è soddisfatta, dimostriamo quest'altro *teorema*:

Teorema 4.10 *Sia A una* matrice *ad elementi reali e* simmetrica *di* ordine n. *Se λ_1 e λ_2 sono due* soluzioni distinte *(reali o complesse) dell'*equazione

$$\det(A - \lambda I) = 0$$

e X_1, X_2 due matrici $n \times 1$ *(i cui elementi possono essere anche numeri complessi) tali che risulti:*

$$AX_1 = \lambda_1 X_1 \qquad e \qquad AX_2 = \lambda_2 X_2$$

allora:

$$(\lambda_1 - \lambda_2) X_1^T X_2 = 0. \tag{4.75}$$

Dimostrazione

Dall'*ipotesi* che

$$AX_1 = \lambda_1 X_1$$

segue che

$$(AX_1)^T = (\lambda_1 X_1)^T$$

cioè

$$X_1^T A^T = \lambda_1 x_1^T$$

che, per l'*ipotesi* che A sia *simmetrica*: $A^T = A$, diviene:

$$X_1^T A = \lambda_1 X_1^T. \tag{4.76}$$

Moltiplicando a destra i due membri della (4.76) per X_2 si ottiene:

$$X_1^T A X_2 = \lambda_1 X_1^T X_2 \tag{4.77}$$

Moltiplicando a sinistra i due membri dell'uguaglianza

$$AX_2 = \lambda_2 X_2$$

per X_1^T si ottiene:

$$X_1^T A X_2 = \lambda_2 X_1^T X_2 \tag{4.78}$$

Sottraendo membro a membro la (4.78) alla (4.77), abbiamo:

$$0 = \lambda_1 X_1^T X_2 - \lambda_2 X_1^T X_2$$

da cui, mettendo in evidenza $X_1^T X_2$ otteniamo

$$(\lambda_1 - \lambda_2) X_1^T X_2 = 0$$

cioè la (4.75).

c.v.d.

Della (4.75) ci serviamo per dimostrare il *teorema* sopra annunciato:

Teorema 4.11 *Se* $f : E \to E$ *è un* endomorfismo autoaggiunto *allora*
tutte le soluzioni *dell'*equazione caratteristica *sono* reali.

Dimostrazione

Come abbiamo detto nel *paragrafo* 4.19, gli *autovalori* di un *endomorfismo* sono le *soluzioni reali* dell'*equazione caratteristica*:

$$\det(A - \lambda I) = 0 \tag{4.50}$$

dove A è la *matrice* che rappresenta la *legge d'associazione* f dell'*endomorfismo* in una *base arbitrariamente fissata* nel suo *dominio* (ed insieme d'arrivo) E.

Nel nostro caso, trattandosi di un *endomorfismo autoaggiunto*, fissiamo una *base ortonormale* così che la *matrice* A che ne rappresenta la *legge d'associazione* f è *simmetrica*.

L'*equazione* (4.50) è un'*equazione algebrica* di *grado* n nell'incognita λ.

Supponiamo che essa ammetta una *soluzione complessa* $\lambda_0 = a + ib$ con $b \neq 0$, allora anche $\overline{\lambda}_0 = a - ib$ è una *soluzione* di essa. [16]

Il *sistema*

$$AX = \lambda_0 X$$

[16] C'è un *teorema* sulle *equazioni algebriche* che dice:

- Se una *equazione algebrica* a coefficienti reali ha una *radice complessa* α di *ordine di molteplicità* ν, allora essa ha anche la *radice complessa coniugata* $\overline{\alpha}$ dello stesso *ordine di molteplicità*.

che possiamo riguardare come un'*equazione* avente per *incognita* la *matrice* $X \in \mathbb{R}^{n,1}$, oltre alla *matrice nulla*, ammette come *soluzioni* infinite altre *matrici non nulle* di $\mathbb{R}^{n,1}$ i cui elementi possono essere reali o complessi.

Se X_0 è una di queste infinite *matrici* si ha:

$$AX_0 = \lambda_0 X_0 \tag{4.79}$$

Se della (4.79) consideriamo i *coniugati* di ambo i membri, otteniamo quest'altra uguaglianza:

$$\overline{A}\,\overline{X}_0 = \overline{\lambda}_0 \overline{X}_0$$

la quale, essendo A ed elementi reali, e quindi risultando $\overline{A} = A$, può essere scritta così:

$$A\overline{X}_0 = \overline{\lambda}_0 \overline{X}_0. \tag{4.80}$$

La (4.80) ci dice che la *matrice* $\overline{X}_0$ è *soluzione* dell'*equazione*

$$AX = \overline{\lambda}_0 X.$$

Poiché $\lambda_0, \overline{\lambda}_0, X_0, \overline{X}_0$ e la *matrice* A verificano le *ipotesi* del *teorema* 4.10, ne verificano anche la *tesi* e quindi si ha:

$$(\lambda_0 - \overline{\lambda}_0) X_0^T \overline{X}_0 = 0. \tag{4.81}$$

Avendo supposto che la *matrice soluzione* X_0 non sia *nulla*, tanto nel caso che i suoi *elementi* siano *numeri reali* come che siano *numeri complessi*, risulta $X_0^T \overline{X}_0 > 0$ [17]; dovendo la (4.81) essere verificata, deve risultare

$$\lambda_0 - \overline{\lambda}_0 = a + ib - (a - ib) = 2bi = 0$$

il che si ha *se e solo se* è $b = 0$ cioè *se e solo se* λ_0 è un *numero reale*. **c.v.d.**

---

[17]Se X_0 è una *matrice* ad *elementi reali* allora $X_0^T \overline{X}_0 = X_0^T X_0$ è la somma dei quadrati degli elementi di X_0 e pertanto è positiva.

Se X_0 è una *matrice* ad *elementi complessi*, scrivendo $X_0 = X_{01} + iX_{02}$ dove X_{01} e X_{02} sono *matrici* ad *elementi reali*, si ha:

$$\begin{aligned} X_0^T \overline{X}_0 &= (X_{01}^T + iX_{02}^T)(\overline{X}_{01} - i\overline{X}_{02}) = (X_{01}^T + iX_{02}^T)(X_{01} - iX_{02}) = \\ &= X_{01}^T X_{01} - iX_{01}^T X_{02} + iX_{02}^T X_{01} + X_{02}^T X_{02} = X_{01}^T X_{01} + X_{02}^T X_{02} > 0 \end{aligned}$$

Anche l'*esigenza* 1. è pertanto verificata!

Dimostriamo ora un ultimo *teorema* che assicura il verificarsi dell'*esigenza* 2. e pertanto che gli *endomorfismi autoaggiunti* sono *diagonalizzabili* in una *base ortonormale di autovettori.*

Teorema 4.12 *(Teorema spettrale)*
Sia E *uno* spazio vettoriale euclideo *di* dimensione finita n.
Se $f : E \to E$ *è un* endomorfismo autoaggiunto *allora esiste in* E *una* base ortonormale *di* autovettori *dell'endomorfismo nella quale la* matrice A, *che rappresenta la* legge d'associazione f, *è una* matrice diagonale.

Dimostrazione
Siano $\lambda_1, \dots, \lambda_p$ gli *autovalori distinti* dell'*endomorfismo* e $\nu_1, \dots, \nu_p$ i loro *ordini di molteplicità.*
Essendo l'*endomorfismo autoaggiunto* si ha:

$$\nu_1 + \nu_2 + \cdots + \nu_p = n \quad \text{(dimensione di } E\text{)}.$$

Siano inoltre $d_1, \dots, d_p$ le *dimensioni* degli *autospazi* $E_{\lambda_1}, \dots, E_{\lambda_p}$.
A priori risulta:

$$d_1 \le \nu_1 \quad , \quad d_2 \le \nu_2 \quad , \quad \dots \quad , d_p \le \nu_p$$

da cui segue che:

$$d = d_1 + d_2 + \cdots + d_p \le n.$$

Poichè i p *autospazi* $E_{\lambda_1}, E_{\lambda_2}, \dots, E_{\lambda_p}$, come conseguenza del *teorema* 4.9 sono *a due a due ortogonali*, se scegliamo in ciascuno di essi una *base ortonormale* e riuniamo, nell'ordine in cui li abbiamo numerate, tali *basi*, otteniamo un *insieme ordinato* di d *vettori ortonormali* che costituisce una *base ortonormale* del sottospazio:

$$U = E_{\lambda_1} \oplus E_{\lambda_2} \oplus \cdots \oplus E_{\lambda_p} \tag{4.82}$$

Tale *sottospazio* è a-priori *contenuto* o *coincidente* con E: $U \subseteq E$.
Per dimostrare il *teorema* dobbiamo provare che è $U = E$.
A tale scopo *ragioniamo per assurdo*; supponiamo cioè che sia $U \subset E$.
Poiché è $U \subset E$ ed E è uno *spazio vettoriale euclideo di dimensione* n, possiamo considerare il *sottospazio* $U^\perp$ la cui *dimensione* è $n - d$.

Se proviamo che:

$$\forall \underline{u} \in U^{\perp} \Rightarrow f(\underline{u}) \in U^{\perp} \tag{4.83}$$

il *teorema* è *dimostrato* perché possiamo dire che la *restrizione dell'endomorfismo assegnato* avente per *dominio* $U^{\perp}$ è un *endomorfismo*:

$$f : U^{\perp} \to U^{\perp} \tag{4.84}$$

anzi un *endomorfismo autoaggiunto* in quanto *restrizione* di un *endomorfismo autoaggiunto.*

L'*endomorfismo* (4.84), essendo *autoaggiunto*, per il *teorema* 4.11, ha l'*equazione caratteristica* avente tutte le *soluzioni reali* ed i corrispondenti *autospazi* sono contenuti in $U^{\perp}$ quindi i suoi *autovettori* appartengono a $U^{\perp}$.

Poiché gli *autovettori* dell'*endomorfismo* (4.84) sono anche *autovettori* dell'*endomorfismo* assegnato, essi appartengono anche ad U.

Poiché è $U \cap U^{\perp} = \{\underline{0}_E\}$ e gli *autovettori* di un *endomorfismo* sono $\neq \underline{0}_E$, l'*ipotesi* che sia $U \subset E$ ci ha condotti ad un *assurdo* quindi $U = E$.

Come si vede, la nostra *dimostrazione* è subordinata al fatto che la (4.83) sia vera.

Proviamo la (4.83)!

Per la *definizione* stessa del *sottospazio* $U^{\perp}$, ogni suo *vettore* $\underline{u}$ è *ortogonale* ad ogni *vettore* $\underline{v} \in U$ e pertanto, per provare la (4.83) occorre mostrare che:

$$\forall \underline{v} \in U \Rightarrow f(\underline{u}) \cdot \underline{v} = 0. \tag{4.85}$$

Poiché per la (4.82) ogni *vettore* $\underline{v} \in U$ può essere rappresentato come *vettore somma*:

$$\underline{v} = \underline{v}_1 + \underline{v}_2 + \cdots + \underline{v}_p \tag{4.86}$$

con $\underline{v}_1 \in E_{\lambda_1}$, $\underline{v}_2 \in E_{\lambda_2}$, ..., $\underline{v}_p \in E_{\lambda_p}$ abbiamo

$$\begin{aligned}
f(\underline{u}) \cdot \underline{v} &= \text{poiché l'endomorfismo è autoaggiunto} \\
&= \underline{u} \cdot f(\underline{v}) = \text{ per la (4.86)} = \\
&= \underline{u} \cdot f(\underline{v}_1 + \underline{v}_2 + \cdots + \underline{v}_p) = \underline{u} \cdot \big(f(\underline{v}_1) + f(\underline{v}_2) + \cdots + f(\underline{v}_p)\big) \\
&= \underline{u} \cdot (\lambda_1 \underline{v}_1 + \lambda_2 \underline{v}_2 + \cdots + \lambda_p \underline{v}_p) = \\
&= \lambda_1(\underline{u} \cdot \underline{v}_1) + \lambda_2(\underline{u} \cdot \underline{v}_2) + \cdots + \lambda_p(\underline{u} \cdot \underline{v}_p) = \\
&= \lambda_1 0 + \lambda_2 0 + \cdots + \lambda_p 0 = 0
\end{aligned}$$

Il *teorema* è completamente dimostrato.

c.v.d.

Finora abbiamo mostrato che se un *endomorfismo* è *autoaggiunto* allora è *diagonalizzabile* in *base ortonormale*.
Ci chiediamo ora:

- Può esistere un *endomorfismo* che, pur non essendo *autoaggiunto*, sia *diagonalizzabile* in *base ortonormale*?

La risposta è semplice!
No, perchè la *matrice diagonale* è una particolare *matrice simmetrica*, per cui, essendo la *base*, rispetto alla quale essa rappresenta la *legge d'associazione*, una *base ortonormale*, il *teorema* 4.8 ci dice che l'*endomorfismo* è *autoaggiunto*; gli *endomorfismi autoaggiunti* sono quindi gli unici ad essere *diagonalizzabili* in *base ortonormale*.

* * *

Poiché l'*aggiunta* di un'*applicazione lineare* ha dato buona prova nell'individuare la *classe* degli *endomorfismi diagonalizzabili* in *base ortonormale*, vogliamo servirci di essa come strumento d'indagine.
Per poter fare ciò, dobbiamo però conoscerla meglio.
Cominciamo allora a cercare le *relazioni* tra i *sottospazi*:

$$\mathrm{Ker}f \quad , \quad \mathrm{Im}f \quad , \quad \mathrm{Ker}f^* \quad , \quad \mathrm{Im}f^* \quad . \tag{4.87}$$

4.25 Relazioni tra i sottospazi (4.87)

Alle *applicazioni lineari*

$$f : E_1 \longrightarrow E_2 \tag{4.53}$$

$$f^* : E_2 \longrightarrow E_1 \tag{4.54}$$

restano associati i quattro *sottospazi* (4.87) di cui:

- $\mathrm{Ker}f$ ed $\mathrm{Im}f^*$ sono *sottospazi* di E_1

- $\mathrm{Ker}f^*$ ed $\mathrm{Im}f$ sono *sottospazi* di E_2

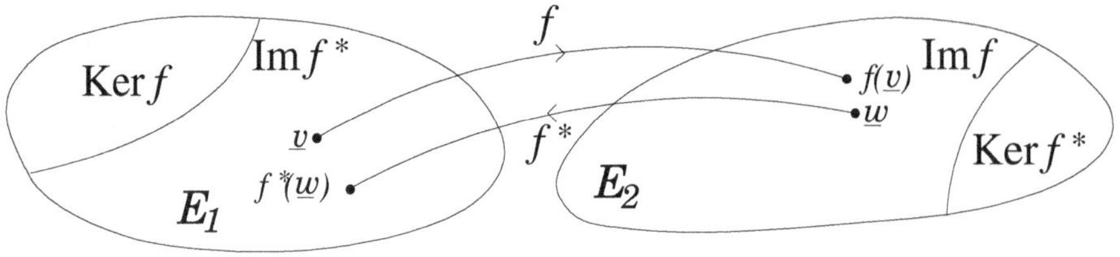

Figura 4.5

Le *relazioni* che sussistono tra essi sono date dal seguente *teorema* la cui dimostrazione viene lasciata come esercizio allo Studente.

Teorema 4.13 *Le* relazioni *tra i* sottospazi *(4.87) sono:*

$$\begin{array}{l} \mathrm{Im} f^* = (\mathrm{Ker} f)^{\perp} \\ \mathrm{Im} f = (\mathrm{Ker} f^*)^{\perp} \end{array} \tag{4.88}$$

Le (4.88) ci dicono che:

- I *sottospazi* Imf^* e Ker$f$ di E_1 sono *ortogonali* e *supplementari* per cui:

$$E_1 = (\mathrm{Im} f^*) \oplus (\mathrm{Ker} f) \tag{4.89}$$

- I *sottospazi* Imf e Kerf^* di E_2 sono anche essi *ortogonali* e *supplementari* per cui:

$$E_2 = (\mathrm{Im} f) \oplus (\mathrm{Ker} f^*) \quad . \tag{4.90}$$

Dalle (4.89) e (4.90), per la *relazione di Grassmann*, seguono rispettivamente:

$$n = \dim E_1 = \dim(\mathrm{Im} f^*) + \dim(\mathrm{Ker} f) \tag{4.91}$$
$$m = \dim E_2 = \dim(\mathrm{Im} f) + \dim(\mathrm{Ker} f^*) \quad . \tag{4.92}$$

Se è $n = m$, cioè $\dim E_1 = \dim E_2$, le relazioni (4.91) e (4.92) possono essere riunite in questa unica *relazione*:

$$\dim(\mathrm{Im} f^*) + \dim(\mathrm{Ker} f) = \dim(\mathrm{Im} f) + \dim(\mathrm{Ker} f^*). \tag{4.93}$$

Se è $\dim(\mathrm{Ker} f) = 0$, allora l'*applicazione lineare* (4.53) è *iniettiva* e, per la *conseguenza* 4. (vedere *paragrafo* 4.5), è anche *suriettiva* e quindi è un *isomorfismo*; si ha allora:

$$\dim(\mathrm{Im} f) = n$$

e pertanto la (4.93) diviene

$$\dim(\mathrm{Im} f^*) = n + \dim(\mathrm{Ker} f^*). \tag{4.94}$$

Non potendo essere $\dim(\mathrm{Im} f^*) > n$, dalla (4.94) segue che è $\dim(\mathrm{Ker} f^*) = 0$ e quindi anche l'*applicazione aggiunta* (4.54) è un *isomorfismo*.

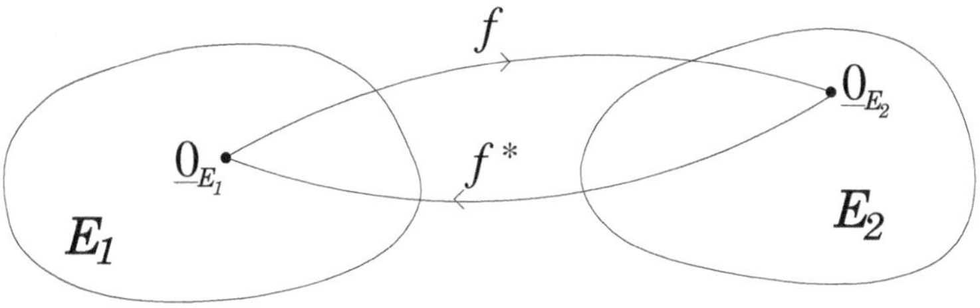

Figura 4.6

Possiamo allora concludere:

– Dato un *isomorfismo*

$$f : E_1 \longrightarrow E_1 \tag{4.53}$$

ad esso restano associati due *isomorfismi*:

$$f^{-1} : E_2 \longrightarrow E_1 \quad \text{(isomorfismo inverso)} \tag{4.95}$$

e

$$f^* : E_2 \longrightarrow E_1 \quad \text{(isomorfismo aggiunto)} \tag{4.96}$$

Siamo ora in condizioni di utilizzare l'*aggiunto* come "strumento d'indagine"!

Ne sperimenteremo l'efficacia nella caratterizzazione degli *isomorfismi ortogonali* che andiamo a definire.

4.26 Isomorfismi ortogonali

Nel *paragrafo* 4.7 abbiamo dato la *definizione di spazi vettoriali isomorfi* ed esattamente abbiamo detto che:

– Due spazi vettoriali V e W sono *isomorfi* se esiste un *isomorfismo*:

$$f = V \longrightarrow W \qquad ^{18} \tag{4.97}$$

Nel *paragrafo* 4.9 abbiamo dimostrato che sono *isomorfi* tutti e soli gli *spazi vettoriali* aventi la stessa *dimensione* n. Tra essi vi è anche lo *spazio vettoriale numerico* $\mathbb{R}^n$ che, come abbiamo visto nel *paragrafo* 4.10, gioca il "ruolo di lavagna".

Rileggendo la dimostrazione del *teorema* 4.3, è facile convincersi che se due *spazi vettoriali* V e W sono *isomorfi*, gli *isomorfismi* (4.97) sono *infiniti* ed un *isomorfismo* differisce dall'altro unicamente per la *legge d'associazione* f.

Se definiamo sia in V che in W un'*operazione di prodotto scalare*, facendoli diventare così *spazi vettoriali euclidei*:

$$E_1 = (V; \cdot) \quad ; \quad E_2 = (W; \cdot) \qquad ,$$

l'*isomorfismo* (4.97) si denota così:

$$f : E_1 \longrightarrow E_2 \tag{4.98}$$

e, comunque si scelgano due *vettori* $\underline{v}_1$ e $\underline{v}_2$ in E_1, possiamo calcolare i *prodotti scalari*

$$(\underline{v}_1 \cdot \underline{v}_2)_{E_1} \quad \text{e} \quad (f(\underline{v}_1) \cdot f(\underline{v}_2))_{E_2} \qquad .$$

In generale risulta:

$$(f(\underline{v}_1) \cdot f(\underline{v}_2))_{E_2} \neq (\underline{v}_1 \cdot \underline{v}_2)_{E_1} \quad , \forall \underline{v}_1, \underline{v}_2 \in E_1.$$

Se la *legge d'associazione* f *dell'isomorfismo* è tale che:

$$(f(\underline{v}_1) \cdot f(\underline{v}_2))_{E_2} = (\underline{v}_1 \cdot \underline{v}_2)_{E_1} \quad , \forall \underline{v}_1, \underline{v}_2 \in E_1 \tag{4.99}$$

---

[18]Qui abbiamo denotato la *legge d'associazione* dell'*isomorfismo* con f; nel *paragrafo* 4.7, nella (4.12), con φ. È la stessa cosa!

si dice allora che l'*isomorfismo* (4.98) è un *isomorfismo ortogonale* ed E_1, E_2 sono detti *spazi vettoriali euclidei isomorfi*.

Nell'*insieme* degli *infiniti isomorfismi* aventi per *dominio* E_1 e per *insieme d'arrivo* E_2:

$$f : E_1 \longrightarrow E_2 \quad ,$$

andiamo a caratterizzare il *sottoinsieme* (classe) degli *isomorfismi ortogonali*.

Per fare ciò, ci serviamo dell'*isomorfismo aggiunto*!

4.27 Caratterizzazione degli isomorfismi ortogonali

Traduciamo la (4.99) in *termini di matrici*!

Se fissiamo una *base ortonormale* $B_{O1} = (\underline{e}_1, \underline{e}_2, \ldots, \underline{e}_n)$ in E_1 ed una *base ortonormale* $B_{O2} = (\underline{e}'_1, \underline{e}'_2, \ldots, \underline{e}'_n)$ in E_2, le *matrici* che entrano in gioco sono:

- Le *matrici di Gram* $\mathcal{G}_1$ e $\mathcal{G}_2$, entrambe uguali ad I perché le *basi* fissate sono *ortonormali*.
- La *matrice* A che rappresenta la *legge d'associazione* f dell'*isomorfismo*, relativa alla *coppia di basi* (B_{O1}, B_{O2}).
- Le *matrici* X_1, $X_2 \in \mathbb{R}^{n,1}$ costituite dalle *coordinate* dei generici *vettori* $\underline{v}_1$, $\underline{v}_2$ di E_1 rispetto alla *base* B_{O1} in esso fissata.
- Le *matrici* AX_1, $AX_2 \in \mathbb{R}^{n,1}$ costituite dalle *coordinate* dei *vettori* $f(\underline{v}_1)$, $f(\underline{v}_2)$ di E_2 rispetto alla *base* B_{O2} in esso fissata.

Utilizzando la (2.60), la traduzione in *termini di matrici* della (4.99) è:

$$(AX_1)^T I (AX_2) = X_1^T I X_2 \quad , \forall X_1, X_2 \in \mathbb{R}^{n,1}. \tag{4.100}$$

Facciamo un po' di calcoli sul primo membro della (4.100)!

$$(AX_1)^T I (AX_2) = X_1^T A^T I A X_2 = X_1^T (A^T I A) X_2 = X_1^T (A^T A) X_2.$$

Sostituendo il primo membro della (4.100) con il risultato ottenuto, otteniamo:

$$X_1^T (A^T A) X_2 = X_1^T I X_2 \quad , \forall X_1, X_2 \in \mathbb{R}^{n,1}. \tag{4.101}$$

Dovendo la (4.101) essere verificata qualunque sia X_1 e qualunque sia X_2, deve risultare:

$$A^T A = I. \tag{4.102}$$

Moltiplicando a destra per A^{-1} i due membri della (4.102), si ha:

$$(A^T A)A^{-1} = IA^{-1}$$

da cui segue

$$A^T(AA^{-1}) = A^{-1}$$

e quindi, essendo $AA^{-1} = I$, in definitiva si ha:

$$A^T = A^{-1}. \tag{4.103}$$

Siamo arrivati!

Poichè, per la (4.65), la *matrice* A^T rappresenta la *legge d'associazione* f^* dell'*isomorfismo aggiunto* rispetto alla *coppia di basi* (B_{O2}, B_{O1}) e la *matrice* A^{-1}, la *legge d'associazione* f^{-1} dell'*isomorfismo inverso* rispetto alla stessa *coppia di basi*, possiamo concludere:

- L'*isomorfismo* (4.98) è un *isomorfismo ortogonale* se il suo *isomorfismo aggiunto* coincide con il suo *isomorfismo inverso*.

Per quanto riguarda la *matrice* A, che rappresenta la *legge d'associazione* f di un *isomorfismo ortogonale*, sappiamo che è *invertibile* (perché è tale la *matrice* che rappresenta la *legge d'associazione* di ogni *isomorfismo*) e quindi è $\det A \neq 0$.

La (4.102), da cui abbiamo dedotto la (4.103), ci dice però qualcosa in più circa il valore di $\det A$.

Si ha infatti:

$$\det(AA^T) = \det I \quad . \tag{4.104}$$

Per il *teorema di Binet*, per il fatto che $\det A^T = \det A$ e $\det I = 1$, dalla (4.104) otteniamo:

$$\det(A^T A) = \det A^T \cdot \det A = \det A \cdot \det A = (\det A)^2 = 1$$

e quindi:

$$\det A = \pm 1. \tag{4.105}$$

Possiamo allora trarre anche quest'altra *conclusione*:

- Se un *isomorfismo* è *ortogonale*, la *matrice* A, che ne rappresenta la *legge d'associazione* f rispetto ad *ogni coppia* (B_{O1}, B_{O2}) di *basi ortonormali*, ha $\det A = \pm 1$.

Vediamo ora quali sono le *proprietà* degli *isomorfismi ortogonali*!

4.28 Proprietà degli isomorfismi ortogonali

Proprietà 1 *Se un* isomorfismo $f : E_1 \to E_2$ *è* ortogonale *allora*

$$\forall \underline{v} \in E_1 \Longrightarrow \|f(\underline{v})\| = \|\underline{v}\| \tag{4.106}$$

Dimostrazione

$$\forall \underline{v} \in E_1 \text{ si ha } \|f(\underline{v})\|^2 = (f(\underline{v}) \cdot f(\underline{v}))_{E_2} = \text{ per la (4.99) } = \\ = (\underline{v} \cdot \underline{v})_{E_1} = \|\underline{v}\|^2 \Rightarrow \|f(\underline{v})\| = \|\underline{v}\|.$$

c.v.d.

Ci chiediamo ora:
Vale il viceversa? Cioè se un *isomorfismo* (4.98) verifica la (4.106), è un *isomorfismo ortogonale*?

Andiamo a vedere!
Fissati ad arbitrio due *vettori* $\underline{v}_1$ e $\underline{v}_2$ di E_1, consideriamo il *vettore somma* $\underline{v}_1 + \underline{v}_2$ ed il quadrato del *modulo* del suo *vettore immagine* $f(\underline{v}_1 + \underline{v}_2)$.

Si ha:

$$\begin{aligned} \|f(\underline{v}_1 + \underline{v}_2)\|^2 &= (f(\underline{v}_1 + \underline{v}_2) \cdot f(\underline{v}_1 + \underline{v}_2))_{E_2} = \\ &= ((f(\underline{v}_1) + f(\underline{v}_2)) \cdot (f(\underline{v}_1) + f(\underline{v}_2)))_{E_2} = \\ &= (f(\underline{v}_1) \cdot f(\underline{v}_1))_{E_2} + (f(\underline{v}_1) \cdot f(\underline{v}_2))_{E_2} + \\ &\quad + (f(\underline{v}_2) \cdot f(\underline{v}_1))_{E_2} + (f(\underline{v}_2) \cdot f(\underline{v}_2))_{E_2} = \\ &= \|f(\underline{v}_1)\|^2 + 2\,(f(\underline{v}_1) \cdot f(\underline{v}_2))_{E_2} + \|f(\underline{v}_2)\|^2. \end{aligned} \tag{4.107}$$

D'altra parte:

$$\begin{aligned} \|\underline{v}_1 + \underline{v}_2\|^2 &= ((\underline{v}_1 + \underline{v}_2) \cdot (\underline{v}_1 + \underline{v}_2))_{E_1} = \\ &= (\underline{v}_1 \cdot \underline{v}_1)_{E_1} + (\underline{v}_1 \cdot \underline{v}_2)_{E_1} + (\underline{v}_2 \cdot \underline{v}_1)_{E_1} + (\underline{v}_2 \cdot \underline{v}_2)_{E_1} = \\ &= \|\underline{v}_1\|^2 + 2\,(\underline{v}_1 \cdot \underline{v}_2)_{E_1} + \|\underline{v}_2\|^2. \end{aligned} \tag{4.108}$$

Uguagliando gli ultimi membri della (4.107) e della (4.108), segue la (4.99).

Possiamo allora concludere:

- L'*isomorfismo* (4.98) è *ortogonale* se e solo se:

$$\forall \underline{v} \in E_1 \Rightarrow \|f(\underline{v})\| = \|\underline{v}\|.$$

Proprietà 2 *Se l'isomorfismo (4.98) è ortogonale si ha che:*

$$\forall \underline{v}_1, \underline{v}_2 \in E_1 - \{\underline{0}_{E_1}\} \quad si\ ha \quad \cos \widehat{f(\underline{v}_1) f(\underline{v}_2)} = \cos \widehat{\underline{v}_1 \underline{v}_2} \tag{4.109}$$

Dimostrazione

$$\cos \widehat{f(\underline{v}_1) f(\underline{v}_2)} = \frac{(f(\underline{v}_1) \cdot f(\underline{v}_2))_{E_2}}{\|f(\underline{v}_1)\| \ \|f(\underline{v}_2)\|} = \text{per la (4.99) e la (4.106)} =$$

$$= \frac{(\underline{v}_1 \cdot \underline{v}_2)_{E_1}}{\|\underline{v}_1\| \ \|\underline{v}_2\|} = \cos \widehat{\underline{v}_1 \underline{v}_2}$$

c.v.d.

Proprietà 3 Condizione necessaria e sufficiente *affinché un* isomorfismo *(4.98) sia* ortogonale *è che, se* $(\underline{e}_1, \underline{e}_2, \ldots, \underline{e}_n)$ *è una* base ortonormale *di* E_1, $(f(\underline{e}_1), f(\underline{e}_2), \ldots, f(\underline{e}_n))$ *è una* base ortonormale *di* E_2.

Dimostrazione
Necessità - Segue dalle *proprietà* 1 e 2.
Sufficienza - Per fissare le idee, supponiamo che sia $n = 3$. Dobbiamo provare che se $(\underline{e}_1, \underline{e}_2, \underline{e}_3)$ è una *base ortonormale* di E_1 e $(f(\underline{e}_1), f(\underline{e}_2), f(\underline{e}_3))$ è una *base ortonormale* di E_2, allora l'*isomorfismo* (4.98) è *ortogonale*.
Essendo $(\underline{e}_1, \underline{e}_2, \underline{e}_3)$ e $(f(\underline{e}_1), f(\underline{e}_2), f(\underline{e}_3))$ due *basi ortonormali*, la *matrice di Gram* nello *spazio vettoriale euclideo* E_1, rispetto alla *base* $(\underline{e}_1, \underline{e}_2, \underline{e}_3)$, e la *matrice di Gram* nello *spazio vettoriale euclideo* E_2, rispetto alla *base* $(f(\underline{e}_1), f(\underline{e}_2), f(\underline{e}_3))$, sono entrambe uguali alla *matrice unitaria* di *ordine* 3:

$$\mathcal{G}_1 = \mathcal{G}_2 = I_3 = \begin{pmatrix} 1 & 0 & 0 \\ 0 & 1 & 0 \\ 0 & 0 & 1 \end{pmatrix} \quad .$$

Se $\underline{v}_1$ e $\underline{v}_2$ sono due *vettori* di E_1, essi possono essere rappresentati così:

$$\underline{v}_1 = x_1 \underline{e}_1 + x_2 \underline{e}_2 + x_3 \underline{e}_3$$
$$\underline{v}_2 = y_1 \underline{e}_1 + y_2 \underline{e}_2 + y_3 \underline{e}_3$$

e quindi i loro *vettori immagine* sono:

$$f(\underline{v}_1) = x_1 f(\underline{e}_1) + x_2 f(\underline{e}_2) + x_3 f(\underline{e}_3)$$
$$f(\underline{v}_2) = y_1 f(\underline{e}_1) + y_2 f(\underline{e}_2) + y_3 f(\underline{e}_3).$$

Abbiamo allora

$$(f(\underline{v}_1)\cdot f(\underline{v}_2))_{E_2} = (x_1\ x_2\ x_3)\begin{pmatrix}1 & 0 & 0\\ 0 & 1 & 0\\ 0 & 0 & 1\end{pmatrix}\begin{pmatrix}y_1\\ y_2\\ y_3\end{pmatrix} = x_1y_1 + x_2y_2 + x_3y_3 =$$
$$= (\underline{v}_1\cdot \underline{v}_2)_{E_1}$$

e quindi l'isomorfismo è *ortogonale.* **c.v.d.**

Dalla *proprietà* 3 segue un'altra informazione sulla *matrice* A che rappresenta la *legge d'associazione* f rispetto alla *coppia di basi* (B_{O1}, B_{O2}).

Per fissare le idee, supponiamo $n = 3$; la *matrice* A è allora:

$$A = \begin{pmatrix}a_{11} & a_{12} & a_{13}\\ a_{21} & a_{22} & a_{23}\\ a_{31} & a_{32} & a_{33}\end{pmatrix} \quad .$$

Poiché

$$\begin{aligned} f(\underline{e}_1) &= a_{11}\underline{e}'_1 + a_{21}\underline{e}'_2 + a_{31}\underline{e}'_3\\ f(\underline{e}_2) &= a_{12}\underline{e}'_1 + a_{22}\underline{e}'_2 + a_{32}\underline{e}'_3\\ f(\underline{e}_3) &= a_{13}\underline{e}'_1 + a_{23}\underline{e}'_2 + a_{33}\underline{e}'_3 \end{aligned}$$

dal fatto che la *base* $B_{O2} = (\underline{e}'_1, \underline{e}'_2, \underline{e}'_3)$ è *ortonormale* segue che:

$$\begin{aligned} \|f(\underline{e}_1)\|^2 &= a_{11}^2 + a_{21}^2 + a_{31}^2 = 1\\ \|f(\underline{e}_2)\|^2 &= a_{12}^2 + a_{22}^2 + a_{32}^2 = 1\\ \|f(\underline{e}_3)\|^2 &= a_{13}^2 + a_{23}^2 + a_{33}^2 = 1 \end{aligned} \tag{4.110}$$

e

$$\begin{aligned} f(\underline{e}_1)\cdot f(\underline{e}_2) &= a_{11}\cdot a_{12} + a_{21}\cdot a_{22} + a_{31}\cdot a_{32} = 0\\ f(\underline{e}_1)\cdot f(\underline{e}_3) &= a_{11}\cdot a_{13} + a_{21}\cdot a_{23} + a_{31}\cdot a_{33} = 0\\ f(\underline{e}_2)\cdot f(\underline{e}_3) &= a_{12}\cdot a_{13} + a_{22}\cdot a_{23} + a_{32}\cdot a_{33} = 0. \end{aligned} \tag{4.111}$$

Una *matrice* A, i cui *elementi* verificano le (4.110) e (4.111), viene detta *matrice ortogonale.*

Possiamo allora concludere:

- Tra le *matrici simili,* che rappresentano la *legge d'associazione* f di un *isomorfismo ortogonale*, ci sono anche le *matrici ortogonali.*

Proprietà 4 *Se*

$$f : E_1 \longrightarrow E_2 \tag{4.112}$$

e

$$g : E_2 \longrightarrow E_3 \tag{4.113}$$

sono isomorfismi ortogonali,
allora

$$g \circ f : E_1 \longrightarrow E_3 \tag{4.114}$$

è un isomorfismo ortogonale.

Dimostrazione
Essendo l'*isomorfismo* (4.112) *ortogonale*, scelti ad arbitrio due *vettori* $\underline{v}_1$ e $\underline{v}_2 \in E_1$, si ha:

$$(\underline{v}_1 \cdot \underline{v}_2)_{E_1} = (f(\underline{v}_1) \cdot f(\underline{v}_2))_{E_2} \quad . \tag{4.115}$$

Poiché anche l'*isomorfismo* (4.113) è *ortogonale*, si ha:

$$(f(\underline{v}_1) \cdot f(\underline{v}_2))_{E_2} = (g[f(\underline{v}_1)] \cdot g[f(\underline{v}_2)])_{E_3} = ((g \circ f)(\underline{v}_1) \cdot (g \circ f)(\underline{v}_2))_{E_3} \, . \tag{4.116}$$

Da (4.115) e (4.116) segue:

$$(\underline{v}_1 \cdot \underline{v}_2)_{E_1} = ((g \circ f)(\underline{v}_1) \cdot (g \circ f)(\underline{v}_2))_{E_3} \, .$$

e quindi la proprietà è dimostrata.

c.v.d.

Occupiamoci ora di *isomorfismi ortogonali* nel caso in cui sia $E_1 = E_2 = E$.

Con il linguaggio fissato nel *paragrafo* 4.2, chiameremo questi ultimi *automorfismi ortogonali*[19].

[19]Gli *automorfismi ortogonali* sono anche chiamati *isometrie* o *trasformazioni ortogonali*.

4.29 Automorfismi ortogonali

Gli *automorfismi ortogonali*, essendo particolari *isomorfismi ortogonali*, godono di tutte le *proprietà* esaminate nel *paragrafo precedente*, di cui godono questi ultimi.

Vediamo che altro si può dire per essi!

Come conseguenza della *proprietà* 1 abbiamo il seguente *teorema*:

Teorema 4.14 *Se un* automorfismo ortogonale *è dotato di* autovalori, *questi ultimi hanno* valore assoluto *uguale a 1.*

Dimostrazione

Se λ è un *autovalore* dell'*automorfismo ortogonale* e $\underline{v}$ è un *autovettore* ad esso relativo, si ha:

$$f(\underline{v}) = \lambda \underline{v}$$

da cui segue

$$\|f(\underline{v})\| = \|\lambda \underline{v}\| = |\lambda|\ \|\underline{v}\|. \tag{4.117}$$

D'altra parte, trattandosi di un *automorfismo ortogonale*, si ha:

$$\|f(\underline{v})\| = \|\underline{v}\|. \tag{4.118}$$

Essendo i primi membri delle (4.117) e (4.118) uguali tra loro, lo sono anche i secondi e quindi risulta:

$$|\lambda|\ \|\underline{v}\| = \|\underline{v}\|$$

da cui

$$|\lambda| = 1$$

c.v.d.

Come conseguenza della *proprietà* 3 e della *proprietà* 4 delle *applicazioni lineari* riportate nel *paragrafo* 4.4, abbiamo:

Se in uno *spazio vettoriale euclideo* E di *dimensione* n fissiamo due *basi ortonormali*

$$B_O = (\underline{e}_1, \underline{e}_2, \ldots, \underline{e}_n) \quad \text{e} \quad B'_O = (\underline{e}'_1, \underline{e}'_2, \ldots, \underline{e}'_n)\ ,$$

l'*endomorfismo*

$$f : E \longrightarrow E$$

la cui *legge d'associazione* è determinata da:

$$\begin{aligned} f(\underline{e}_1) &= \underline{e}'_1 \\ f(\underline{e}_2) &= \underline{e}'_2 \\ \ldots &= \ldots \\ f(\underline{e}_n) &= \underline{e}'_n, \end{aligned}$$

è un *automorfismo ortogonale* e la *matrice* A che rappresenta la *legge d'associazione* f di tale *automorfismo* rispetto alla *base ortonormale* B_O è la *matrice* P *di passaggio* dalla *base ortonormale* B_O alla *base ortonormale* B'_O: $A = P$.

Si tratta ovviamente di una *matrice ortogonale* il cui *determinante*, come abbiamo visto nel *paragrafo* 4.28, è ± 1.

In accordo con quanto abbiamo detto nel *paragrafo* 2.13, le due *basi* B_O e B'_O appartengono alla stessa *orientazione* se è $\det P = 1$, ad *orientazioni opposte* se è invece $\det P = -1$.

Terminiamo qui la nostra trattazione degli *automorfismi ortogonali*. In *Geometria analitica* lo Studente vedrà l'uso di tale concetto.

Occupiamoci ora delle *forme bilineari* e *forme quadratiche*.

Capitolo 5

Forme bilineari e forme quadratiche

In questo Capitolo vogliamo occuparci delle

– *forme bilineari*

– *forme quadratiche*

Le *prime* sono funzioni la cui legge d'associazione è la generalizzazione dell'*operazione di prodotto scalare* che abbiamo introdotto assiomaticamente nel *paragrafo* 3.21.

Le *seconde* sono anche esse funzioni che si definiscono a partire dalle prime e servono:

– in *geometria analitica*, per lo studio di certe "curve" chiamate *coniche* e di certe "superfici" chiamate *quadriche*.

– in *analisi*, per la ricerca dei *punti di minimo* e di *massimo relativo* delle *funzioni reali* di più *variabili reali*.

Cominciamo dalle prime!

5.1 Forme bilineari

Definizione di forma bilineare

Dato uno spazio vettoriale V che supponiamo di dimensione finita n, si chiama *forma bilineare* su V ogni

funzione

$$f : A \rightarrow B$$

tale che:

- **il dominio** A **è l'insieme di tutte le coppie ordinate** $(\underline{u}, \underline{v})$ **dei vettori di** V**; tale insieme si denota con il simbolo** $V \times V$
- **l'insieme d'arrivo** B **è l'insieme** $\mathbb{R}$ **dei numeri reali**
- **la legge d'associazione**

$$f : (\underline{u}, \underline{v}) \rightarrow f(\underline{u}, \underline{v}) \in \mathbb{R} \tag{5.1}$$

verifica le seguenti condizioni (*assiomi*):

1. $\forall \underline{u}_1, \underline{u}_2, \underline{v} \in V \Rightarrow f(\underline{u}_1 + \underline{u}_2, \underline{v}) = f(\underline{u}_1, \underline{v}) + f(\underline{u}_2, \underline{v})$
2. $\forall \underline{v}, \underline{u} \in V$ **e** $\forall \lambda \in \mathbb{R} \Rightarrow f(\lambda \underline{u}, \underline{v}) = \lambda f(\underline{u}, \underline{v})$
3. $\forall \underline{u}, \underline{v}_1, \underline{v}_2 \in V \Rightarrow f(\underline{u}, \underline{v}_1 + \underline{v}_2) = f(\underline{u}, \underline{v}_1) + f(\underline{u}, \underline{v}_2)$
4. $\forall \underline{v}, \underline{u} \in V$ **e** $\forall \lambda \in \mathbb{R} \Rightarrow f(\underline{u}, \lambda \underline{v}) = \lambda f(\underline{u}, \underline{v})$

In accordo con la *definizione* data, una *forma bilineare* su V si denota pertanto così:

$$f : V \times V \rightarrow \mathbb{R} \tag{5.2}$$

L'aggettivo "bilineare" segue dal fatto che se pensiamo fisso uno dei due *vettori* $\underline{u}$ e $\underline{v}$ che compaiono nella (5.1), la *forma bilineare* su V diventa una *forma lineare* [1] di *dominio* V; è quanto ci dicono rispettivamente le *condizioni* 1.,2. e 3.,4.
Dalle *condizioni* 2. e 4. seguono due *proprietà* delle *forme bilineari* su V.

Proprietà 1 *Se in una* coppia ordinata $(\underline{u}, \underline{v})$ *di* vettori *di* V *uno dei due* vettori *è* $\underline{0}_V$*, allora la sua* immagine $f(\underline{u}, \underline{v})$ *è* zero.
In simboli:

$$\forall \underline{u}, \underline{v} \in V \Rightarrow f(\underline{0}_V, \underline{v}) = f(\underline{u}, \underline{0}_V) = 0$$

[1] La definizione di *forma lineare* l'abbiamo data nel *paragrafo* 4.2.

Proprietà 2 *Se in una* coppia ordinata $(\underline{u}, \underline{v})$ *di* vettori *di* V *si sostituisce uno dei due* vettori $\underline{u}, \underline{v}$ *con il suo* opposto *allora l'*immagine *della* nuova coppia ordinata *ha il* valore opposto *a quello della* coppia ordinata $(\underline{u}, \underline{v})$.

In simboli:

$$\forall \underline{u}, \underline{v} \in V \Rightarrow f(-\underline{u}, \underline{v}) = f(\underline{u}, -\underline{v}) = -f(\underline{u}, \underline{v})$$

Vediamo ora cosa si può dire dell'*insieme* di tutte le *forme bilineari* su V.

5.2 Spazio vettoriale delle forme bilineari su V e due sottospazi di esso

Cominciamo con l'enunciare un *teorema* la cui *dimostrazione* viene lasciata come esercizio allo Studente.

Teorema 5.1 *Date due forme bilineari su* V

$$f : V \times V \to \mathbb{R}$$

e

$$g : V \times V \to \mathbb{R}$$

siano $\underline{u}, \underline{v}$ *due generici vettori di* V *e* λ *un numero reale. Le applicazioni*

$$s : V \times V \to \mathbb{R} \qquad \text{dove } s(\underline{u}, \underline{v}) = f(\underline{u}, \underline{v}) + g(\underline{u}, \underline{v})$$

e

$$p : V \times V \to \mathbb{R} \qquad \text{dove } p(\underline{u}, \underline{v}) = \lambda f(\underline{u}, \underline{v})$$

che prendono rispettivamente il nome di applicazione somma ed applicazione prodotto per uno scalare, sono anche esse forme bilineari su V.

Tale *teorema* ci consente di trarre la seguente *conclusione*:

- L'insieme di tutte le *forme bilineari su* V, con le *operazioni* mediante le quali abbiamo costruito le *forme bilineari* s e p (su V), è uno *spazio vettoriale* e si denota con il *simbolo* $B(V)$.

Segnaliamo in $B(V)$ la presenza di due tipi particolari di forme bilineari; si tratta:

- *delle forme bilineari simmetriche*;
- *delle forme bilineari antisimmetriche.*

Diamo le definizioni!

Definizione di forma bilineare simmetrica
Una forma bilineare su V $f : V \times V \to \mathbb{R}$ si dice che è una forma bilineare simmetrica se:

$$\forall \underline{u}, \underline{v} \in V \Rightarrow f(\underline{u}, \underline{v}) = f(\underline{v}, \underline{u}) \tag{5.3}$$

Definizione di forma bilineare antisimmetrica
Una forma bilineare su V $f : V \times V \to \mathbb{R}$ si dice che è una forma bilineare antisimmetrica se:

$$\forall \underline{u}, \underline{v} \in V \Rightarrow f(\underline{u}, \underline{v}) = -f(\underline{v}, \underline{u}) \tag{5.4}$$

Una *condizione necessaria e sufficiente* affinché una *forma bilineare su V* sia una *forma bilineare antisimmetrica*, è data nel seguente *teorema*:

Teorema 5.2 *Condizione necessaria e sufficiente affinché una forma bilineare su V*

$$f : V \times V \to \mathbb{R}$$

sia antisimmetrica è che:

$$\forall \underline{u} \in V \Rightarrow f(\underline{u}, \underline{u}) = 0 \tag{5.5}$$

Dimostrazione
Necessità - Se la forma bilineare (5.2) è antisimmetrica, per la (5.4) abbiamo che:

$$\forall \underline{u} \in V \Rightarrow f(\underline{u}, \underline{u}) = -f(\underline{u}, \underline{u})$$

da cui segue la (5.5) perché *zero* è l'unico numero uguale al suo opposto.
Sufficienza - Se è verificata la (5.5) abbiamo che

$$\forall \underline{u}_1, \underline{u}_2 \in V \Rightarrow f(\underline{u}_1 + \underline{u}_2, \underline{u}_1 + \underline{u}_2) = 0 \tag{5.6}$$

Poiché

$$\begin{aligned} f(\underline{u}_1+\underline{u}_2,\underline{u}_1+\underline{u}_2) &= f(\underline{u}_1,\underline{u}_1+\underline{u}_2)+f(\underline{u}_2,\underline{u}_1+\underline{u}_2)= \\ &= f(\underline{u}_1,\underline{u}_1)+f(\underline{u}_1,\underline{u}_2)+f(\underline{u}_2,\underline{u}_1)+f(\underline{u}_2,\underline{u}_2)= \\ &= \text{per la (5.5)} = \\ &= 0+f(\underline{u}_1,\underline{u}_2)+f(\underline{u}_2,\underline{u}_1)+0= \\ &= f(\underline{u}_1,\underline{u}_2)+f(\underline{u}_2,\underline{u}_1) \end{aligned}$$

dalla (5.6) segue:

$$f(\underline{u}_1,\underline{u}_2)+f(\underline{u}_2,\underline{u}_1)=0$$

cioè

$$f(\underline{u}_1,\underline{u}_2)=-f(\underline{u}_2,\underline{u}_1)$$

e quindi la *forma bilineare* è una *forma bilineare antisimmetrica.* **c.v.d.**

È facile constatare che:

a) l'insieme delle *forme bilineari simmetriche* costituisce un *sottospazio* di $B(V)$ che denotiamo con il *simbolo* $B_s(V)$

b) l'insieme delle *forme bilineari antisimmetriche* costituisce un *sottospazio* di $B(V)$ che denotiamo con il *simbolo* $B_a(V)$

c) i *sottospazi* $B_s(V)$ e $B_a(V)$ hanno in comune solo la *forma bilineare identicamente nulla* [2] cioè il *vettore nullo* dello *spazio vettoriale* $B(V)$.

Le tre constatazioni fatte ci consentono di concludere che:

- il *sottospazio somma* $B_s(V)+B_a(V)$ è *somma diretta* e se riusciremo a provare che *ogni forma bilineare* su V può essere espressa come *somma* di una *forma bilineare simmetrica* e di una *forma bilineare antisimmetrica*, concluderemo che è:

$$B(V)=B_s(V)\oplus B_a(V) \tag{5.7}$$

e quindi i due *sottospazi* $B_s(V)$ e $B_a(V)$ sono *supplementari*.

---

[2]Si dice che una *forma bilineare* su V, $f:V\times V\rightarrow\mathbb{R}$ è *identicamente nulla* se $\forall\underline{u},\underline{v}\in V\Rightarrow f(\underline{u},\underline{v})=0$. La *forma bilineare identicamente nulla* è *simmetrica* e *antisimmetrica* allo stesso tempo.

Che la (5.7) è vera, ce lo mostra il seguente *teorema*:

Teorema 5.3 *Ogni* forma bilineare su V *che non sia né* simmetrica *né* antisimmetrica *è* somma *di una* forma bilineare simmetrica *e di una* antisimmetrica.

Dimostrazione
Data una *forma bilineare* su V (né simmetrica, né antisimmetrica)

$$f : V \times V \to \mathbb{R}$$

possiamo costruire, a partire da essa, due *forme bilineari*: una *simmetrica* ed una *antisimmetrica*, le cui *leggi d'associazione* sono:

$$\begin{aligned}
(\underline{u}, \underline{v}) \quad &\to \quad f_s(\underline{u}, \underline{v}) = \frac{1}{2}\left[f(\underline{u}, \underline{v}) + f(\underline{v}, \underline{u})\right] \\
(\underline{u}, \underline{v}) \quad &\to \quad f_a(\underline{u}, \underline{v}) = \frac{1}{2}\left[f(\underline{u}, \underline{v}) - f(\underline{v}, \underline{u})\right]
\end{aligned}$$

Poiché la *forma bilineare somma* delle due è la *forma bilineare* data, il *teorema* è dimostrato.

c.v.d.

In base a tale *teorema* possiamo dire che le *forme bilineari* su V sono:

– o *simmetriche*

– o *antisimmetriche*

– o *somma* di una *forma simmetrica* più una *antisimmetrica*

Andiamo ora a vedere che è una *forma quadratica*!

5.3 Forme quadratiche

Definizione di forma quadratica
Data una *forma bilineare* su V

$$f : V \times V \to \mathbb{R} \tag{5.2}$$

si chiama *forma quadratica ad essa associata* la *restrizione* della (5.2) avente per *dominio* il sottoinsieme di $V \times V$ costituito dalle *coppie di vettori uguali.* Se denotiamo tale *sottoinsieme* con il simbolo $\Delta(V \times V)$, possiamo scrivere:

$$f : \Delta(V \times V) \to \mathbb{R}.$$

Poiché fissato un *vettore* $\underline{v}$ di V resta fissata la *coppia* $(\underline{v}, \underline{v})$ e di quest'ultima l'*immagine* $f(\underline{v}, \underline{v})$:

$$\underline{v} \to (\underline{v}, \underline{v}) \to f(\underline{v}, \underline{v})$$

possiamo riguardare la *forma quadratica associata alla forma bilineare su* V (5.2) come un'*applicazione*

$$\omega : V \to \mathbb{R} \tag{5.8}$$

la cui *legge d'associazione* ω è:

$$(\underline{v}, \underline{v}) \to \omega(\underline{v}) = f(\underline{v}, \underline{v})$$

Tenendo presente la *classificazione delle forme bilineari* fatta nel *paragrafo precedente*, possiamo dire:

- se la *forma bilineare* (5.2) è *antisimmetrica*, la *forma quadratica* (5.8) ad essa associata è l'*applicazione identicamente nulla.* Per la (5.5) si ha infatti:

$$\omega(\underline{v}) = f(\underline{v}, \underline{v}) = 0, \quad \forall \underline{v} \in V \tag{5.9}$$

- se la *forma bilineare* (5.2) non è né *simmetrica* nè *antisimmetrica*, dal *teorema* 5.3 e dalla (5.9) segue:

$$\omega(\underline{v}) = f(\underline{v}, \underline{v}) = f_s(\underline{v}, \underline{v}) + f_a(\underline{v}, \underline{v}) = f_s(\underline{v}, \underline{v}) + 0 = f_s(\underline{v}, \underline{v})$$

Concludendo:

- ad ogni *forma bilineare simmetrica* ed a tutte le *forme bilineari* ottenute sommando ad essa una qualunque *forma bilineare antisimmetrica* resta associata una *stessa forma quadratica*: si tratta della *forma quadratica* associata alla *forma bilineare simmetrica.*

L'ultima conclusione alla quale siamo giunti ci consente di affermare:

- ad *ogni forma bilineare* corrisponde una *sola forma quadratica*
- ad *ogni forma quadratica* non corrisponde *una sola forma bilineare.*

Se si tratta della *forma quadratica identicamente nulla* ad essa corrispondono tutte le *forme bilineari antisimmetriche.*

Se si tratta di una *forma quadratica non identicamente nulla*, ad essa corrisponde *una sola forma bilineare simmetrica* e tutte le forme bilineari ottenute sommando ad essa una qualunque *forma bilineare antisimmetrica.*

La *forma bilineare simmetrica*, associata alla *forma quadratica*, si chiama *forma polare della forma quadratica.*

Il seguente *teorema* ci dice come si può costruire la *forma polare* di una *forma quadratica.*

Teorema 5.4 *Data una* forma quadratica non identicamente nulla

$$\omega : V \to \mathbb{R}$$

la forma bilineare simmetrica ad essa associata *(forma polare di ω) ha la* legge d'associazione f *così fatta:*

$$\forall \underline{u}, \underline{v} \in \mathbb{R} \Rightarrow f(\underline{u}, \underline{v}) = \frac{1}{2}\left[\omega(\underline{u}+\underline{v}) - \omega(\underline{u}) - \omega(\underline{v})\right] \qquad (5.10)$$

Dimostrazione

Se f è la *legge d'associazione* della *forma bilineare simmetrica* che stiamo cercando, possiamo scrivere che: $\forall \underline{u}, \underline{v} \in V$ si ha:

$$\begin{aligned}\omega(\underline{u}+\underline{v}) &= f(\underline{u}+\underline{v}, \underline{u}+\underline{v}) = f(\underline{u}, \underline{u}) + f(\underline{u}, \underline{v}) + f(\underline{v}, \underline{u}) + f(\underline{v}, \underline{v}) = \\ &= \omega(\underline{u}) + 2f(\underline{u}, \underline{v}) + \omega(\underline{v})\end{aligned}$$

Ricavando $f(\underline{u}, \underline{v})$ otteniamo:

$$f(\underline{u}, \underline{v}) = \frac{1}{2}\left[\omega(\underline{u} + \underline{v}) - \omega(\underline{u}) - \omega(\underline{v})\right]$$

cioè la (5.10).

c.v.d.

All'inizio del *paragrafo* abbiamo detto che una *forma quadratica* è un'*applicazione*

$$\omega : V \to \mathbb{R} \tag{5.8}$$

Ci chiediamo ora:

- Data un'applicazione (5.8), a quali condizioni deve soddisfare la *legge d'associazione* ω affinché essa sia una *forma quadratica*?

Il seguente *teorema* ci dà la risposta!

Teorema 5.5 Condizione necessaria e sufficiente *affinchè l'*applicazione *(5.8) sia una* forma quadratica *è che:*

a) $\forall \underline{v} \in V, \forall \lambda \in \mathbb{R} \Rightarrow \omega(\lambda \underline{v}) = \lambda^2 \omega(\underline{v})$

*b) l'*applicazione

$$f : V \times V \to \mathbb{R}$$

la cui legge d'associazione *è:*

$$(\underline{u}, \underline{v}) \to f(\underline{u}, \underline{v}) = \frac{1}{2}[\omega(\underline{u} + \underline{v}) - \omega(\underline{u}) - \omega(\underline{v})] \tag{5.11}$$

sia una forma bilineare simmetrica.

Dimostrazione
Necessità - Se la (5.8) è una *forma quadratica* allora, per il *teorema* 5.4, la *condizione* b) è verificata.

È verificata anche la *condizione* a), infatti:

$\forall \underline{v} \in V$ e $\forall \lambda \in \mathbb{R}$ si ha $: \omega(\lambda \underline{v}) = f(\lambda \underline{v}, \lambda \underline{v}) = \lambda^2 f(\underline{v}, \underline{v}) = \lambda^2 \omega(\underline{v})$

Sufficienza - Dobbiamo provare che se sono verificate le *condizioni* a) e b), allora la (5.8) è una *forma quadratica.*

Se nella (5.11) poniamo $\underline{u} = \underline{v}$ si ha:

$$f(\underline{v}, \underline{v}) = \frac{1}{2}[\omega(2\underline{v}) - \omega(\underline{v}) - \omega(\underline{v})] = \frac{1}{2}[\omega(2\underline{v}) - 2\omega(\underline{v})] \tag{5.12}$$

Per la *condizione* a):

$$\omega(2\underline{v}) = 4\omega(\underline{v}) \tag{5.13}$$

Sostituendo la (5.13) nella (5.12) si ha:

$$f(\underline{v}, \underline{v}) = \frac{1}{2}[4\omega(\underline{v}) - 2\omega(\underline{v})] = \frac{1}{2}[2\omega(\underline{v})] = \omega(\underline{v})$$

quindi la (5.8) è una *forma quadratica.*

c.v.d.

Circa le *forme quadratiche*, vogliamo fare ancora due considerazioni.

5.4 Due considerazioni sulle forme quadratiche

Considerazione 1 *Osserviamo che l'*insieme delle forme quadratiche *definite in uno* spazio vettoriale V, *con le* operazioni *che conferiscono all'*insieme delle forme bilineari su V *la* struttura di spazio vettoriale, *è uno* spazio vettoriale *che si denota con il* simbolo $Q(V)$ *ed è* isomorfo *al* sottospazio $B_s(V)$ *di* $B(V)$*:*

$$Q(V) \leftrightarrow B_s(V) \subset B(V)$$

Considerazione 2 *Data una* forma quadratica

$$\omega : V \to \mathbb{R}$$

sappiamo che $\omega(\underline{0}_V) = 0$.

Se $\underline{v}$ *è il* generico vettore *di* V distinto *da* $\underline{0}_V$*, per quanto riguarda il* segno *di* $\omega(\underline{v})$ *abbiamo le seguenti possibilità:*

1. $\forall \underline{v} \in V - \{\underline{0}_V\} \Rightarrow \omega(\underline{v}) > 0$

2. *esiste* almeno *un* vettore $\underline{v}_0 \in V - \{\underline{0}_V\}$ *tale che* $\omega(\underline{v}_0) = 0$, *mentre per gli altri* vettori $\underline{v}$ *di* $V - \{\underline{0}_V\}$ *risulta* $\omega(\underline{v}) > 0$

3. $\forall \underline{v} \in V - \{\underline{0}_V\} \Rightarrow \omega(\underline{v}) < 0$

4. *esiste* almeno *un* vettore $\underline{v}_0 \in V - \{\underline{0}_V\}$ *tale che* $\omega(\underline{v}_0) = 0$, *mentre per gli altri* vettori $\underline{v}$ *di* $V - \{\underline{0}_V\}$ *risulta* $\omega(\underline{v}) < 0$

5. *esistono* vettori $\underline{v}$ *di* $V - \{\underline{0}_V\}$ *per cui risulta* $\omega(\underline{v}) > 0$, vettori *per cui risulta* $\omega(\underline{v}) < 0$ *e* vettori *per cui risulta* $\omega(\underline{v}) = 0$

Nei cinque casi elencati, si dice rispettivamente che la *forma quadratica* è:

1. *definita positiva*
2. *semidefinita positiva*
3. *definita negativa*
4. *semidefinita negativa*
5. *indefinita*

Ciò premesso diciamo subito che nel seguito del capitolo ci occuperemo esclusivamente delle *forme bilineari simmetriche.* Cominciamo allora con lo stabilire che *relazione* c'è *tra esse* ed i *prodotti scalari.*

5.5 Forme bilineari simmetriche e prodotti scalari

All'inizio del capitolo abbiamo detto a titolo di notizia, che la *legge d'associazione* di una *forma bilineare* è la generalizzazione dell'*operazione di prodotto scalare.*

Siamo ora in condizione di costatarlo.

Chiariamo il linguaggio!

Nel *paragrafo* 3.21 abbiamo definito l'*operazione di prodotto scalare* in uno *spazio vettoriale* V come un'*operazione* che associa ad ogni *coppia ordinata* $(\underline{u}, \underline{v})$ di *vettori* di V, un *numero reale* che abbiamo denotato con il *simbolo* $\underline{u} \cdot \underline{v}$ ed abbiamo chiamato *prodotto scalare*, come l'*operazione.*

Poiché la *coppia ordinata* di *vettori* $(\underline{u}, \underline{v})$ è un elemento di $V \times V$, l'*operazione di prodotto scalare* non è altro che la *legge d'associazione* f di una *funzione*:

$$f : V \times V \to \mathbb{R}$$

Con questa simbologia il *prodotto scalare* $\underline{u} \cdot \underline{v}$ tra due *vettori* $\underline{u}$ e $\underline{v}$ è l'*immagine* $f(\underline{u}, \underline{v})$ della *coppia ordinata* $(\underline{u}, \underline{v})$:

$$f(\underline{u}, \underline{v}) = \underline{u} \cdot \underline{v} \in \mathbb{R}$$

Le *condizioni* (assiomi), citate nel *paragrafo* 3.21, a cui deve soddisfare l'*operazione di prodotto scalare*, possono allora essere scritte così:

1. $\forall \underline{u}, \underline{v} \in V \Rightarrow f(\underline{u}, \underline{v}) = f(\underline{v}, \underline{u})$
2. $\forall \underline{u} \in V \Rightarrow f(\underline{u}, \underline{u}) \geq 0$; è $f(\underline{u}, \underline{u}) = 0$ se e solo se è $\underline{u} = \underline{0}_V$
3. $\forall \underline{u}, \underline{v}, \underline{w} \in V \Rightarrow f(\underline{u}, \underline{v} + \underline{w}) = f(\underline{u}, \underline{v}) + f(\underline{u}, \underline{w})$
4. $\forall \underline{u}, \underline{v} \in V$ e $\forall \alpha \in \mathbb{R} \Rightarrow f(\alpha\underline{u}, \underline{v}) = f(\underline{u}, \alpha\underline{v}) = \alpha f(\underline{u}, \underline{v})$

Confrontando tali *condizioni* con *quelle* verificate dalla *legge d'associazione* di una *forma bilineare*, ci accorgiamo che le *condizioni* 1., 3., 4. assicurano che l'*operazione di prodotto scalare* è la *legge d'associazione* di una *forma bilineare simmetrica*.

La *condizione* 2. dice poi che la *forma quadratica* ad essa associata:

$$\omega : V \to \mathbb{R}$$

è *definita positiva*. Possiamo allora concludere che:

– l'*operazione di prodotto scalare* è la *legge d'associazione* di una *forma bilineare simmetrica* la cui *forma quadratica* associata è *definita positiva*.

Tale conclusione ci consente di dire che:

– uno *spazio vettoriale euclideo* E è uno *spazio vettoriale* V in cui sia stata definita una *forma bilineare simmetrica con forma quadratica associata definita positiva*.

Siccome non tutte le *forme bilineari* sono *simmetriche* e quelle *simmetriche*, come vedremo, non tutte hanno la *forma quadratica associata definita positiva*, da qui segue che non tutte le *forme bilineari* su V hanno la *legge d'associazione* f che è un'*operazione di prodotto scalare* quindi abbiamo constatato quanto abbiamo detto all'inizio del Capitolo, che cioè la *legge d'associazione* di una *forma bilineare* è la generalizzazione dell'*operazione* di *prodotto scalare* introdotta assiomaticamente nel *paragrafo* 3.21.

Poiché la *legge d'associazione* f di una *forma bilineare simmetrica* è la generalizzazione dell'*operazione di prodotto scalare*, non tutti i concetti definiti in uno *spazio vettoriale euclideo* $E = (V; \cdot)$ che poggiano sull'*operazione di prodotto scalare* sussistono in uno *spazio vettoriale* V in cui sia stata definita una *forma bilineare simmetrica.*

Dopo questa precisazione, intraprendiamo lo studio delle *forme bilineari simmetriche* su V e delle *forme quadratiche* ad esse associate, ricordando che V è uno *spazio vettoriale* di *dimensione finita* n.

Cominciamo da una *definizione* che generalizza quella di *ortogonalità* tra due *vettori* !

5.6 Definizione di vettori coniugati e nucleo di una forma bilineare simmetrica

Definizione di vettori coniugati

Dato uno spazio vettoriale V di dimensione finita n ed una forma bilineare simmetrica su V:

$$f : V \times V \to \mathbb{R}$$

si dice che due vettori $\underline{u}$ e $\underline{v}$ di V sono coniugati rispetto a f se

$$f(\underline{u}, \underline{v}) = 0$$

Se è $\underline{u} = \underline{v}$ e risulta

$$f(\underline{u}, \underline{u}) = 0 \qquad \text{cioè} \qquad \omega(\underline{u}) = 0$$

si dice che il vettore $\underline{u}$ è autoconiugato.

Da tale definizione segue:

- il *vettore nullo* $\underline{0}_V \in V$, per la **proprietà 1** del *paragrafo* 5.1, è *coniugato con se stesso* (autoconiugato) e con qualunque altro *vettore* $\underline{v} \in V$.

Se la *legge d'associazione* di una *forma bilineare simmetrica* è quindi un'*operazione di prodotto scalare*:

$$f(\underline{u}, \underline{v}) = \underline{u} \cdot \underline{v}$$

il *vettore nullo* $\underline{0}_V \in V$ è l'*unico vettore* dello *spazio vettoriale* V, *coniugato con se stesso* (autoconiugato) e con *qualunque altro vettore* $\underline{v} \in V$.

Se invece la *legge d'associazione* f non è un'*operazione di prodotto scalare*, può accadere che esista *qualche altro vettore* $\underline{u} \in V$, oltre al *vettore nullo* $\underline{0}_V$, che sia *coniugato con se stesso* (autoconiugato) e con *qualunque altro vettore* $\underline{v} \in V$, cioè che risulti

$$f(\underline{u}, \underline{v}) = 0 \qquad , \forall \underline{v} \in V.$$

Questa circostanza ci porta alla *definizione di nucleo di una forma bilineare simmetrica.*

Definizione di nucleo di una forma bilineare simmetrica
Dato uno *spazio vettoriale* V di *dimensione finita* n ed una *forma bilineare simmetrica* su V:

$$f : V \times V \quad \to \quad \mathbb{R}$$

si chiama *nucleo della forma bilineare simmetrica* su V e si denota con il *simbolo* Nuc$f$, l'*insieme* dei *vettori* $\underline{u} \in V$ che sono *coniugati* con *ogni vettore* $\underline{v} \in V$.

In simboli:

$$\text{Nuc}f = \{\underline{u} \in V : f(\underline{u}, \underline{v}) = 0, \forall \underline{v} \in V\}$$

Dalla *definizione* di *nucleo* segue che:

– Ogni *vettore* $\underline{u} \in \mathrm{Nuc}f$ essendo *coniugato* con ogni *vettore* $\underline{v} \in V$ è *coniugato con se stesso* (autoconiugato) e con ogni altro *vettore del nucleo*, quindi se un *vettore* $\underline{u} \in V$ *non è autoconiugato*, cioè risulta:

$$\omega(\underline{u}) = f(\underline{u}, \underline{u}) \neq 0$$

non appartiene al $\mathrm{Nuc}f$.

Una proprietà del $\mathrm{Nuc}f$ è espressa dal seguente *teorema*:

Teorema 5.6 *Il* nucleo $\mathrm{Nuc}f$ *di una* forma bilineare simmetrica *su* V*:*

$$f : V \times V \to \mathbb{R}$$

è un sottospazio *di* V*.*

Dimostrazione

Sicuramente $\mathrm{Nuc}f$ non è vuoto perché ad esso appartiene per lo meno il *vettore nullo* $\underline{0}_V$.

Se risulta $\mathrm{Nuc}f = \{\underline{0}_V\}$, il *teorema* è *dimostrato* poiché $\{\underline{0}_V\}$ è un *sottospazio* di V.

Se invece a $\mathrm{Nuc}f$ *appartengono* altri *vettori* $\underline{u} \in V$ oltre a $\underline{0}_V$, per provare che $\mathrm{Nuc}f$ è un *sottospazio* di V dobbiamo dimostrare che:

a) se $\underline{u}_1, \underline{u}_2 \in \mathrm{Nuc}f \Rightarrow \underline{u}_1 + \underline{u}_2 \in \mathrm{Nuc}f$

b) se $\underline{u} \in \mathrm{Nuc}f$ e $\lambda \in \mathbb{R} \Rightarrow \lambda\underline{u} \in \mathrm{Nuc}f$

Dimostriamo a)!

Provare che $\underline{u}_1 + \underline{u}_2 \in \mathrm{Nuc}f$ significa provare che

$$f(\underline{u}_1 + \underline{u}_2, \underline{v}) = 0 \quad , \forall \underline{v} \in V.$$

Da

$$f(\underline{u}_1, \underline{v}) = 0 \qquad , \forall \underline{v} \in V$$
$$f(\underline{u}_2, \underline{v}) = 0 \qquad , \forall \underline{v} \in V$$

e dalla *condizione* (assioma) 1. a cui deve soddisfare f, segue:

$$f(\underline{u}_1 + \underline{u}_2, \underline{v}) = f(\underline{u}_1, \underline{v}) + f(\underline{u}_2, \underline{v}) = 0 + 0 = 0$$

Dimostriamo b)!

Provare che $\lambda \underline{u} \in \text{Nuc} f$ significa provare che

$$f(\lambda \underline{u}, \underline{v}) = 0 \quad , \forall \underline{v} \in V \quad e \quad \forall \lambda \in \mathbb{R}.$$

Da

$$f(\underline{u}, \underline{v}) = 0 \quad , \quad \forall \underline{v} \in V$$

e dalla *condizione* (assioma) 2. a cui deve soddisfare f, segue:

$$f(\lambda \underline{u}, \underline{v}) = \lambda f(\underline{u}, \underline{v}) = \lambda 0 = 0$$

c.v.d.

Poiché $\text{Nuc} f$ è un *sottospazio* di V, possiamo concludere che:

$$0 \leq \dim(\text{Nuc} f) \leq \dim V$$

e, se non è $\dim(\text{Nuc} f) = 0$, ogni sua *base* è costituita da *vettori autoconiugati* e *coniugati a due a due.*

La *dimensione* del $\text{Nuc} f$ ci permette di suddividere le *forme bilineari simmetriche* su V in:

– *forme bilineari ordinarie*

– *forme bilineari degeneri.*

Abbiamo le seguenti *definizioni*!

Definizione di forma bilineare ordinaria

Una *forma bilineare simmetrica* su V:

$$f : V \times V \to \mathbb{R}$$

si dice che è una *forma bilineare ordinaria* se

$$\dim(\text{Nuc} f) = 0 \quad \textbf{cioè } \text{Nuc} f = \{\underline{0}_V\}$$

Definizione di forma bilineare degenere

Una *forma bilineare simmetrica* su V:

$$f : V \times V \to \mathbb{R}$$

si dice che è una *forma bilineare degenere* se

$$\dim(\text{Nuc} f) > 0 \quad \textbf{cioè } \{\underline{0}_V\} \subset \text{Nuc} f$$

Le *forme bilineari simmetriche* con la *forma quadratica* associata *definita positiva* o *negativa* sono *forme bilineari ordinarie* perché *nessun vettore* $\underline{u} \in V - \{\underline{0}_V\}$ appartiene al Nuc$f$ in quanto risulta rispettivamente $f(\underline{u}, \underline{u}) > 0$ e $f(\underline{u}, \underline{u}) < 0$.

Le *forme bilineari simmetriche* con la *forma quadratica* associata *semidefinita positiva* o *negativa* sono invece *forme bilineari degeneri.*

È quanto ci mostra il seguente *teorema*:

Teorema 5.7 *Ogni* forma bilineare simmetrica *su V*

$$f : V \times V \to \mathbb{R}$$

con forma quadratica *associata* semidefinita positiva *o* negativa *è una* forma bilineare degenere.

Dimostrazione

Dimostriamo il *teorema* nel caso che la *forma quadratica* associata sia *semidefinita positiva*, lasciando la dimostrazione, nel caso che sia *semidefinita negativa*, come esercizio allo Studente.

Essendo la *forma quadratica semidefinita positiva*, esiste per lo meno un *vettore* $\underline{u}_0 \neq \underline{0}_V$ tale che risulti:

$$f(\underline{u}_0, \underline{u}_0) = 0 \tag{5.14}$$

Vogliamo dimostrare che $\underline{u}_0 \in$ Nuc$f$, cioè:

$$f(\underline{u}_0, \underline{v}) = 0 \quad , \forall \underline{v} \in V \tag{5.15}$$

Ragioniamo per assurdo!

Supponiamo che la (5.15) non sia verificata, cioè che esista un *vettore* $\underline{v}_0 \in V$ tale che risulti:

$$f(\underline{u}_0, \underline{v}_0) \neq 0. \tag{5.16}$$

Se consideriamo allora il *vettore*

$$\underline{v}_0 + t\underline{u}_0 \quad , \text{con } t \in \mathbb{R},$$

per il fatto che la *forma quadratica* è *semidefinita positiva* si ha:

$$f(\underline{v}_0 + t\underline{u}_0, \underline{v}_0 + t\underline{u}_0) \geq 0 \qquad , \forall t \in \mathbb{R} \tag{5.17}$$

Poiché

$$\begin{aligned} f(\underline{v}_0 + t\underline{u}_0, \underline{v}_0 + t\underline{u}_0) &= f(\underline{v}_0, \underline{v}_0) + f(\underline{v}_0, t\underline{u}_0) + f(t\underline{u}_0, \underline{v}_0) + f(t\underline{u}_0, t\underline{u}_0) = \\ &= f(\underline{v}_0, \underline{v}_0) + 2tf(\underline{u}_0, \underline{v}_0) + t^2 f(\underline{u}_0, \underline{u}_0) = \\ &= \text{ per la } (5.14) = f(\underline{v}_0, \underline{v}_0) + 2tf(\underline{u}_0, \underline{v}_0) \end{aligned}$$

la (5.17) diviene

$$f(\underline{v}_0, \underline{v}_0) + 2tf(\underline{u}_0, \underline{v}_0) \geq 0 \quad , \forall t \in \mathbb{R} \tag{5.18}$$

Non potendo la (5.18) essere verificata per ogni valore di $t \in \mathbb{R}$, concludiamo che un *vettore* $\underline{v}_0 \in V$ che verifichi la (5.16) non esiste, quindi la (5.15) è verificata e pertanto il *vettore* $\underline{u}_0 \in \text{Nuc} f$.

c.v.d.

Per quanto riguarda le *forme bilineari simmetriche* con la *forma quadratica* associata *indefinita*, vi sono esempi di *forme bilineari ordinarie* ed esempi di *forme bilineari degeneri*: di esse ci occuperemo in sede di esercizi.

Soffermiamoci invece ancora un poco sui *vettori coniugati* per vedere di quali *proprietà* essi godono.

5.7 Proprietà dei vettori coniugati; basi di vettori coniugati a due a due

Una prima *proprietà* dei *vettori coniugati* è questa:

Proprietà 1 *Fissato in V un* vettore $\underline{u} \neq \underline{0}_V$ *osserviamo che:*

a) se $\underline{v}_1$ e $\underline{v}_2$ sono due vettori *di V* coniugati *con $\underline{u}$:*

$$f(\underline{u}, \underline{v}_1) = 0 \qquad e \qquad f(\underline{u}, \underline{v}_2) = 0$$

allora

il vettore $\underline{v}_1 + \underline{v}_2$ *è* coniugato *di $\underline{u}$.*

Si ha infatti:

$$f(\underline{u}, \underline{v}_1 + \underline{v}_2) = f(\underline{u}, \underline{v}_1) + f(\underline{u}, \underline{v}_2) = 0 + 0 = 0$$

b) se $\underline{v}$ *è un* vettore *di* V coniugato *di* $\underline{u}$*:*

$$f(\underline{u}, \underline{v}) = 0$$

allora

il vettore $\lambda \underline{v}$ *con* λ *numero reale arbitrario è anche esso* coniugato *di* $\underline{u}$.

Si ha infatti:

$$f(\underline{u}, \lambda \underline{v}) = \lambda f(\underline{u}, \underline{v}) = \lambda 0 = 0$$

Le *osservazioni* a) e b) ci consentono di concludere che:

- l'insieme di tutti i *vettori* $\underline{v} \in V$ *coniugati* di $\underline{u}$ è un *sottospazio vettoriale* di V.

Tale *sottospazio* si denota con il *simbolo*

$$C(\underline{u}) = \{\underline{v} \in V : f(\underline{u}, \underline{v}) = 0\}$$

e prende il nome di *sottospazio* di V *coniugato* di $\underline{u}$.

Il vettore $\underline{u}$ può appartenere a $C(\underline{u})$ oppure no; appartiene a $C(\underline{u})$ se $\underline{u}$ è *autoconiugato* cioè risulta $\omega(\underline{u}) = f(\underline{u}, \underline{u}) = 0$. [3]

Nel caso che il vettore $\underline{u}$ *non sia autoconiugato*, sussiste il seguente *teorema*:

Teorema 5.8 *Dato uno* spazio vettoriale V *di* dimensione finita n *sia* $f : V \times V \to \mathbb{R}$ *una* forma bilineare simmetrica *su* V *ed* $\underline{u}$ *un* vettore *di* V *distinto dal* vettore nullo*:* $\underline{u} \neq \underline{0}_V$.

Se

$$\omega(\underline{u}) = f(\underline{u}, \underline{u}) \neq 0$$

allora i sottospazi $L\{\underline{u}\}$ *e* $C(\underline{u})$ *di* V *sono* supplementari*, cioè risulta*

$$V = L\{\underline{u}\} \oplus C(\underline{u}).$$

[3] Se $\underline{u} \in \mathrm{Nuc} f$, il *sottospazio* $C(\underline{u})$ di V, *coniugato* di $\underline{u}$, è V stesso:

$$C(\underline{u}) = V$$

Dimostrazione

Dobbiamo provare che ogni *vettore* $\underline{v} \in V$ è *somma* di un *vettore* $\underline{v}_1 \in L\{\underline{u}\}$ e di un *vettore* $\underline{v}_2 \in C(\underline{u})$:

$$\underline{v} = \underline{v}_1 + \underline{v}_2$$

Se $\underline{v} \in L\{\underline{u}\}$ oppure $\underline{v} \in C(\underline{u})$ il *teorema* è dimostrato; si ha infatti nei due casi:

$$\underline{v} = \underline{v}_1 + \underline{v}_2 = \underline{v} + \underline{0}_V \quad \text{e} \quad \underline{v} = \underline{v}_1 + \underline{v}_2 = \underline{0}_V + \underline{v}$$

Se invece $\underline{v} \notin L\{\underline{u}\}$ e $\underline{v} \notin C(\underline{u})$, poiché ogni *vettore* di $L\{\underline{u}\}$ è un *vettore* del tipo $\lambda\underline{u}$, per *dimostrare il teorema* dobbiamo far vedere che esiste un *numero* $\lambda \neq 0$ tale che i *vettori*

$$\underline{v}_1 = \lambda\underline{u} \quad \text{e} \quad \underline{v}_2 = \underline{v} - \lambda\underline{u}$$

siano *coniugati*, cioè risulti:

$$f(\lambda\underline{u}, \underline{v} - \lambda\underline{u}) = 0 \tag{5.19}$$

Poiché

$$\begin{aligned} f(\lambda\underline{u}, \underline{v} - \lambda\underline{u}) &= f(\lambda\underline{u}, \underline{v}) + f(\lambda\underline{u}, -\lambda\underline{u}) = \\ &= \lambda f(\underline{u}, \underline{v}) - \lambda^2 f(\underline{u}, \underline{u}) \end{aligned}$$

la (5.19) diviene:

$$\lambda f(\underline{u}, \underline{v}) - \lambda^2 f(\underline{u}, \underline{u}) = 0. \tag{5.20}$$

La (5.20) è un'*equazione algebrica* nell'*incognita* λ; è di 2° grado perché per *ipotesi* è $f(\underline{u}, \underline{u}) \neq 0$. La sua *soluzione non nulla*

$$\lambda = \frac{f(\underline{u}, \underline{v})}{f(\underline{u}, \underline{u})}$$

è il *valore* di λ che verifica la (5.19).

c.v.d.

Il *sottospazio* $C(\underline{u})$ di V, *coniugato del vettore* $\underline{u} \in V$, nel caso che $\underline{u}$ non sia *autoconiugato*, è al generalizzazione del concetto di *sottospazio supplementare ortogonale* di un *sottospazio assegnato* di uno *spazio vettoriale euclideo E.* [4]

Proprietà 2 *Un'altra* proprietà *dei* vettori coniugati *è espressa da quest'altro* teorema*:*

Teorema 5.9 *Dato uno* spazio vettoriale V *di* dimensione finita n *sia* $f : V \times V \to \mathbb{R}$ *una* forma bilineare simmetrica *su* V. *Se*

a) $\underline{v}_1, \underline{v}_2, \ldots, \underline{v}_p$ *sono* p vettori *di* V coniugati a due a due

b) nessuno di essi è autoconiugato*, cioè*

$$\omega(\underline{v}_1) \neq 0, \omega(\underline{v}_2) \neq 0, \ldots, \omega(\underline{v}_p) \neq 0$$

allora

i p *vettori sono* linearmente indipendenti.

Dimostrazione

Facciamo la *dimostrazione per induzione.*

Sicuramente $\underline{v}_1$ è *indipendente* perché essendo *per ipotesi* $\omega(\underline{v}_1) = f(\underline{v}_1, \underline{v}_1) \neq 0$, non può essere $\underline{v}_1 = \underline{0}_V$.

Supposto che i $p-1$ vettori $\underline{v}_1, \underline{v}_2, \ldots, \underline{v}_{p-1}$ siano *linearmente indipendenti*, dobbiamo provare che lo sono anche i p vettori $\underline{v}_1, \underline{v}_2, \ldots, \underline{v}_{p-1}, \underline{v}_p$.

Ragioniamo per assurdo!

Se i p *vettori* $\underline{v}_1, \underline{v}_2, \ldots, \underline{v}_{p-1}, \underline{v}_p$ fossero *linearmente dipendenti*, potremmo esprimere $\underline{v}_p$ come *vettore combinazione lineare* di $\underline{v}_1, \underline{v}_2, \ldots, \underline{v}_{p-1}$:

$$\underline{v}_p = \alpha_1 \underline{v}_1 + \alpha_2 \underline{v}_2 + \cdots \alpha_{p-1} \underline{v}_{p-1}$$

da cui seguirebbe

$$\begin{aligned} f(\underline{v}_i, \underline{v}_p) &= f(\underline{v}_i, \alpha_1 \underline{v}_1 + \alpha_2 \underline{v}_2 + \cdots + \alpha_i \underline{v}_i + \cdots + \alpha_{p-1} \underline{v}_{p-1}) = \\ &= \alpha_1 f(\underline{v}_i, \underline{v}_1) + \alpha_2 f(\underline{v}_i, \underline{v}_2) + \cdot + \alpha_i f(\underline{v}_i, \underline{v}_i) + \cdot + \alpha_{p-1} f(\underline{v}_i, \underline{v}_{p-1}) = \\ &= \alpha_1 0 + \alpha_2 0 + \cdots + \alpha_i f(\underline{v}_i, \underline{v}_i) + \cdots + 0 = \\ &= \alpha_i f(\underline{v}_i, \underline{v}_i) = \alpha_i \omega(\underline{v}_i) \end{aligned}$$

[4] Abbiamo definito *tale concetto* nel *paragrafo* 2.24 a proposito di *sottospazi* dello *spazio vettoriale euclideo* $\mathcal{E}$ dei *vettori geometrici* e poi, nel *paragrafo* 3.21, abbiamo detto che tale *concetto* sussiste in ogni *spazio vettoriale euclideo E.*

Poiché *per ipotesi* i p *vettori* sono *coniugati a due a due*, qualunque sia $i = 1, 2, \ldots, p-1$ risulta:

$$f(\underline{v}_i, \underline{v}_p) = \alpha_i \omega(\underline{v}_i) = 0.$$

Essendo *per ipotesi* $\omega(\underline{v}_i) \neq 0$, deve risultare $\alpha_i = 0$ con $i = 1, 2, \ldots, p-1$.

Ciò comporta che sia $\underline{v}_p = \underline{0}_V$, il che è però *assurdo* perché è per ipotesi $\omega(\underline{v}_p) \neq 0$.

c.v.d.

Viene ora spontanea la domanda:

- Dati p *vettori non nulli* di V: $\underline{v}_1, \underline{v}_2, \ldots, \underline{v}_{p-1}, \underline{v}_p$, con $p \leq n$, *coniugati a due a due*, se qualcuno di essi è *autoconiugato*, non può accadere che essi siano *linearmente indipendenti*?

La risposta è senz'altro positiva. Basta infatti pensare alle basi di Nuc$f$ nel caso che sia dim (Nuc$f$) ≥ 2. Tutte sono costituite da *vettori linearmente indipendenti*, *autoconiugati* e *coniugati due a due*.

Possiamo allora dire:

- L'*ipotesi* a) del *teorema* 5.9, da sola, costituisce una *condizione necessaria* (ma *non sufficiente*) affinché i *vettori* $\underline{v}_1, \underline{v}_2, \ldots, \underline{v}_p$ siano *linearmente indipendenti*.

  Se all'*ipotesi* a) aggiungiamo l'*ipotesi* b), otteniamo una *condizione sufficiente* (ma *non necessaria*) affinché gli stessi *vettori* siano *linearmente indipendenti*.

Concludendo:

- Dati p *vettori non nulli* di V: $\underline{v}_1, \underline{v}_2, \ldots, \underline{v}_{p-1}, \underline{v}_p$, con $p \leq n$, *coniugati a due a due*, se nessuno di essi è *autoconiugato*, allora sicuramente sono *linearmente indipendenti*; se invece tra essi vi è qualche vettore *autoconiugato* oppure *tutti sono autoconiugati*, essi possono essere *linearmente indipendenti* oppure no.

Come conseguenza del *teorema* 5.9 ci chiediamo se esistono in V *basi* costituite da *vettori coniugati a due a due*.

La risposta ce la dà quest'altro *teorema*:

Teorema 5.10 *Dato uno* spazio vettoriale V *di* dimensione finita n, *sia* $f : V \times V \to \mathbb{R}$ *una* forma bilineare simmetrica *su* V. *È possibile costruire in* V basi B_V *costituite da* n vettori $\underline{u}_1, \underline{u}_2, \ldots, \underline{u}_n$ coniugati a due a due.

Dimostrazione
Se la *forma bilineare simmetrica definita* su V

$$f : V \times V \to \mathbb{R} \tag{5.21}$$

è *identicamente nulla* allora ogni *base* B_V di V è costituita da *vettori coniugati a due a due* ed il *teorema* è dimostrato. Se invece la (5.21) *non è identicamente nulla*, sicuramente esiste in V qualche *vettore* $\underline{v}$ tale che:

$$f(\underline{v}, \underline{v}) = \omega(\underline{v}) \neq 0 \tag{5.22}$$

Fissiamo *uno* di tali *vettori* che denotiamo con $\underline{u}_1$ e sia $V_1 = C(\underline{u}_1)$ il *sottospazio* di V *coniugato* di $\underline{u}_1$.

Se la *restrizione* della (5.21) di *dominio* $V_1 \times V_1$ è *identicamente nulla* allora ogni *base* B_{V_1} di V_1 è costituita da *vettori coniugati a due a due.*

Essendo $\dim V_1 = n - 1$, l'insieme ordinato costituito da $\underline{u}_1$, e dai $n-1$ *vettori* di una *qualunque base* B_{V_1} di V_1 è una *base* di V costituita da *vettori coniugati a due a due.*

Se invece la *restrizione* della (5.21) di *dominio* $V_1 \times V_1$ *non è identicamente nulla*, sicuramente esiste in V_1 qualche *vettore* $\underline{v}_1$ che verifica la (5.22).

Fissiamo uno di tali *vettori* che denotiamo con $\underline{u}_2$ e sia $V_2 = C(\underline{u}_2)$ il *sottospazio* di V_1 coniugato di $\underline{u}_2$.

Se la *restrizione* della (5.21) di *dominio* $V_2 \times V_2$ è *identicamente nulla* allora ogni *base* B_{V_2} di V_2 è una *base* di V costituita da *vettori coniugati a due a due.*

Essendo $\dim V_2 = n - 2$, l'insieme ordinato costituito da $\underline{u}_1, \underline{u}_2$ e dai $n-2$ vettori di una qualunque *base* B_{V_2} di V_2 è una *base* di V costituita da *vettori coniugati a due a due.*

Se invece la *restrizione* della (5.21) di *dominio* $V_2 \times V_2$ *non è identicamente nulla*, sicuramente esiste in V_2 qualche *vettore* $\underline{v}_2$ che verifica la (5.22).

Fissiamo uno di tali *vettori* che denotiamo con $\underline{u}_3$ e sia $V_3 = C(\underline{u}_3)$ il *sottospazio* di V_2 coniugato di $\underline{u}_3$.

Se la *restrizione* della (5.21) di *dominio* $V_3 \times V_3$ è *identicamente nulla* allora ogni *base* B_{V_3} di V_3 è costituita da *vettori coniugati a due a due.*

Essendo $\dim V_3 = n - 3$, l'insieme ordinato costituito da $\underline{u}_1, \underline{u}_2, \underline{u}_3$ e dai $n - 3$ vettori di una qualunque *base* B_{V_3} di V_3 è una *base* di V costituita da *vettori coniugati a due a due.*

Continuando così, si determina alla fine la *base* cercata. Essa è costituita dai *vettori* $\underline{u}_1, \underline{u}_2, \underline{u}_3, \ldots, \underline{u}_n$. **c.v.d.**

Rileggendo la *dimostrazione* ci rendiamo conto che vi è una larga arbitrarietà nella scelta dei *vettori* della *base* cercata, per cui quest'ultima non è *unica.*

Poiché, come abbiamo detto nel *paragrafo* 5.6, la *definizione* di *vettori coniugati* generalizza quella di *vettori ortogonali*, di conseguenza le *basi* costituite da *vettori coniugati a due a due* sono la generalizzazione delle *basi ortogonali.*

Tra poco constateremo l'utilità di tali *basi* nella *rappresentazione analitica* della *legge d'associazione* di una *forma bilineare simmetrica* e della *forma quadratica* ad essa associata.

5.8 Rappresentazione analitica della legge d'associazione di una forma bilineare simmetrica

Dato uno *spazio vettoriale* V di *dimensione finita* n, una *forma bilineare simmetrica* su V:

$$f : V \times V \to \mathbb{R}$$

e detti $\underline{u}$ e $\underline{v}$ *due generici vettori* di V, ci poniamo il *problema* di vedere se è possibile rappresentare la *legge d'associazione* f:

$$(\underline{u}, \underline{v}) \to f(\underline{u}, \underline{v})$$

per mezzo delle *coordinate* dei *vettori* $\underline{u}$ e $\underline{v}$ in una *base* B_V fissata in V.

Tale problema lo abbiamo risolto nel caso particolare che la *forma bilineare simmetrica* ha la *forma quadratica* associata *definita positiva.*

In tale caso la *legge d'associazione* f è infatti un'*operazione di prodotto scalare* e per i *prodotti scalari* abbiamo trovato la "formula":

$$\underline{u} \cdot \underline{v} = X^T \mathcal{G}\, Y \tag{2.60}$$

ove

- X e Y sono le *matrici* $n \times 1$ i cui *elementi* sono le *coordinate*, nella *base* B_V fissata, dei *vettori* $\underline{u}$ e $\underline{v}$
- $\mathcal{G}$ (*matrice di Gram*) è una *matrice* di ordine n, che con la notazione adottata per le *forme bilineari*, può essere scritta così:

$$\mathcal{G} = \begin{pmatrix} f(\underline{v}_1, \underline{v}_1) & f(\underline{v}_1, \underline{v}_2) & \cdots & f(\underline{v}_1, \underline{v}_n) \\ f(\underline{v}_2, \underline{v}_1) & f(\underline{v}_2, \underline{v}_2) & \cdots & f(\underline{v}_2, \underline{v}_n) \\ \cdots & \cdots & \cdots & \cdots \\ f(\underline{v}_n, \underline{v}_1) & f(\underline{v}_n, \underline{v}_2) & \cdots & f(\underline{v}_n, \underline{v}_n) \end{pmatrix} \tag{5.23}$$

Poiché nel costruire la (2.60) non si fa uso della *condizione* 2. a cui soddisfa l'*operazione di prodotto scalare*, cioè non interviene il *segno* della *forma quadratica associata* alla *forma bilineare simmetrica* di cui l'*operazione di prodotto scalare* costituisce la *legge d'associazione* f, possiamo concludere che la (2.60) è valida per *tutte* le *forme bilineari simmetriche su* V.

Nel seguito riserveremo il nome di *matrice di Gram* alla *matrice* (5.23) solo quando la *legge d'associazione* f è un'*operazione di prodotto scalare*; in tutti gli altri casi, ad essa non daremo alcun nome e la denoteremo con la lettera A, anziché con $\mathcal{G}$.

Concludendo possiamo allora dire:

- Dato uno *spazio vettoriale* V di *dimensione finita* n ed una *forma bilineare simmetrica* su V:

  $$f : V \times V \to \mathbb{R}$$

  se fissiamo una *base* $B_V = (\underline{v}_1, \underline{v}_2, \dots, \underline{v}_n)$ in V, la *legge d'associazione* f resta espressa dalla:

  $$f(\underline{u}, \underline{v}) = X^T A Y \tag{5.24}$$

  e quella della *forma quadratica associata*, dalla:

  $$\omega(\underline{u}) = X^T A X \tag{5.25}$$

La "formula" (5.24) è la soluzione del *problema* posto.

La *matrice* A, che in essa compare, si chiama *matrice associata alla forma bilineare simmetrica su* V rispetto alla *base* B_V in esso fissata.

Si dice anche che la *matrice* A rappresenta le *leggi d'associazione* f ed ω della *forma bilineare simmetrica* e della *forma quadratica ad essa associata*, rispetto alla *base* B_V fissata in V.

Prima di vedere l'utilità delle (5.24) e (5.25), facciamo qualche riflessione sulla *matrice* A che in esse compare.

5.9 Riflessioni sulla matrice A associata ad una forma bilineare simmetrica su V rispetto ad una base B_V fissata in V

Circa la *matrice* A possiamo dire:

1. È una *matrice simmetrica* e come tale è *quadrata*: il suo *ordine* è uguale alla *dimensione* n dello *spazio vettoriale* V su cui è definita la *forma bilineare simmetrica* a cui è associata.
2. Dipende dalla *base* $B_V = (\underline{v}_1, \underline{v}_2, \ldots, \underline{v}_n)$ fissata in V e se la *base* B_V è costituita da *vettori coniugati a due a due*, è una *matrice diagonale.*

   Si ha infatti:

   $$f(\underline{v}_i, \underline{v}_k) = 0 \quad \text{se è} \quad i \neq k \text{ con } i, k = 0, 1, \ldots, n.$$

3. Poiché *infinite* sono le *basi* di V, abbiamo *infinite matrici* associate ad una stessa *forma bilineare simmetrica* su V e tra esse vi sono *matrici diagonali* (sono quelle relative alle *basi* costituite da *vettori coniugati a due a due*).

   Tutte le *matrici* associate ad una stessa *forma bilineare simmetrica* su V, si dicono *matrici congruenti.*

4. Due matrici A ed A' *congruenti*, cioè associate alla stessa *forma bilineare simmetrica* su V rispetto a due *basi* B_V e B'_V tra loro distinte, sono legate dalla stessa *relazione* che lega *due matrici di Gram* $\mathcal{G}$ e $\mathcal{G}'$ associate alla stessa *operazione di prodotto scalare* in

V rispetto a due *basi* B_V e B'_V tra loro distinte. Poiché la *relazione* che lega $\mathcal{G}$ e $\mathcal{G}'$ è:

$$\mathcal{G}' = P^T \, \mathcal{G} \, P \tag{2.66}$$

ove P è la *matrice di passaggio* dalla *base* B_V alla *base* B'_V e P^T è la sua *trasposta*, la *relazione* che lega A ed A' è:

$$A' = P^T A P \tag{5.26}$$

La relazione (5.26) prende il nome di *relazione di congruenza.*

5. Tutte le *matrici congruenti*, in quanto *matrici equivalenti*[5], hanno lo *stesso rango* che prende il nome di *rango della forma bilineare simmetrica.*

6. Dato uno *spazio vettoriale* V di *dimensione* n e una *matrice simmetrica* A di *ordine* n, se fissiamo una *base* $B_V = (\underline{v}_1, \underline{v}_2, \ldots, \underline{v}_n)$ in V, resta definita una *forma bilineare simmetrica su* V la cui *legge d'associazione* f è espressa dalla:

$$f(\underline{u}, \underline{v}) = X^T A Y$$

dove X e Y sono le solite *matrici* $n \times 1$ aventi per *elementi* le *coordinate* dei *vettori* $\underline{u}$ e $\underline{v}$ di V nella *base* B_V fissata.

Dopo queste riflessioni, mostriamo come, servendoci delle *matrici associate ad una forma bilineare simmetrica* si può scoprire:

a) se la *forma bilineare simmetrica* è *ordinaria* oppure *degenere*

b) quale è il *segno* della *forma quadratica* ad essa associata.

Per scoprire se una *forma bilineare simmetrica* è *ordinaria* oppure *degenere*, cominciamo con il costruire l'*equazione* del suo *nucleo.*

---

[5]Due *matrici* A e $B \in \mathbb{R}^{m,n}$ si dicono *equivalenti* se:
- esiste una *matrice quadrata* M di *ordine* m con $\det M \neq 0$
- esiste una *matrice quadrata* N di *ordine* n con $\det N \neq 0$

tali che $A = MBN$.
Si dimostra che due *matrici equivalenti* hanno lo *stesso rango.*
Nel caso in questione le *matrici* M e N sono rispettivamente: P^T e P.

5.10 Equazione del nucleo di una forma bilineare simmetrica

Nel *paragrafo* 5.6 abbiamo definito il *nucleo* di una *forma bilineare simmetrica*:

$$\begin{aligned}\mathrm{Nuc}f &= \{\underline{u} \in V : f(\underline{u}, \underline{v}) = 0, \forall \underline{v} \in V\} = \\ &= \text{poiché la forma } \textit{bilineare} \text{ è } \textit{simmetrica} = \\ &= \{\underline{u} \in V : f(\underline{v}, \underline{u}) = 0, \forall \underline{v} \in V\}\end{aligned}$$

ed il *teorema* 5.8 ci ha mostrato che $\mathrm{Nuc}f$ è un *sottospazio* di V.

Se fissiamo nello *spazio vettoriale* V una *base* B_V, alla *forma bilineare simmetrica* resta associata una *matrice simmetrica* A e l'*equazione* $f(\underline{v}, \underline{u}) = 0$, per la (5.24) diviene:

$$Y^T AX = 0 \tag{5.27}$$

Dovendo l'*equazione* $f(\underline{v}, \underline{u}) = 0$ essere verificata da tutti i *vettori* $\underline{v} \in V$, la (5.27), che ne è la "traduzione" in termini di *coordinate* dei *vettori* $\underline{u}$ e $\underline{v}$ nella *base* B_V fissata, deve essere verificata qualunque sia la *matrice* Y i cui *elementi* sono le *coordinate* di $\underline{v}$.

Ciò avviene *se e solo se* è:

$$AX = 0 \tag{5.28}$$

La (5.28) si chiama *equazione del nucleo della forma bilineare simmetrica* nella *base* B_V fissata in V ma può essere riguardata anche come l'*equazione del nucleo dell'endomorfismo*

$$g : V \to V$$

la cui *legge d'associazione* g, rispetto alla *base* B_V fissata in V è rappresentata dalla *matrice* A.

Da tale osservazione segue che:

$$\mathrm{Nuc}f = \mathrm{Ker}\, g$$

e pertanto:

$$\dim(\mathrm{Nuc}f) = \dim(\mathrm{Ker}\, g) \tag{5.29}$$

Per la (4.6) si sa che:

$$\dim(\operatorname{Ker} g) = \dim V - \dim(\operatorname{Im} g) \tag{5.30}$$

e poiché $\dim(\operatorname{Im} g)$ è uguale al *rango* $\rho(A)$ della *matrice* A, dalle (5.29) e (5.30) segue che:

$$\dim(\operatorname{Nuc} f) = n - \rho(A) \tag{5.31}$$

ove $n = \dim V =$ *ordine della matrice* A.

Il *numero* $n - \rho(A)$ si denota con $i_0(f)$ e si chiama *indice di nullità della forma bilineare simmetrica*:

$$i_0(f) = n - \rho(A).$$

Concludendo possiamo allora dire:

- se è $i_0(f) = 0$ cioè $\rho(A) = n$, la *forma bilineare simmetrica* è *ordinaria*
- se è $i_0(f) > 0$ cioè $\rho(A) < n$, la *forma bilineare simmetrica* è *degenere.*

La conclusione a cui siamo giunti ci dice in definitiva che la conoscenza del *rango* $\rho(A)$ di una qualunque *matrice* A che rappresenta la *legge d'associazione* f di una *forma bilineare simmetrica* su V ci dice esclusivamente se la *forma bilineare* è *ordinaria* oppure *degenere* però non ci dà informazioni circa il *segno* della *forma quadratica ad essa associata*; nel *paragrafo* 5.6 abbiamo infatti visto che:

- una *forma bilineare ordinaria* può avere la *forma quadratica: definita positiva, definita negativa, indefinita*
- una *forma bilineare degenere* può avere la *forma quadratica: semidefinita positiva, semidefinita negativa, indefinita.*

Ci chiediamo allora:

- È possibile ottenere da A informazioni circa il *segno* della *forma quadratica* della quale A rappresenta la *legge d'associazione*?

Andiamo a vedere !

5.11 Studio del segno di una forma quadratica per mezzo di matrici

Abbiamo un *teorema*, dovuto a *Sylvester*, che ci dà una *condizione necessaria e sufficiente* a cui deve soddisfare la matrice affinché la *forma quadratica* sia *definita positiva* oppure *definita negativa.*

Ecco il *teorema*, del quale non diamo la *dimostrazione*:

Teorema 5.11 *Sia*

$$A = \begin{pmatrix} a_{11} & a_{12} & \cdots & a_{1n} \\ a_{21} & a_{22} & \cdots & a_{2n} \\ \vdots & \vdots & \ddots & \vdots \\ a_{n1} & a_{n2} & \cdots & a_{nn} \end{pmatrix}$$

la matrice *che rappresenta la* legge d'associazione f *di una* forma bilineare simmetrica *rispetto ad una* base B_V *fissata in* V *e siano*

$$\Delta_1, \Delta_2, \ldots, \Delta_i, \ldots, \Delta_n$$

i determinanti *delle sue* sottomatrici quadrate

$$\begin{pmatrix} a_{11} & a_{12} & \cdots & a_{1i} \\ a_{21} & a_{22} & \cdots & a_{2i} \\ \vdots & \vdots & \ddots & \vdots \\ a_{i1} & a_{i2} & \cdots & a_{ii} \end{pmatrix} \qquad \textit{con } i = 1, 2, \ldots, n$$

allora

a) la forma quadratica associata *è* definita positiva *se e solo se è* $\Delta_i > 0$

b) la forma quadratica associata *è* definita negativa *se e solo se è* $(-1)^i \Delta_i < 0.$

Non è difficile immaginare che se è n "abbastanza grande" l'uso di tale *teorema* comporta molti calcoli e poi nel caso che non ne siano verificate le *ipotesi* non possiamo decidere se la *forma quadratica* è

– *semidefinita positiva*

– *semidefinita negativa*

– *indefinita.*

Si pone allora il *problema* di costruire un *criterio* che ci permetta di decidere, in ogni caso, ciò che effettivamente accade.

Qui le *basi* B_V di V costituite da *vettori coniugati a due a due* mostrano tutta la loro utilità!

Vediamo perché!

Se fissiamo nello *spazio vettoriale* V su cui è definita la *forma bilineare simmetrica* una qualunque *base* $B_V = (\underline{u}_1, \underline{u}_2, \ldots, \underline{u}_n)$ costituita da *vettori coniugati a due a due*, la *matrice* A che ne rappresenta la *legge d'associazione* è una *matrice diagonale* che denotiamo con D anziché con A:

$$D = \begin{pmatrix} d_1 & 0 & \cdots & 0 \\ 0 & d_2 & \cdots & 0 \\ \vdots & \vdots & \ddots & \vdots \\ 0 & 0 & \cdots & d_n \end{pmatrix} \tag{5.32}$$

Gli elementi della *diagonale principale* sono ovviamente:

$$\begin{array}{lcl} d_1 & = & f(\underline{u}_1, \underline{u}_1) = \omega(\underline{u}_1) \\ d_2 & = & f(\underline{u}_2, \underline{u}_2) = \omega(\underline{u}_2) \\ .. & = & \ldots\ldots\ldots\ldots\ldots\ldots \\ d_n & = & f(\underline{u}_n, \underline{u}_n) = \omega(\underline{u}_n) \end{array}$$

Il numero degli elementi $d_i \neq 0$ è uguale al suo *rango* $\rho(D)$.

Se *tutti* gli *elementi* d_i sono $\neq 0$, risulta $\rho(D) = n$ e la *forma bilineare* è *ordinaria.*

Se invece *non tutti* gli *elementi* d_i sono $\neq 0$, risulta $\rho(D) < n$ e la *forma bilineare* è *degenere.*

In generale, detto p il *numero degli elementi* $d_i > 0$ e q quello degli *elementi* $d_i < 0$, possiamo scrivere:

$$p + q = \rho(D) \leq n$$

Se denotiamo con $(x_1, x_2, \dots, x_n)$ la n-pla di *coordinate* del generico *vettore* $\underline{u} \in V$ nella *base* B_V fissata in V, la (5.25) diviene:

$$\omega(\underline{u}) = (x_1\ x_2\ \dots\ x_n) \begin{pmatrix} d_1 & 0 & \cdots & 0 \\ 0 & d_2 & \cdots & 0 \\ \vdots & \vdots & \ddots & \vdots \\ 0 & 0 & \cdots & d_n \end{pmatrix} \begin{pmatrix} x_1 \\ x_2 \\ \vdots \\ x_n \end{pmatrix}$$

e moltiplicando le *matrici* che in essa compaiono, otteniamo:

$$\omega(\underline{u}) = d_1 x_1^2 + d_2 x_2^2 + \dots d_n x_n^2 \tag{5.33}$$

La (5.33) ci consentirà di dire qual è il *segno della forma quadratica* perché abbiamo il seguente *teorema*:

Teorema 5.12 *Data una* forma bilineare simmetrica

$$f : V \times V \to \mathbb{R}$$

su uno spazio vettoriale V *di* dimensione finita n, *sia*

$$\omega : V \to \mathbb{R}$$

la forma quadratica *ad essa associata.*

Fissata una base $B_V = (\underline{u}_1, \underline{u}_2, \dots, \underline{u}_n)$ *di* V *costituita da* vettori coniugati a due a due, *sia* D *la* matrice diagonale, *associata alla* base B_V, *che rappresenta le* leggi d'associazione f *e* ω.

La forma quadratica *è:*

a) definita positiva se e solo se *tutti i* d_i *sono* > 0

b) semidefinita positiva se e solo se *qualche* d_i *è* nullo *e tutti gli altri sono* positivi

c) definita negativa se e solo se *tutti i* d_i *sono* < 0

d) semidefinita negativa se e solo se *qualche* d_i *è* nullo *e tutti gli altri sono* negativi

e) indefinita se e solo se *tra i* $d_i \neq 0$, *qualcuno è* positivo *e qualcuno è* negativo

Dimostrazione

Dimostriamo solo il caso a), lasciando la *dimostrazione* degli altri casi come esercizio allo Studente.

Se la *forma quadratica* è *definita positiva* allora tutti i d_i debbono essere *positivi* perché nel caso che qualcuno di essi fosse *negativo*, ad esempio d_1, se consideriamo il *vettore* $\underline{u}_1$ della *base* B_V fissata, avendo esso le *coordinate* $(1, 0, \ldots, 0)$, la (5.33) diverrebbe:

$$\omega(\underline{u}_1) = d_1 1^2 + d_2 0^2 + \ldots d_n 0^2 = d_1 < 0$$

il che non è possibile.

Viceversa, se tutti i d_i sono *positivi*, la (5.33) ci dice che è $\omega(\underline{u}) > 0$ se è $\underline{u} \neq \underline{0}_V$.

c.v.d.

Tale *teorema* ci potrebbe lasciare la convinzione che il *segno* degli *elementi* della *matrice* D dipenda dalla *matrice stessa* che, a sua volta, dipende dalla *base* B_V fissata.

Le cose non stanno così!

A mostrarlo è il *teorema*:

Teorema 5.13 *(legge d'inerzia di Sylvester)*
Tutte le matrici diagonali *associate ad una stessa* forma bilineare simmetrica

$$f : V \times V \to \mathbb{R}$$

hanno lo stesso numero *di* elementi positivi, negativi *e* nulli.

Dimostrazione

Fissiamo nello *spazio vettoriale* V su cui è definita la *forma bilineare* due *basi* i cui *vettori* siano *coniugati a due a due*:

$$B_V = (\underline{u}_1, \underline{u}_2, \ldots, \underline{u}_n) \quad \text{e} \quad B'_V = (\underline{u}'_1, \underline{u}'_2, \ldots, \underline{u}'_n)$$

e siano D e D' le *matrici diagonali* associate alla *forma bilineare simmetrica* rispetto ad esse.

Denotiamo al solito con

$$d_1, d_2, \ldots, d_n \qquad \text{gli } \textit{elementi} \text{ della } \textit{diagonale principale} \text{ di } D$$

e con

$d'_1, d'_2, \ldots, d'_n$ gli *elementi* della *diagonale principale* di D'

Supponiamo che siano:

$$\begin{array}{lr} d_1, d_2, \ldots, d_p & \textit{positivi} \\ d_{p+1}, d_{p+2}, \ldots, d_{p+q} & \textit{negativi} \\ d_{p+q+1}, d_{p+q+2}, \ldots, d_n & \textit{nulli} \end{array} \tag{5.34}$$

Analogamente che siano:

$$\begin{array}{lr} d'_1, d'_2, \ldots, d'_{p'} & \textit{positivi} \\ d'_{p'+1}, d'_{p'+2}, \ldots, d'_{p'+q'} & \textit{negativi} \\ d'_{p'+q'+1}, d'_{p'+q'+2}, \ldots, d'_n & \textit{nulli} \end{array} \tag{5.35}$$

Per dimostrare il *teorema*, dobbiamo provare che:

$$p = p' \qquad \text{e} \qquad q = q'.$$

Limitiamoci a provare che è $p = p'$ perché che è $q = q'$ si prova allo stesso modo.

Consideriamo i due *sottospazi* di V:

$$U = L\{\underline{u}_1, \underline{u}_2, \ldots, \underline{u}_p\} \quad \text{e} \quad W = L\{\underline{u}'_{p'+1}, \underline{u}'_{p'+2}, \ldots, \underline{u}'_n\}$$

e le *restrizioni* della *forma bilineare simmetrica* su tali *sottospazi*:

$$f : U \times U \to \mathbb{R} \tag{5.36}$$

$$f : W \times W \to \mathbb{R} \tag{5.37}$$

Per la (5.34) la *forma quadratica* associata alla (5.36) è *definita positiva* mentre, per la (5.35), *quella* associata alla (5.37) è *semidefinita negativa*.

Da ciò segue che

$$U \cap W = \{\underline{0}_V\} \tag{5.38}$$

perché se esistesse un *vettore* $\underline{u} \neq \underline{0}_V$ appartenente a $U \cap V$, risulterebbe $\omega(\underline{u}) > 0$, in quanto $\underline{u} \in U$ ed $\omega(\underline{u}) \leq 0$ in quanto $\underline{u} \in W$; ciò è chiaramente assurdo.

Dalla (5.38) segue che $U + W$ è *somma diretta*: $U \oplus W$.

Essendo poi $U \oplus W \subseteq V$, segue, per la *relazione di Grassmann* che:

$$\dim(U \oplus W) = \dim U + \dim W \leq \dim V = n$$

cioè

$$p + (n - p') \leq n$$

da cui

$$p \leq p'. \tag{5.39}$$

Invertendo i ruoli di p e p', otteniamo

$$p' \leq p \tag{5.40}$$

c.v.d.

Tale *teorema* ci mostra che i *numeri* p e q dipendono esclusivamente dalla *forma bilineare* e non dalla *matrice diagonale* ad essa associata.

Con linguaggio tecnico ciò si esprime dicendo che p e q sono *invarianti rispetto all'insieme delle basi* di V costituite da *vettori coniugati a due a due*.

I *numeri* p e q prendono rispettivamente i nomi di *indice di positività* e di *indice di negatività* della *forma bilineare* e si denotano con i *simboli*:

$$i_+(f) = p \quad \text{e} \quad i_-(f) = q.$$

Essendo *invarianti* p e q, lo è anche la *coppia ordinata* (p, q) che prende il nome di *segnatura della forma bilineare*e si denota con il *simbolo* $\text{sig}(f)$:

$$\text{sig}(f) = (p, q).$$

Servendoci di $\text{sig}(f)$ possiamo dire che la *forma quadratica associata* ad una *forma bilineare simmetrica* è:

- *definita positiva* se e solo se $\text{sig}(f) = (n, 0)$
- *semidefinita positiva* se e solo se $\text{sig}(f) = (p, 0)$ con $p = \rho(A) < n$
- *definita negativa* se e solo se $\text{sig}(f) = (0, n)$
- *semidefinita negativa* se e solo se $\text{sig}(f) = (0, q)$ con $q = \rho(A) < n$
- *indefinita* se e solo se $\text{sig}(f) = (p, q)$ con $p, q \neq 0$ e $< n$

Il *teorema* 5.13 mette in evidenza la grande importanza del *teorema* 5.12 che ci dà un'informazione completa circa la *forma bilineare simmetrica.*

La sua applicabilità è legata alla conoscenza di una *base* di V costituita da *vettori coniugati a due a due.*

Quest'ultima sicuramente esiste in V perché il *teorema* 5.10 ce lo assicura ed inoltre nella *dimostrazione* che abbiamo dato di esso, viene indicata la via per trovarla.

Sperimentiamo tali indicazioni su di un esempio !

5.12 Come studiare una forma bilineare simmetrica

Vogliamo studiare la *forma bilineare simmetrica* su $V = \mathbb{R}^3$ la cui *legge d'associazione* f, rispetto alla *base canonica* $(\underline{e}_1, \underline{e}_2, \underline{e}_3)$ è rappresentata dalla *matrice simmetrica*

$$A = \begin{pmatrix} 1 & 2 & 3 \\ 2 & 2 & 4 \\ 3 & 4 & 7 \end{pmatrix}$$

Applichiamo il *teorema* 5.12 !

Cominciamo con il determinare in $V = \mathbb{R}^3$ una *base* $(\underline{u}_1, \underline{u}_2, \underline{u}_3)$ costituita da *vettori coniugati a due a due.*

Seguiamo a tal fine la via che abbiamo utilizzato nella *dimostrazione* del *teorema* 5.10 !

Scegliamo ad arbitrio un *vettore* $\underline{v} \in \mathbb{R}^3$ tale che risulti $\omega(\underline{v}) \neq 0$.

Proviamo con $\underline{v} = \underline{e}_1 = (1, 0, 0)$. Se risulta $\omega(\underline{e}_1) \neq 0$, scegliamo $\underline{e}_1$ come *primo vettore della base* $(\underline{u}_1, \underline{u}_2, \underline{u}_3)$ che vogliamo costruire.

Calcoliamo $\omega(\underline{e}_1)$!

Utilizzando la (5.25) si ha:

$$\omega(\underline{e}_1) = \begin{pmatrix} 1 & 0 & 0 \end{pmatrix} \begin{pmatrix} 1 & 2 & 3 \\ 2 & 2 & 4 \\ 3 & 4 & 7 \end{pmatrix} \begin{pmatrix} 1 \\ 0 \\ 0 \end{pmatrix} = 1.$$

Poiché è $\omega(\underline{e}_1) \neq 0$, assumiamo $\underline{e}_1$ come *vettore* $\underline{u}_1$:

$$\underline{u}_1 = \underline{e}_1 = (1, 0, 0).$$

Determiniamo $C(\underline{u}_1)$, cioè il *sottospazio* di $\mathbb{R}^3$ costituito dai *vettori* $\underline{v} \in \mathbb{R}^3$ *coniugati* di $\underline{u}_1$.

Utilizzando la (5.24) si ha:

$$\begin{pmatrix} 1 & 0 & 0 \end{pmatrix} \begin{pmatrix} 1 & 2 & 3 \\ 2 & 2 & 4 \\ 3 & 4 & 7 \end{pmatrix} \begin{pmatrix} x_1 \\ x_2 \\ x_3 \end{pmatrix} = 0 \tag{5.41}$$

Facendo i calcoli la (5.41) diviene:

$$x_1 + 2x_2 + 3x_3 = 0 \tag{5.42}$$

Ogni *soluzione* (x_1, x_2, x_3) della (5.42) è la *terna di coordinate* di un *vettore* di $C(\underline{u}_1)$, cioè di un *vettore coniugato* di $\underline{u}_1$.

Scegliamo in $C(\underline{u}_1)$ un *vettore* $\underline{v}_1$ tale che risulti $\omega(\underline{v}_1) =\neq 0$.

Proviamo con $\underline{v}_1 = (2, -1, 0)$. Se risulta $\omega(\underline{v}_1) \neq 0$, scegliamo $\underline{v}_1$ come *secondo vettore della base* $(\underline{u}_1, \underline{u}_2, \underline{u}_3)$ che vogliamo costruire.

Calcoliamo $\omega(\underline{v}_1)$!

Utilizzando la (5.25) si ha:

$$\omega(\underline{v}_1) = \begin{pmatrix} 2 & -1 & 0 \end{pmatrix} \begin{pmatrix} 1 & 2 & 3 \\ 2 & 2 & 4 \\ 3 & 4 & 7 \end{pmatrix} \begin{pmatrix} 2 \\ -1 \\ 0 \end{pmatrix} = -2.$$

Poiché è $\omega(\underline{v}_1) \neq 0$, assumiamo $\underline{v}_1$ come *vettore* $\underline{u}_2$:

$$\underline{u}_2 = \underline{v}_1 = (2, -1, 0)$$

Determiniamo $C(\underline{u}_2)$, cioè il *sottospazio* di $\mathbb{R}^3$ costituito dai *vettori* $\underline{v} \in \mathbb{R}^3$ *coniugati* di $\underline{u}_2$.

Utilizzando la (5.24) si ha:

$$\begin{pmatrix} 2 & -1 & 0 \end{pmatrix} \begin{pmatrix} 1 & 2 & 3 \\ 2 & 2 & 4 \\ 3 & 4 & 7 \end{pmatrix} \begin{pmatrix} x_1 \\ x_2 \\ x_3 \end{pmatrix} = 0 \tag{5.43}$$

Facendo i calcoli la (5.43) diviene:

$$2x_2 + 2x_3 = 0 \tag{5.44}$$

Ogni *soluzione* (x_1, x_2, x_3) della (5.44) è la *terna di coordinate* di un *vettore* di $C(\underline{u}_2)$, cioè di un *vettore coniugato* di $\underline{u}_2$.

Il *terzo vettore* $\underline{u}_3$, che completa la *base* cercata, dovendo essere *coniugato* sia di $\underline{u}_1$ che di $\underline{u}_2$, va scelto tra le soluzioni del sistema costituito dalle equazioni (5.42) e (5.44):

$$\begin{cases} x_1 + 2x_2 + 3x_3 = 0 \\ 2x_2 + 2x_3 = 0 \end{cases} \tag{5.45}$$

Il *sistema* (5.45) ha *infinite soluzioni*; una qualunque di esse $\neq (0, 0, 0)$ può essere assunta come *vettore* $\underline{u}_3$.

Se assumiamo come $\underline{u}_3$ il *vettore* $(1, 1, -1)$, la *base* cercata è:

$$(\underline{u}_1, \underline{u}_2, \underline{u}_3) = ((1, 0, 0), (2, -1, 0), (1, 1, -1)).$$

Poiché, per la (5.25), è:

$$\omega(\underline{u}_3) = \begin{pmatrix} 1 & 1 & -1 \end{pmatrix} \begin{pmatrix} 1 & 2 & 3 \\ 2 & 2 & 4 \\ 3 & 4 & 7 \end{pmatrix} \begin{pmatrix} 1 \\ 1 \\ -1 \end{pmatrix} = 0$$

la *matrice* D che rappresenta la *legge d'associazione* f nella base $(\underline{u}_1, \underline{u}_2, \underline{u}_3)$ è:

$$D = \begin{pmatrix} \omega(\underline{u}_1) & 0 & 0 \\ 0 & \omega(\underline{u}_2) & 0 \\ 0 & 0 & \omega(\underline{u}_3) \end{pmatrix} = \begin{pmatrix} 1 & 0 & 0 \\ 0 & -2 & 0 \\ 0 & 0 & 0 \end{pmatrix}$$

e pertanto, in base al *teorema* 5.12, concludiamo che:

a) la *forma bilineare è degenere* perché è $\rho(D) = 2$

b) la *forma quadratica* ad essa associata è *indefinita* perché $\mathrm{sig}(f) = (1, 1)$.

Come abbiamo toccato con mano nell'esempio esaminato, i calcoli da fare per costruire una *base di vettori coniugati a due a due* sono lunghi; se però la *forma bilineare simmetrica* anziché su uno *spazio vettoriale* V è definita su uno *spazio vettoriale euclideo* E, le cose vanno meglio dal punto di vista dei calcoli.

Vediamo perché !

5.13 Studio delle forme bilineari simmetriche su uno spazio vettoriale euclideo

Data una *forma bilineare simmetrica* su uno *spazio vettoriale euclideo* $E = (V, \cdot)$ di *dimensione finita* n, fissiamo in E una *base ortonormale* $B_E = (\underline{u}_1, \underline{u}_2, \ldots, \underline{u}_n)$ e sia A la *matrice quadrata di ordine* n che ne rappresenta la *legge d'associazione* rispetto alla *base fissata.*

Poiché A è una *matrice simmetrica*, puó essere riguardata come la *matrice* che rappresenta la *legge d'associazione* di un *endomorfismo autoaggiunto*

$$g : E \to E$$

rispetto alla *base* B_E fissata.

Se passiamo dalla *base ortonormale* $B_E = (\underline{u}_1, \underline{u}_2, \ldots, \underline{u}_n)$ ad un'altra *base ortonormale* $B'_E = (\underline{u}'_1, \underline{u}'_2, \ldots, \underline{u}'_n)$, la *matrice* A, come *matrice* che rappresenta la *legge d'associazione della forma bilineare*, si trasforma nella *matrice* A' legata ad A dalla *relazione di congruenza*:

$$A' = P^T A P \tag{5.31}$$

mentre come *matrice* che rappresenta la *legge d'associazione* dell'*endomorfismo autoaggiunto*, si trasforma nella *matrice* A^* legata ad A dalla *relazione*:

$$A^* = P^{-1} A P.$$

Poiché la *matrice di passaggio* P dalla *base ortonormale* B_E alla *base ortonormale* B'_E, come abbiamo visto nel *paragrafo* 4.28, è *ortogonale*, cioè:

$$P^{-1} = P^T$$

risulta:

$$A' = A^*.$$

Come conseguenza di questo fatto, possiamo concludere:

- Ad ogni *forma bilineare simmetrica* su uno *spazio vettoriale euclideo* E corrisponde un *endomorfismo simmetrico.* Le *leggi d'associazione* della *forma bilineare* e dell'*endomorfismo*, rispetto ad ogni *base ortonormale* di E, sono rappresentate dalla stessa *matrice.*

Poiché per gli *endomorfismi autoaggiunti*, in virtù del *teorema* 4.12 (*teorema spettrale*), esiste in E una *base ortonormale* di *autovettori* rispetto alla quale la *matrice* A, che ne rappresenta la *legge d'associazione*, è una *matrice diagonale*, concludiamo che tale *matrice* rappresenta, rispetto alla stessa *base*, anche la *legge d'associazione della forma bilineare assegnata.*

Siccome nel *paragrafo* 4.19 abbiamo appreso a costruire tale *matrice* e la *base* (base di autovettori) rispetto alla quale essa rappresenta la *legge d'associazione dell'endomorfismo*, concludiamo che il problema di costruire una *matrice diagonale*, per rappresentare la *legge d'associazione della forma bilineare*, è risolto.

Non vogliamo dilungarci oltre su tale questione; nel libro "Esercizi di algebra lineare" sperimenteremo l'efficacia di quanto abbiamo detto.

Con questo, il nostro CORSO di ALGEBRA LINEARE è terminato!

www.ingramcontent.com/pod-product-compliance
Lightning Source LLC
Chambersburg PA
CBHW080235180526
45167CB00006B/2284
9781505609189